高等学校研究生系列教材

高等工程地质学

李 静 张银涛 孟晓宇 张 明 编著

中国石油大学出版社

山东·青岛

图书在版编目(CIP)数据

高等工程地质学 / 李静等编著. -- 青岛：中国石
油大学出版社，2024.12 -- ISBN 978-7-5636-8423-6

Ⅰ．P642

中国国家版本馆 CIP 数据核字第 20244FC714 号

中国石油大学(华东)研究生规划教材

书　　　名：高等工程地质学
　　　　　　GAODENG GONGCHENG DIZHIXUE

编　　　著：李　静　张银涛　孟晓宇　张　明

责任编辑：秦晓霞(电话 0532-86983567)
责任校对：张晓帆(电话 0532-86983567)
封面设计：赵志勇

出　版　者：中国石油大学出版社
　　　　　　(地址：山东省青岛市黄岛区长江西路 66 号　邮编：266580)
网　　　址：http://cbs.upc.edu.cn
电子邮箱：shiyoujiaoyu@126.com
排　版　者：青岛友一广告传媒有限公司
印　刷　者：沂南县汇丰印刷有限公司
发　行　者：中国石油大学出版社(电话 0532-86983567,86983440)
开　　　本：787 mm×1 092 mm　1/16
印　　　张：14.25
字　　　数：356 千字
版　印　次：2024 年 12 月第 1 版　2024 年 12 月第 1 次印刷
书　　　号：ISBN 978-7-5636-8423-6
定　　　价：37.00 元

前 言
PREFACE

党的二十大报告指出，必须坚持人民至上、坚持自信自立、坚持守正创新、坚持问题导向、坚持系统观念、坚持胸怀天下。随着我国工程建设规模的不断扩大，工程实践活动面临越来越复杂的地质条件。在工程设计与施工前，必须预测及评价地质问题对工程活动的影响，为岩土体工程奠定可靠的地质基础。为贯彻落实国家教育新政策，满足"新工科"建设背景下高素质应用型人才培养的需要，根据高等院校研究生教育培养目标以及《工程勘察通用规范》(GB 55017—2021)编写了《高等工程地质学》教材，以期构建凸显石油高等院校特色的研究生专业知识及应用能力培养体系。

本书内容共分为 9 章，主要阐述了工程地质学的基本原理、土体与岩石的工程性质、地质构造与新构造运动、地应力场、特殊土、地质灾害及工程地质测试方法等内容。其中，第 1 章、第 2 章、第 3 章由李静编写，第 4 章、第 5 章由张银涛编写，第 6 章、第 7 章、第 8 章由孟晓宇编写，第 9 章由张明编写，全书由李静负责统稿与定稿。

本书是土木工程、地质工程及资源勘察工程等相近专业研究生培养的教学用书，也可作为科研人员、工程师及相关从业人员的参考用书。

在本书编写过程中，参考了诸多工程实例及国内外专家学者的研究成果。硕士研究生徐国金、吴明扬、宋懋良、于纪军、郭忠新、郭文博等协助完成了部分插图绘制及书稿校对工作，在此一并表示衷心的感谢！

由于编者水平有限，书中不足之处在所难免，恳请广大读者批评指正，我们将不胜感激。

编著者
2024 年 12 月

目 录
CONTENTS

第1章

绪　论

1.1　工程地质学及其任务

工程地质学是研究与各类工程建设有关的地质问题的科学,是地质学的一个分支。现代工程地质学有三层含义:① 研究与工程建设有关的工程地质条件适宜性问题,保证工程建筑安全施工和运行,这是传统工程地质学研究的主要内容;② 研究工程建设对地质环境的影响,保证地质环境不会因工程的兴建而恶化,即确保工程运行的可持续性,这是现代工程地质学在传统工程地质学上的延伸;③ 属于地质学的范畴,但有别于纯基础地质研究,而是地质学的应用和地质学与其他学科高度融合的研究。

在工程地质学中,工程地质条件是研究的主要对象。工程地质条件是工程建筑地区地质环境全部要素的总和,主要包括以下 7 个方面:

1) 岩土类型及其工程地质性质

岩土类型可分为岩浆岩、沉积岩、变质岩及它们的亚类;土体从成因上可分为残积土、冲积土、洪积土、坡积土等,从性质上可分为膨胀土、软土、冻土等。它们的工程地质性质取决于它们的成因、物质组成、年代、产状、岩性、成岩和变质作用等。岩土是工程地质条件形成的物质基础,它们的工程地质性质好坏在一定程度上决定了工程地质条件的优劣。坚硬完整的岩石,如花岗岩和片麻岩等,强度高,工程性质好;而页岩和黏土岩等遇水容易膨胀崩解,软弱易变,工程性质就差。膨胀土和软土的工程地质性质迥异,它们的工程地质条件差异就很大。因此,岩土类型及其工程地质性质不同,相应地,工程地质条件就存在差异。

2) 地质结构和构造

地质结构和构造包含地质构造、岩体结构、土体结构等,它们对工程地质条件的好坏常常有控制意义。地质构造决定了一个地区的构造格架和地貌特征,是评价区域工程地质条件优劣的主要因素,其中,活断层对区域地质的稳定性影响最大。岩土体结构常常是工程场地稳定性的决定性因素,特别是岩体结构,它对岩体边坡的稳定性起控制作用。

3）天然地应力

在漫长的地质作用过程中产生了大量地应力，并通过各种方式，如地震等，释放出来，其中一部分地应力在地质体中积累保存下来。随着地壳运动，一个地区的地应力场也在不断发生变化，当积累的地应力超过地质体的强度时，就会爆发释放出来，形成地震等灾害。在大型水利枢纽开挖和深部矿山开采过程中，常常发生的岩爆灾害就是由天然地应力的突然释放所导致的。

4）地下水

地下水是决定工程地质条件优劣的重要因素。地质体中地下水的赋存状况直接影响岩土体的工程性质，会对工程建筑的质量和安全产生影响。如土体中含水率越高，土体强度就越低，容许承载力也就越低；降雨过程中，边坡中岩土体因地下水浸泡强度降低，而容易发生滑坡等。

5）地貌条件

它是工程地质条件的一个重要组成部分。地貌是工程地质条件的外在表现，它的高低起伏、曲折平直直接影响工程的选址和布置，影响边坡的稳定性。地形地貌也是工程地质分区的主要依据之一。

6）地质作用和现象

它是指对建筑物有影响的自然地质作用与现象，综合反映上地壳地质作用的过程，亦反映上地壳的动力学特征。地壳表层经常受到内外动力的地质作用，对建筑物的安全造成很大威胁，所造成的破坏往往是大规模的，甚至是区域性的，如地震常对一个地区的工程基础设施造成破坏。

7）天然建筑物材料

它是指供建筑物用的土料和石料。一些基础工程的建设，如大坝、道路、防护堤等需要大量的土料和石料，如果当地的工程地质条件赋存这些建筑用料，就地取材，就会节约大量资金。因此，一个地区有无天然建筑材料，往往成为选择工程场址和决定工程结构类型的重要因素。

工程地质条件是在漫长的地质历史时期中内外动力地质作用的产物，它的形成受地壳运动、大地构造、地形地势、气候、水文、植被等自然因素的控制，但同时也要看到，随着人类活动的强度和规模不断增大，人类活动作为一种强大的人为作用力，对工程地质条件的作用越来越深刻，不能忽视。由自然因素引起的，但受人类活动改造过的，以及在人类活动影响下所产生的现代地质作用和现象称为"工程地质作用和现象"。与自然地质作用相比，工程地质作用具有发育强度大、分布面积小等特点。典型的实例是建筑物地基的压密、水库边岸再造、高速公路路堑滑坡等。因此，在开展工程地质条件评价时，除了要掌握自然因素在工程地质条件形成中的作用，还必须了解近代人类活动对工程地质条件的影响。

在研究工程地质作用和现象时，必须对工程建筑与工程地质条件间相互作用、相互制约而引起的，对建筑物的顺利施工和正常运行或对周围环境可能产生影响的地质问题进行深入分析，这类地质问题也称为工程地质问题，如工业民用建筑中的地基沉降问题、地下工程中的围岩稳定性问题、道路工程中的边坡稳定性问题、水利工程中的水库淤积和诱发地震问题等。由于在人类发展的不同历史时期,工程类型、规模和对工程建设质量的要求不同,因此出现的工程地质问题也是不一样的。显然,解决好这些工程地质问题是工程地质学的主要任务,但问题不是一成不变的。

工程地质学的基本任务是,为工程建设提供工程规划、设计、施工所需的地质资料,解决工程上所遇到的各种地质问题,同时论证地质条件(环境)发生的变化,提出相应的合理利用地质环境的措施,确保建筑物的安全可靠、经济合理、运行正常。

具体来说,现阶段工程地质学的主要任务包括:① 研究人类活动对地质环境的影响及其地质灾害效应;② 采用力学、数值模拟和系统理论与方法等,对地质条件与工程建筑相互作用的空间、时间、强度作出评价和预测;③ 评价工程地质条件,掌握地质环境中的物质运移规律,论证在现有工程地质条件下建筑工程兴建和营运的技术可能性、实施安全性和经济合理性;④ 对工程地质环境进行评价,提出防治地质灾害与保护地质环境的措施;⑤ 加强研发工程地质勘察和地质灾害监测的技术和方法,为新问题、新现象的解决提供工具和手段;⑥ 进行工程地质分区和专门分类,为基础工程科学布局和地质环境合理利用与保护提供科学依据。

工程地质学在国民经济建设中的作用十分重要。工程地质工作做得好,工程设计和施工就顺利,工程建筑的安全营运就有保证,工程地质灾害就能预防,地质环境就可得到保护。我国政府规定:没有工程地质勘察,不能设计,不能施工。工程地质工作在建设事业中的地位是十分重要的。

历史经验证明,工程建设不怕地质条件复杂,怕的是复杂的地质条件没有被认识。有时问题虽小,但由于没有被发现,为工程留下了隐患,给施工带来麻烦或是需要修改设计;有的在工程使用期造成事故,甚至酿成灾害。1959 年法国马尔帕塞拱坝溃决和 1963 年意大利瓦依昂水库大滑坡失事的教训是十分深刻的。马尔帕塞坝为拱坝,坝高 66.5 m,修筑在构造破碎、裂隙发育的石炭—二叠纪的坚硬岩石和流纹岩上,渗透场压力促使左岸岩体产生一系列剪切位移,最后导致大坝破坏失事。1959 年 12 月 2 日,马尔帕塞拱坝溃决,25×10^8 m^3 库水一泻而空,造成 500 余人死亡和失踪,财产损失达 300 亿法郎。位于瓦依昂水库的瓦依昂河谷边坡于 1960 年就开始发生形变,1963 年 10 月 9 日,24×10^8 m^3 的滑体骤然下滑,拥塞水库,掀起的 70 m 厚的水体超过 265 m 高的瓦依昂拱坝,倾泻而下,毁掉了 4 个村庄,2 400 多人死亡,酿成了罕见的灾难性事故。

我国在一些城市迁移和各类工程项目中,因工程地质工作缺失或做得不好导致的地质灾害和各类工程事故也是触目惊心的。如 20 世纪 70 年代,因兴建丹江口水库,流域中的一些城镇用地从一级阶地搬迁到二级阶地,因没有做相应的工程地质工作,对二级阶地的膨胀土工程性质认识不足,几年后,搬迁的新城房屋发生开裂破坏,整座城镇几近报废。

这些灾难说明,如果不重视工程地质工作,没有搞清楚工程地质条件,不仅会造成人力、物力和时间上的损失,而且还可能造成重大的灾难性事故。因此,必须充分认识工程地质学在基础工程建设中的重要作用。

1.2　工程地质学的发展历史

翻开张咸恭、王思敬、张倬元等 2000 年撰写的《中国工程地质学》,回顾工程地质学发展史,可以清楚地获知,工程地质学是一门应用地质学,它的形成和发展根植于人类工程的伟大实践中。

在人类历史进程中,人们很早就利用地形来选择栖息地,选择交通便利的河岸来建造城市。特别是在 19 世纪中叶以后,随着西方第二次工业革命的到来,铁路和城市地铁等基础工程得到大规模的兴建,工程的选线、规划和施工等必须要在掌握当地地质情况的基础上才能进行,不然几乎无从下手。于是,一批地质学家被聘请来开展地质调查工作,为工程设计提供地质图件和资料,地质学的知识在工程建设中得到不断应用。经过了半个多世纪的工程实践,工程地质的一些概念渐渐形成,研究成果不断积累。1880 年,英国地质学家 W. H. Penning 发表了以《工程地质学》为名的著作;1914 年,Ries 和 Watson 撰写了美国第一本工程地质教材,但系统阐述工程地质学的经典著作是 1929 年 K. V. Terzaghi 教授等撰写的《工程地质学》和 1937 年苏联工程地质学派创始人 Ф. Ⅱ. 萨瓦连斯基撰写的《工程地质学》。这两部书的问世,对推动各国的工程地质学的发展起了很大的作用,也确立了工程地质学的学科地位。1928 年,美国加利福尼亚州的圣弗兰西斯大坝失事、1959 年法国马尔帕塞拱坝溃决和 1963 年意大利瓦依昂水库大滑坡的发生震惊了世界,使人们认识到工程地质学的重要性,且需要不断加强和发展。1964 年,在印度新德里召开的第 22 届国际地质大会上,一些地质学家成立了国际工程地质协会(IAEG)。1970 年,该协会有 9 个会员国,约 400 名会员;2015 年,IAEG 已拥有 57 个会员国,3 800 余名会员,有 36 个专业委员会从事工程地质的专题研究,并主办了国际学术期刊 *Bulletin of International Association of Engineering Geology and the Environment*。我国王思敬院士曾担任 IAEG 协会主席。IAEG 是一个十分活跃的国际组织,为推动工程地质学的发展和国际合作与交流发挥了重要作用。

在中华民族五千多年亘古灿烂的文明史中,工程地质的相关知识已自觉或不自觉地在各类工程建设中得到应用和发展。都江堰、灵渠、长城和大运河为举世闻名的我国古代四大工程,它们凝聚着中华民族的智慧,同时也体现了我国工程地质方面的知识和经验。公元前 250 年修建的四川都江堰分水灌溉工程,巧妙地利用当地的地形,按照河流侵蚀堆积的规律,制定"深淘滩、低作堰"的治理法则,又针对岩体结构特征,开凿出了宝瓶口输水渠段,引岷江水灌溉川西平原,造福人民。公元前 200 多年在广西兴安县修建了灵渠,沟通了湘江和漓江,是连接长江和珠江的跨流域工程,2 000 多年以来航运不断,这一工程在地质地貌的利用方面是符合工程地质原理的。长城选择山脊分水岭作为位址,利用坚硬的岩石作为地基,既雄伟又稳固。大运河的选线因地制宜,把江河湖泊和平原洼地连接起来,减少了挖方量,成为贯穿南北的大动脉。此外,许多古代桥梁、宫殿、庙宇、楼阁、院塔的修建,更是考虑了地震、地下水、土体变形和不均匀沉降等问题,选定了良好的地基,进行了合适的加固处理,采用各种坚固美观的石料,使这些建筑物坚实稳定,历经千百年仍巍然屹立。

在我国,把地质学的知识自觉地应用于工程建设,首推丁文江先生,他于 20 世纪 20 年代进行过建筑材料的地质调查。其后,李学清先生等曾先后考查过长江三峡和四川龙溪河坝址。30 年代,全国进行了甘新、滇缅、川滇以及宝天线等公路和铁路的地质调查,林文英先生总结并发表了《公路地质学之初步研究》等成果,并于 1940 年与 1942 年先后成立了公路研究实验室与水利实验处土工室,使工程地质工作不仅局限于区域工程地质调查和评价,还可进行室内实验研究。40 年代中后期,水利工程地质调查有所开展,进行了岷江、大渡河、黄河及其他江河的规划考察,并对广东渝江、台湾大甲溪电站做了工程地质调查。1946年,美国水利工程学家萨凡奇来中国考察长江三峡水利工程,我国派侯德封等同往进行地质调查。1946 年,在南京地质调查所成立了工程地质研究室。与此同时,一些大学地质系为土木工程专业学生讲授工程地质学。我国早期的一本教材《工程地质学》是孙薰先生于 1946年撰写出版的,其内容基本为普通地质学加上少量与工程有关的地质知识。当时,工程建筑规模小,数量少,工程地质事业还不兴旺,中国的工程地质学还处于萌芽阶段。

新中国成立后,随着社会和基础工程建设的发展,中国的工程地质事业得到了快速发展。特别是我国改革开放以来,工程地质学突飞猛进,在一系列伟大工程实践中形成了具有中国特色的工程地质学,并在诸多方面跻身于世界先进行列。新中国成立初期,工程地质工作和学科的设置主要引进和借鉴苏联的学科体系和经验。1952 年,地质部成立了水文地质工程地质局,水利水电、铁道、建筑、冶金、机械等部门也相继设立了工程地质处或勘测队。当年成立的北京地质学院(现为中国地质大学(北京))和长春地质学院(现合并为吉林大学)均设有水文地质工程地质专业,南京大学地质系也设立了这一专业。1956 年,成都地质学院(现为成都理工大学)成立,加上同济大学、唐山铁道学院(现为西南交通大学),全国有6 所高等学校设置了工程地质专业,此外西安、宣化、南京等中等地质学校设有此专业。同年,地质部设立了水文地质工程地质研究所,中国科学院地质研究所设立了水文地质工程地质研究室,许多工程部门的科学研究院相继设立了工程地质研究室或土工组。改革开放以后,又成立了西安和河北两个地质学院,有的水利水电学院、铁道学院、冶金学院、建工学院和一些大学地质系都增设专业培养工程地质人才。加上研究生和留学生的培养,全国的工程地质队伍不断壮大,素质不断提高,初步估计现已达四万科技人员的规模。

生产、教学、科研三个方面互相结合,团结一致,推动着中国工程地质事业的发展。1979 年,由谷德振主持,在苏州召开了首届全国工程地质大会,成立了中国地质学会工程地质专业委员会,并建立了国家小组,参加了国际工程地质协会。1985 年,中国科学院地质研究所设立了工程地质力学开放研究实验室。此后,一些大学和科研机构相继成立了相关的部级重点实验室。特别是 2007 年,经科技部批准,成都理工大学成立了"地质灾害防治与地质环境保护"国家重点实验室,使工程地质学科具有了国家级研究基地。

近半个世纪以来,我国的工程地质工作围绕着保证工程建设的安全和经济的根本目标,在认识和解决区域地壳稳定性、地表稳定性、工程岩土体稳定性和水文地质等基本问题的过程中,已经形成了与我国自然地质环境特点和国情相适应的、有特色的和实效性强的工程地质科学理论与方法。如在 20 世纪 70 年代,刘国昌先生结合中国实情,在中国区域工程地质的稳定性研究方面做出了重要贡献;谷德振先生创立的岩体结构控制论,形成了具有中国特色的工程地质力学理论体系。1982 年,南京大学罗国煜先生提出岩土工程优势面分析理论。这些理论和技术成就为各个时期各种规模的不同类型工程项目的建设,提供了重要科学依据。飞跨天堑的长江大桥、穿越复杂地质环境的成昆铁路、长江第一坝、攀西能源开发基地、深采矿山、地下空间开发、高楼大厦鳞次栉比的繁华都市、港湾及近海油气开采平台、核试验及航天工程等数以万计的工程项目的建成和良好的效益,都凝聚着我国工程地质工作者的心血,充分显示了这一年轻学科的成熟和水平。我国工程地质学已经从地质学的工程应用发展成为地质学科与工程科学相结合的,有理论基础,又有实践目标的工程地质学科。

1.3　工程地质学的发展趋势

现代工程地质学的基本任务、学科内涵在传统的工程地质学的基础上有了新的内容、延伸和转变,工程地质学今后的发展趋势呈现出以下几个特点:

(1) 站在全球的高度,以地球系统科学的理论和方法为指导,规划工程地质的发展蓝图,完善现代工程地质的学科体系。

(2) 紧紧围绕国家需求和可持续发展方略,研究极端地质条件下的工程适宜性问题;研究地球圈层间,特别是地球的表层圈与人类工程活动间的相互作用和动力过程,为防灾减灾提供理论和科学依据。

(3) 集人类科学技术的最新成果,应用于工程地质研究,尤其要吸取系统理论、系统工程、非线性系统动力学理论、多过程系统耦合理论、大规模的集成计算模拟、风险评价和可靠性分析理论等方面的科研成果,推动工程地质学的发展。

(4) 地质灾害监测、防治和预报技术与方法研究将越来越重要,它是实现防灾减灾、可持续发展和学科理论与实验研究的必要工作,与此同时还应建立地质灾害预警预报的方法、原则和体系,对已建和在建的地质(岩土)工程和环境保护工程进行健康监测和诊断。

(5) 多学科联合发展已成必然。这是因为随着各国可持续发展战略的实施,在许多大型基础工程建设中遇到的工程地质、环境和岩土工程问题,已不可能只由一个学科来承担,此外,发展地球系统科学更需要学科的联合。在国际上,国际工程地质协会(IAEG)、国际岩石力学学会(ISRM)和国际土力学与岩土工程学会(ISSMGE)三个学会已联合起来,分别于2000年和2004年组织召开了 Geo-Engineering 国际大会,现正酝酿成立国际"大岩土"工程联合会,各学会既独立又联合,实现服务于社会可持续发展的共同价值。我国在王思敬院士的倡导下,于2003年由中国地质学会工程地质分会、中国土木学会土力学与岩土工程分会、中国建筑学会工程勘察分会和中国岩石力学与工程学会四会联合召开了首届"全国岩土与工程学术大会",为我国的工程地质学科联合揭开了序幕,相信未来工程地质学科还会与更多的学科,如环境工程学科等联合,共同攻关,发展交叉学科,将我国的工程地质学科推向新的高度。

第2章

土体及其工程性质

土在工业、农业、医药、生物以及环境等领域都有广泛应用。例如，黏土矿物因其高吸附特性，将高纯度的蒙脱石、蛭石等作为去色剂，在环境领域作为污水净化剂等；蒙脱石因其高吸水性，在医学上可作为治疗腹泻的医药原料；土因其持水性和富含营养物质，可作为植物生长载体。在这些领域中，大多是基于土中的某些特殊成分，将土作为一种材料进行研究。

在工程地质领域，一般将土作为由颗粒、孔隙（孔隙水和孔隙气）构成的一个整体来研究。在外界条件发生变化的情况下，如降雨、开挖、载荷等，土的物理、水理和工程性质会发生变化。这些变化受控于成因控制下的物质成分、粒度成分以及结构特征。土的工程性质就是指土在工程活动作用下的物理、水理和力学的性质。

2.1 土的物理性质

2.1.1 土的基本物理性质指标

土体由土颗粒、孔隙气和孔隙水三相组成，在研究土的物理性质时，往往需要考虑其三相之间的比例关系。因此，通常将各相组成所占的体积和质量用简化模型表示，并以相应的符号代表（图 2-1），各相之间的关系满足：

$$m_a = 0$$
$$m = m_w + m_s$$
$$V_v = V_a + V_w$$
$$V = V_v + V_s$$

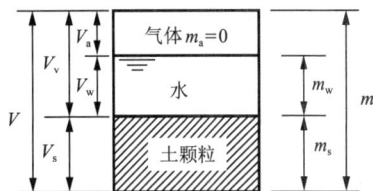

图 2-1 土的三相关系图

式中　m_a——气体质量；

　　　m_w——水质量；

　　　m_s——土颗粒质量；

　　　V_a——气体体积；

　　　V_w——水体积；

　　　m——土的总质量；

V——土的总体积；

V_s——土颗粒体积；

V_v——气体与水所占体积。

土的基本物理性质指标，有的需要直接测定，有的可以通过其他实测指标计算求得，因此，需要牢记每个物理性质指标的定义式。

1）土粒相对密度与土粒密度

土粒相对密度是土中固体颗粒质量与同体积 4 ℃纯水的质量之比，量纲为一。土粒相对密度 G_s 可用下式定义

$$G_s = \frac{m_s}{\rho_{w4\,℃}V_s} \tag{2-1}$$

式中　$\rho_{w4\,℃}$——4 ℃时纯水的密度，为 1.0 g/cm³。

当式（2-1）中 m_s 的单位采用 g，V_s 的单位采用 cm³ 时，则土粒相对密度在数值上等于土粒密度（ρ_s），即

$$\rho_s = \frac{m_s}{V_s} \tag{2-2}$$

土粒密度（ρ_s）的单位是 g/cm³，而土粒相对密度（G_s）是量纲一的量。土的相对密度与土中的液、气相无关，只取决于土中固体颗粒成分。相对密度是土的孔隙比、饱和度以及压缩性计算的必要参数，是土的一个最基本的实测物理性质指标。同时，土的相对密度还可以帮助我们了解土的矿物成分，当土中含有重金属矿物或者离子时，土的相对密度就高；含有较多有机质时，相对密度就低。

可溶盐离子，以及胶体、有机质、黏土矿物等都属于高亲水物质，因离子静电引力作用使水分子在其周围形成紧密排列，形成电缩。而在相对密度测量中一般采用排水法测定土颗粒体积，电缩作用会导致测定的颗粒体积偏小，相对密度偏大。因此，要准确测量富含可溶盐、胶体、有机质及黏土矿物土的相对密度，应当采用中性液体，如煤油、汽油、酒精、甲苯、二甲苯或者四氯化碳等。

由于试验过程受到温度、测试液纯度以及称量误差等因素的影响，到目前为止，准确测定土的相对密度仍然是比较烦琐的过程。在工程实践和研究中发现，土的相对密度与土的粒度成分存在较高的相关性，如砂土的相对密度一般为 2.65~2.69，粉土为 2.70~2.71，粉质黏土为 2.72~2.73，而黏土相对密度较大，一般可达 2.74~2.76。

2）含水率

土的含水率也称为土的湿度，表示土中自由水及结合水的含量。土的含水率可直观反映土的亲水特性和含水状态，因此是土的一项基本的物理性质指标，也是计算其他物理性质指标的重要实测指标。含水率不仅与土的孔隙特性有关，也与土的矿物成分以及有机质含量有关。当土中含有高亲水性成分时，土吸水后会发生膨胀，含水率将会增高。土的含水率可用质量含水率或者体积含水率表示。

（1）质量含水率。

土中所含水的质量与固体颗粒质量之比，称为土的质量含水率，用百分数表示，在工程地质计算中，通常所说的含水率是指质量含水率 w，即

$$w = \frac{m_w}{m_s} \times 100\%$$ (2-3)

烘干法是直接测量含水率的唯一方法。将湿土在 105~110 ℃ 的温度下烘干至恒重时，根据烘干前后土的质量差可计算得到土的含水率。

需要注意，在 105~110 ℃ 的温度下，除了结合水和自由水被蒸发外，某些在常温下作为矿物一部分的结晶水也有可能失去，因此，烘干法测定的含水率可能偏高。另外，当有机质含量较高时，烘干法还会导致有机质分解，测定的含水率不能真实反映土的含水状态，因此，常采用降低烘箱温度、增加烘干时间的方法来减小测量误差。

烘干法只能在室内完成含水率测定，难以实现野外实时测量。目前已有多种适合野外测量含水率的间接方法，见表 2-1。这些方法多处于研究阶段，应用尚不成熟。

表 2-1　测量含水率的方法

方法分类	基本原理
电测法	测定土的电学反应特性，如电阻、电容、电位差、极化现象等
热学法	测定土的导热性能
吸力法	测定土的负压或吸附力
射线法	测量 γ 射线或中子射线在土中的变化
遥感法	测定发射或反射电磁波的性状差异，如时域反射法
化学法	测定土中水分与其他物质的化学反应

(2) 体积含水率。

土中所含水的体积 V_w 与土的总体积 V 之比，称为土的体积含水率 θ，用百分数表示，即

$$\theta = \frac{V_w}{V} \times 100\%$$ (2-4)

体积含水率在土壤学中应用较多，体积含水率可通过质量含水率换算得到，即

$$\theta = \frac{w \cdot \rho_d}{\rho_w} \times 100\%$$ (2-5)

式中 ρ_d——土的干密度。

从式(2-5)可以看出，当密度单位取 g/cm^3，ρ_w 的单位取 $1.0\ g/cm^3$ 时，土的体积含水率在数值上等于土的质量含水率乘以土的干密度。但需要注意的是，对于黏粒含量较高的黏性土而言，由于结合水的分子排列较正常、自由水要紧密得多，其密度可以远大于 $1.0\ g/cm^3$，因此，黏性土的体积含水率的实际值比依据式(2-5)换算得到的数值要小。

3) 土的容重与土的密度

容重是指单位土体的重量。当采用单位土体质量表示时，称为土的密度。与相对密度不同，土的容重不仅与土的固相成分有关，还与孔隙体积和孔隙被水填充的程度有关。土的容重是计算土体自重应力的重要参数。根据土的含水状态的不同，容重又分为天然容重、干容重、饱和容重和浮容重。

(1) 天然容重(对应天然密度)。

土在自然状态下具有相对稳定的持水特征，该状态下测得的容重称为天然容重，一般所

说的土的容重即土的天然容重。天然容重 γ 可表示为

$$\gamma = \frac{m \cdot g}{V} \tag{2-6}$$

土的（天然）密度表示为

$$\rho = \frac{m}{V} \tag{2-7}$$

式(2-6)中的重力加速度 g 一般取 $9.8\ \mathrm{m/s^2}$，容重的单位为 $\mathrm{N/m^3}$。

由于容重受到土的孔隙率影响，在近似计算中常采用：砂土为 $14\ \mathrm{kN/m^3}$，亚砂土为 $16\ \mathrm{kN/m^3}$，亚黏土为 $16\sim17\ \mathrm{kN/m^3}$，重亚黏土为 $17.5\ \mathrm{kN/m^3}$，黏土为 $18\sim20\ \mathrm{kN/m^3}$。

在室内一般通过环刀法测定黏性土的容重。要准确测定土的天然容重，野外取样时应避免扰动，并将取样筒进行蜡封，以避免水分蒸发。对于松散的砂土或者分选性较差的含有碎石或卵石的黏性土，可利用室内的封蜡法或者现场的灌砂法、灌水法测定容重。

（2）干容重（对应干密度）。

当土孔隙中没有水时，土的容重称为干容重（γ_d），也称为骨架容重。干容重是单位体积土体中固体颗粒的重量，即

$$\gamma_\mathrm{d} = \frac{m_\mathrm{s} \cdot g}{V} \tag{2-8}$$

土的干密度表示为

$$\rho_\mathrm{d} = \frac{m_\mathrm{s}}{V} \tag{2-9}$$

干容重只与土体内的固相土粒和孔隙有关，当忽略土的相对密度差异时，土的干容重可以反映土体中孔隙总量，也可以用于表征土的致密程度。孔隙总量越大，则干容重越小，土体越疏松。

土的干容重或者干密度一般根据土的天然容重（γ）或者天然密度（ρ）和质量含水率（w）关系计算得到

$$\gamma_\mathrm{d} = \frac{\gamma}{1+w} \tag{2-10}$$

或

$$\rho_\mathrm{d} = \frac{\rho}{1+w} \tag{2-11}$$

（3）饱和容重（相对饱和密度）。

当土孔隙全部被水填满时，土的容重称为土的饱和容重（γ_sat），即

$$\gamma_\mathrm{sat} = \frac{(m_\mathrm{s} + V_\mathrm{v} \cdot \rho_\mathrm{w}) \cdot g}{V} \tag{2-12}$$

饱和密度表示为

$$\rho_\mathrm{sat} = \frac{m_\mathrm{s} + V_\mathrm{v} \cdot \rho_\mathrm{w}}{V} \tag{2-13}$$

（4）浮容重（对应浮密度）。

当土处于地下水位以下时，由于土颗粒会受到水的浮力作用，其对下伏土体骨架产生的压力会减小，此时计算土体有效自重应力时，需要用水下容重（γ'），也称为浮容重，即

$$\gamma' = \frac{(m_s - V_v \cdot \rho_w) \cdot g}{V} \tag{2-14}$$

浮密度(ρ')表示为

$$\rho' = \frac{m_s - V_v \cdot \rho_w}{V} \tag{2-15}$$

用式(2-14)减式(2-12),或者式(2-15)减式(2-13)可得浮容重(或浮密度)与饱和容重(饱和密度)之间的关系:

$$\gamma' = \gamma_{sat} - \rho_w \cdot g \tag{2-16}$$

或

$$\rho' = \rho_{sat} - \rho_w \tag{2-17}$$

根据式(2-16)和式(2-17)可知,土的水下容重在数值上等于土的饱和容重(饱和密度)减1,即

$$\gamma' = \gamma_{sat} - 1 \tag{2-18}$$

或

$$\rho' = \rho_{sat} - 1 \tag{2-19}$$

一般黏性土可取天然容重减1作为水下容重。

只有浸泡在自由水中的土颗粒才可以通过浮容重计算土的有效自重应力,而黏性土颗粒之间存在水化膜,水化膜可能导致黏性土颗粒之间的水分子难以自由流动,不能传递静水压力,因此,采用浮容重计算黏性土的有效自重应力时存在误差。

4)孔隙性指标

孔隙比或孔隙率是表达土结构特征的重要指标。在工程中,孔隙比常用作计算土的压缩(沉降)和评价地基承载力的指标。

(1)孔隙比与孔隙率(度)。

土中孔隙体积 V_n 与其固体颗粒体积 V_s 之比称为孔隙比 e,即

$$e = \frac{V_n}{V_s} \tag{2-20}$$

土中孔隙体积 V_n 占总体积 V 的百分数称为孔隙率(度)n,即

$$n = \frac{V_n}{V} \times 100\% \tag{2-21}$$

由于 $V = V_n + V_s$,根据式(2-20)和式(2-21)很容易推导出孔隙比和孔隙率的换算关系,即

$$n = \frac{e}{1+e} \tag{2-22}$$

或

$$e = \frac{n}{1-n} \tag{2-23}$$

(2)孔隙比的测定。

孔隙比或者孔隙率一般利用干容重和相对密度的关系式计算得到。由式(2-2)和式(2-9)可得

$$e = \frac{\rho_s}{\rho_d} - 1 \tag{2-24}$$

将式(2-11)代入式(2-24)可得

$$e = \frac{\rho_s(1+w)}{\rho} - 1 \tag{2-25}$$

对亲水性矿物含量较高的黏性土而言,孔隙比是含水率的函数。高亲水性矿物吸水后体积发生膨胀,在颗粒体积不变的情况下,孔隙体积增大,e 增大;失水收缩后孔隙体积减小,e 减小。

(3) 土的密实度。

影响砂土孔隙比的因素相对单一,在不考虑砂粒被压碎的情况下,砂土的孔隙比一般只受粒径、级配以及粒间摩擦特性的影响。如果将砂粒简化为等大球体,孔隙比与球体直径无关。有学者研究表明,等大球体采用六方最紧密堆积后的孔隙度可视为常数,约为 0.35。当然,自然界的砂粒既不是球体,也不可能大小相等,小颗粒必然填充大颗粒的孔隙,经过多级填充后,土的孔隙比会明显下降,甚至低于 0.05。由此可见,土的级配对孔隙比的影响非常大。

可用砂土孔隙比反映砂土的密实程度,并把砂土分为密实、中密、稍密和松散四类,见表 2-2。从表中可以看出,工程上常见土的孔隙比一般都会大于 0.35,颗粒越细,孔隙比越大。从理论上讲,在条件合适的情况下,自然土体存在很大的压缩空间。

表 2-2 砂土的密实度

土的类别	密实度			
	密 实	中 密	稍 密	松 散
砾砂、粗砂、中砂	$e < 0.60$	$0.60 \leqslant e < 0.75$	$0.75 \leqslant e < 0.85$	$e \geqslant 0.85$
细砂、粉砂	$e < 0.70$	$0.70 \leqslant e < 0.85$	$0.85 \leqslant e < 0.95$	$e \geqslant 0.95$

在自重或者外部载荷作用下,尤其是在动载荷作用下,砂土的孔隙特征将随着颗粒的位置移动发生变化,孔隙比将发生较大变化。为了衡量砂土当前状态下的密实程度,可以用砂土的相对密实度(D_r)来表示,即

$$D_r = \frac{e_{max} - e}{e_{max} - e_{min}} \tag{2-26}$$

式中 e_{max}——砂样的最大孔隙比;

e_{min}——砂样的最小孔隙比。

e_{max} 和 e_{min} 通过标准试验确定。e_{max} 一般采用漏斗法或者量筒法,并使砂土处于最疏松状态;e_{min} 采用振密和压实方法使砂土达到最大的密实程度。根据砂土的相对密实度将砂土分为密实、中密和松散,见表 2-3。

表 2-3 按相对密度的砂土密实度分类

相对密实度(D_r)	$0.67 < D_r \leqslant 1$	$0.33 < D_r \leqslant 0.67$	$0 < D_r \leqslant 0.33$
砂土密实度分类	密 实	中 密	松 散

影响黏性土孔隙比的因素很多,如土的矿物成分、粒径、级配、结构连接、载荷、含水率、溶液性质以及粒间摩擦等。黏性土的孔隙比会随着这些条件的改变发生较大变化,因此,相对密度不能用于衡量黏性土的密实程度。

5) 饱和度

土中水的体积与孔隙体积之比称为饱和度 S_r,用于描述土中孔隙被水填充的程度,即

$$S_r = \frac{V_w}{V_n} \times 100\%$$
(2-27)

将式(2-2)、式(2-3)及式(2-20)代入式(2-27)可得饱和度的计算式为

$$S_r = \frac{w \cdot \rho_s}{e \cdot \rho_w}$$
(2-28)

将式(2-3)、式(2-10)及式(2-22)代入式(2-27)可得

$$S_r = \frac{w \cdot \gamma_d}{n \cdot \rho_w \cdot g}$$
(2-29)

对黏性土而言,由于存在结合水,式(2-28)和式(2-29)中水的密度(ρ_w)的取值比较困难,一般可根据土中结合水与自由水量的百分比,取加权平均密度值进行估算,否则计算得到的饱和度可能超过 100%。

对砂性土而言,由于比表面积小,而且颗粒表面形成的水膜密度较小,可以认为孔隙水全部为自由水,水的密度可以近似认为等于 1.0 g/cm³,重力加速度 g 的单位取 m²/s,容重单位取 kN/m³,则式(2-28)和式(2-29)在计算中可以简化为

$$S_r = \frac{w \cdot G_s}{e}$$
(2-30)

$$S_r = \frac{10w \cdot \gamma_d}{n}$$
(2-31)

饱和度理论值在 0%～100% 之间,干土的饱和度为 0%,孔隙全部被水充满后,土的饱和度为 100%。但由于饱和度是由相对密度、含水率以及容重三个独立实测量经计算得到的,每个试验中的测量误差都会对饱和度的计算值产生影响,因此饱和度的计算结果本身存在较大误差。在地下水位以下的土,S_r 一般为 80%～100%,可称为饱和土。对于砂土,当 S_r 为 0%～50% 时,称为稍湿砂;当 S_r 为 50%～80% 时,称为很湿砂。

2.1.2　土的基本物理性质指标之间的关系

土的相对密度(或土粒密度)、含水率和容重是三个必须通过实测获得的基本物理量。除本身可以描述土的成分、结构以及含水特性外,也是推导和计算其他物理性质指标的基础指标。由于孔隙比、饱和度以及干密度等为推导量,因此在实际应用中需要根据误差传播定律考虑这些推导值的测量误差。

各种物理性质指标是分析土体工程性质的重要参数。每个指标本身或者与多个指标一起共同反映土的重量、物质组成、粒度组成、含水特性和结构特性(图 2-2)。

某些物理性质指标受控于土的成因,随环境变化较小,如土的物质组成和粒度组成;有些指标则受外部环境影响显著,如土的含水特性;而土的结构特性变化相对缓慢,与土的物

质组成、粒度组成以及受力条件等密切相关。

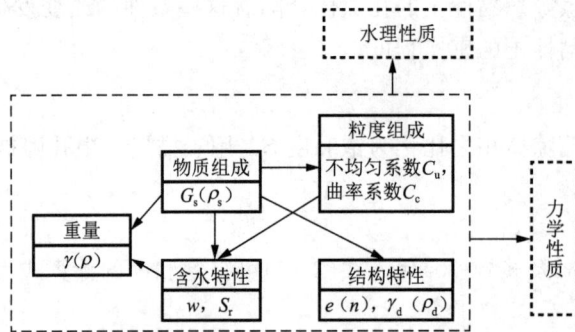

图 2-2 土的物理性质指标之间及其与工程性质间的关系

土的物理性质对水理性质和力学性质具有决定性作用,它们之间的关系如图 2-3 所示。

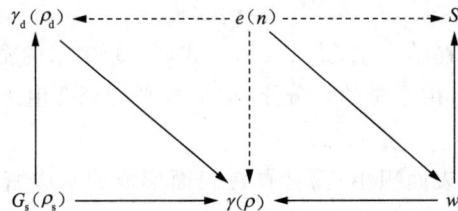

图 2-3 土的各物理性质指标关系示意图

图中实线表示正比关系,虚线表示反比关系。这种关系只有在其他指标不变的情况下成立。不应将土的物理性质指标仅仅作为计算参数,更应当理解它们之间的相互影响机制。

2.2 土的水理性质

由于土体中各相之间相互依存又相互作用,致使土体性质千变万化,其中尤以土中固体颗粒与液体的相互作用对土性质的影响最大,而液体的变化表现最明显、最活跃。各种外部因素多是先通过对液体的影响而改变整个土体的性质,土质学将这些性质称为土的水理性质。土的水理性质在黏性土中表现突出,因此,通常所说的水理性质都是针对黏性土而言的。黏性土的水理性质主要包括稠度、塑性、膨胀、收缩、崩解等,这些性质都是由水和黏粒表面作用所引起的,因此它们实际上属于土的物理-化学性质。

2.2.1 土的稠度和塑性

1)稠度与液性指数

黏性土的各种性质及其变化与其含水率有密切关系,尤其是扰动的黏性土,由于其天然结构的破坏,含水率对力学性质的影响更为显著。黏性土随着本身含水率的变化,可处于各种不同的物理状态,如固态、塑态或流态。物理状态不同,其工程性质也不同。因此,判定黏性土的物理状态是至关重要的。

黏性土的物理状态常以稠度来表示。稠度是指重塑土样在不同湿度条件下,受外力作用后所具有的活动程度。根据活动程度,可分为固体状态、塑体状态和流体状态。固体状态是指颗粒之间连接强度大,颗粒不易发生移动,一旦在外力作用下发生强制移动,则会发生断裂并难以重新恢复为连接状态。塑体状态是指颗粒可以围绕着相邻颗粒移动,从宏观上表现为土体可以被塑造成各种形状而不发生断裂。流体状态则是指颗粒不仅可以围绕相邻颗粒转动,而且可以直接发生层状流动。在土质学中,常采用下列稠度状态(表 2-4)来区别黏性土在各种不同湿度条件下所呈现的物理状态。

表 2-4　黏性土的标准稠度及其特征

稠度状态		稠度的特征	稠度界限(w)
流体状	液流状	自重作用下呈薄层流动	触变界限
	黏流状(触变状)	自重作用下呈厚层流动	液限 w_L(塑性上限)
塑体状	黏塑状	粒间容易移动且不断开,并黏着其他物体	黏着性界限
	稠塑状	粒间较易位移且不断开,但不黏着其他物体	w_P(塑性下限)
固体状	半固体状	粒间可微小移动,外力作用下产生微裂隙	收缩界限 w_S
	固体状	外力作用下粒间不易发生相对移动	

相邻稠度状态既相互区别又逐渐过渡。稠度状态之间的转变界限叫稠度界限,用含水率表示,称界限含水率。含水率发生微小增量时,稠度状态不会马上发生本质变化,只是发生单纯的量变,当量变达到一定程度时就会转化为质变,即稠度状态发生改变,这一转变点的含水率就是界限含水率。

由于水化膜的存在,黏性土在不断吸水后,水化膜从低含水率时的强结合水为主,过渡到含次定向吸附结合水,然后形成渗透结合水,直到大孔隙中出现角边毛细水和自由水。在这一过程中,土的体积也随之发生变化,土的稠度状态亦相应发生改变,如图 2-4 所示。

在稠度的各界限值中,塑性上限(w_L)和塑性下限(w_P)的工程意义最大。它们是区别三大稠度状态的界限,简称液限(w_L)和塑限(w_P)。从表 2-4 中可以看出,当含水率高于液限时,土体发生流动,不具可塑性;当土的含水率低于塑限时,土中开始出现裂隙,也不具可塑性。从图 2-4 中可以看出,当含水率低于塑限时,土的体积收缩趋势变小。当含水率低于缩限(w_S)时,土的总体积基本保持不变,土的收缩以裂隙发展为主,裂隙之间土体发生局部收缩,对土体总体积影响较小。

土所处的稠度状态一般用液性指数 I_L 来表示

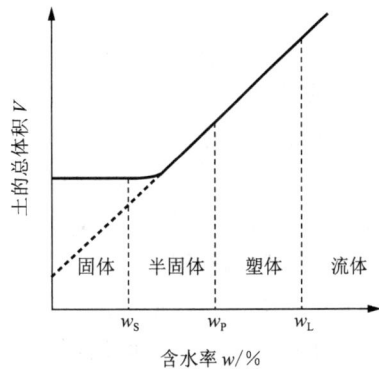

图 2-4　土的总体积与含水率的关系曲线

$$I_L=\frac{w-w_P}{w_L-w_P}$$ (2-32)

式中　w——天然含水率;

　　　w_L——液限含水率;

w_P——塑限含水率。

按液性指数(I_L),黏性土的物理状态可分为坚硬、硬塑、可塑、软塑和流塑,见表 2-5。

表 2-5 根据液性指数对土的物理状态分类

土的分类	坚 硬	硬 塑	可 塑	软 塑	流 塑
液性指数 I_L	$I_L \leqslant 0$	$0 < I_L \leqslant 0.25$	$0.25 < I_L \leqslant 0.75$	$0.75 < I_L \leqslant 1$	$I_L > 1$

2)土的塑性

塑性的基本特征是:① 物体在外力作用下可被塑造成任何形态,而整体性不破坏,即不产生裂隙;② 外力除去后,物体能保持变形后的形态,而不恢复原状。

有的物体是在一定的温度条件下具有塑性,有的是在一定的压力条件下具有塑性,而黏性土则是在一定的湿度条件下具有塑性,即黏性土在含水率处于一定范围内时表现出塑性。只有水才能使黏性土出现塑性,而中性液体不能,因为土粒与中性液体之间不产生相互作用。只有黏性土具有塑性,砂土没有塑性,故黏性土又称塑性土,砂土称非塑性土。

(1)塑性指数。

在工程地质研究中,用塑限和液限两个界限含水率表示黏性土的塑性。塑限是半固态和塑态的界限含水率,它是土具有可塑性的最低含水率,相当于颗粒共享水化膜中强结合水加上弱结合水中多层次定向结合水的含水率。此时的土粒表面水化膜具有一定厚度,使土粒间连接减弱。在外力作用下,颗粒能够产生相对位移而不破坏整体性。

液限是土具有塑性的上限含水率,即塑态与流态的界限含水率,相当于颗粒共享水化膜中结合水的总量。含水率超过液限时,颗粒连接点之间出现自由水,颗粒间距增大而失去彼此间的联系,共享水化膜失效,土体处于流动状态。

塑限和液限含水率的差值称为塑性指数(I_P),即

$$I_P = w_L - w_P \tag{2-33}$$

塑性指数表示黏性土保持可塑性的含水率变化范围,实际上就是弱结合水中渗透结合水的多寡或胶团双电层扩散层厚度的大小。塑性指数越大,土的塑性越强。

(2)塑性指数的测定。

黏性土的塑性指数可通过测定土的塑限及液限求得。塑限一般采用圆锥仪法或者滚搓法测定,液限则采用圆锥仪法或者碟式仪法测定。目前,国家规范推荐采用液塑限联合测定法同时测定液限和塑限。

液塑限联合测定仪的原理与圆锥仪法相同。根据圆锥仪从指定高度下落锥入土样深度与土样含水率密切相关的原理,分别调制不同含水率的土样,并记录锥入深度,然后通过绘制含水率与锥入深度的曲线,确定土样的液、塑限。需要说明的是,不同方法求得的液、塑限并不相同,有时差别很大。因此,在试验结果中需注明测定液、塑限的方法。

土的界限含水率以及塑性指数是土体扰动后的指标,它们不能完全反映原状土的工程性质。扰动土破坏了原状土中某些稳定的结构连接,包括部分共享水化膜的连接以及结晶连接和胶体连接。虽然扰动后的土样部分结构连接(共享水化膜)可以恢复,但与原状土中的连接状态不可等效。

理论上讲,砂土不具有塑性,但不能忽略砂性土颗粒之间的角边毛细水作用。由于角边

毛细水的存在,非黏性土之间也会形成类似黏性土的结构连接,在界限含水率测量方法中并不能区别角边毛细水与共享水化膜作用。当颗粒非常细小时,角边毛细水的作用效力会因表面自由能的增加而非常显著。但角边毛细水与共享水化膜对土工程性质的影响机理完全不同,如不具有膨胀性、完全饱水后连接力消失等。

（3）影响土塑性的因素。

从塑性指数的定义中可以看出,影响黏性土水化膜厚度的因素都会影响土的塑性,包括土的成分及孔隙水性质。土的成分包括粒度组成、矿物成分及交换阳离子成分,主要是矿物的亲水性和颗粒的比表面积起作用,孔隙水溶液的性质是指化学成分及浓度。大量试验资料表明,这些规律在含蒙脱石类矿物的黏性土的塑性变化中最为明显。

① 粒度组成。

许多研究表明,黏性土的塑性与土的分散性有关,一般认为粒径小于 0.005 mm 的颗粒开始具有塑性,粒径小于 0.000 5 mm 具有强塑性。因此,黏性土的塑性与黏粒的分散性有非常密切的关系,随胶粒含量的增加而增加,特别是当含有机质胶粒时增加会更加显著。

② 矿物成分。

应该说,矿物成分是黏性土塑性形成的决定因素,因为不同的矿物与水相互作用的强烈程度不同,如粒径同样小于 0.002 mm 的黑云母与石英,前者具有很高的塑性（$I_P=43$）,而后者却不具有塑性（$I_P=0$）。黏粒中含蒙脱石矿物的土比含高岭石矿物的土塑性强,这是因为蒙脱石的亲水性比高岭石高,同时蒙脱石的分散性也比高岭石高得多。

③ 交换阳离子。

交换阳离子成分主要通过影响土的分散性来影响土的塑性。影响原理主要是离子电价及离子半径,高价离子或半径大的同价离子会使扩散层厚度减小,使土的塑性降低。这一影响规律与交换阳离子影响扩散层厚度规律相同,水化膜变厚导致土的塑性增强。

但根据试验资料（表 2-6）,交换阳离子对黏性土塑性的影响并非完全按此规律,而是因具体矿物而异。

表 2-6　不同黏土矿物饱和不同阳离子时各项塑性指标测定值

矿物种类	蒙脱石						水云母（伊利石）						高岭石					
交换阳离子	Na^+	K^+	Ca^{2+}	H^+	Mg^{2+}	Fe^{3+}	Na^+	K^+	Ca^{2+}	H^+	Mg^{2+}	Fe^{3+}	Na^+	K^+	Ca^{2+}	H^+	Mg^{2+}	Fe^{3+}
液限/%	710	660	510	440	410	290	120	120	100	100	95	110	53	49	38	53	54	59
塑限/%	69	100	80	60	60	70	57	57	40	47	46	51	32	29	27	25	31	37
塑性指数/%	650	560	430	380	350	220	63	63	60	53	49	59	21	20	11	28	23	22

由表 2-6 还可以看出:① 黏土矿物的塑性变化范围很大;② 塑性指标中液限变化范围比塑限的变化范围大;③ 交换阳离子种类对高塑性黏土矿物（蒙脱石）的影响大,而对低塑性黏土矿物（高岭石）的影响小;④ 蒙脱石塑性随交换阳离子电价的升高而降低,高岭石则相反,有随电价升高而升高的趋势。

④ 孔隙溶液性质。

孔隙水溶液的化学成分、浓度、溶液的 pH 等对土的塑性都有影响,这些因素都是通过胶团扩散层厚度而影响土的塑性。

（4）土塑性的工程意义。

在工程地质实践中，黏性土的塑性具有很重要的意义。塑性指数多用于黏性土的分类，根据塑性指数把土分为四类：黏土、亚黏土、轻亚黏土和砂土（表2-7）。

因操作简便，依据塑性指数对土进行分类在工程上应用较广，但需要注意的是，单纯依靠塑性指数对土的分类是不可靠的。在工程上会遇到塑性指数很高，但土的力学性能更接近砂土的情况。这就是由于塑性指数只能反映扰动土性质，并不能反映土的天然结构特性。此外，细小颗粒中的表面自由能作用下的毛细力也会影响界限含水率的测量。

表 2-7　土按塑性指数的分类

等　级	土的名称	塑性指数
Ⅰ	黏土（高塑性土）	＞17
Ⅱ	亚黏土（塑性土）	17～10
Ⅲ	轻亚黏土（微塑性土）	10～3
Ⅳ	砂土（非塑性土）	＜3

3）活动性指数

如前所述，在表面能作用下的基质吸力同样会形成高塑性指数的"假象"。当颗粒细小且含水率较低时，就可以产生较大的基质吸力，保持颗粒之间的紧密连接，并承担阻止圆锥仪锥尖钻进或者保持滚搓法中土条不产生裂隙。此时的含水率在液塑限试验中会表现为"塑限"。当含水率增加，基质吸力下降到一定程度后，这种连接力会变弱，并表现为"液限"，当粉粒之间同时含有少量高亲水性物质时，就会形成较高的液限，塑性指数也会增大。而基质吸力形成的连接力不会造成土的膨胀和收缩，必须加以区别。

塑性指数 I_P 与粒径小于 0.002 mm 颗粒含量的比值，称活动性指数（K_A），或亲水性指数，即

$$K_A = \frac{w_L - w_P}{A} = \frac{I_P}{A} \tag{2-34}$$

式中　A——粒径小于 0.002 mm 颗粒的质量分数。

K_A 可用于表征黏性土的亲水性，根据活动性指数 K_A 可把黏土分为三类，见表2-8。

表 2-8　土按亲水性指数的分类

土的分类	非活动性（非亲水性）	活动性（亲水性）	强活动性（强亲水性）
K_A	＜0.75	0.75～1.25	＞1.25

高岭石为主的黏土一般属于非活动性黏土，而蒙脱石黏土属于强活动性黏土。活动性指数越大，则黏性土的膨胀、收缩性能也越强。因此，常以活动性指数 K_A 作为评定膨胀土的指标之一。

2.2.2　土的胀缩和崩解

土中含水率的变化不仅会引起黏性土稠度状态和重量的变化，同时还会引起土体积的变化。黏性土在浸水过程中体积增加称膨胀；当干燥失水时，土的体积减小称收缩。胀缩性

和塑性一样,是黏性土的重要水理性质,或物理-化学性质,都是由结合水形成的水化膜厚度的变化所引起的。土的膨胀和收缩行为一般是可逆的,但绝对值不一定相等。

吸水过程不仅可以使土的体积增加,而且由于粒间连接力的减弱还可以使土的结构连接破坏,最后导致土体在水的作用下破坏,即崩解。土的膨胀、收缩与崩解是黏性土的主要水理性质。

1) 土的膨胀

黏性土的膨胀性是土的重要性质。当膨胀变形比较明显时称膨胀土,其对建筑地基、边坡稳定性等都会产生非常重要的影响,在工程建设中要给予专门考虑。

(1) 土的膨胀机理。

土体膨胀的主要原因是土颗粒的水化,与土中弱结合水的形成有关。黏性土颗粒依靠结晶盐、胶体以及共享水化膜实现连接。含水率较低时,土结构呈现不连续的局部连接特征,某些颗粒之间会因含水率过低而出现断裂,即微裂隙。微裂隙为水的渗入提供了通道。当空气湿度增大或者浸水时,水沿着微裂隙或者孔隙渗入土体内部。孔隙水与吸附离子层之间存在浓度差,形成渗透压,当渗透压大于结构连接力以及上部载荷之和时,土体即发生体积膨胀。

土体膨胀的前提条件是吸水,吸水可以分为表面吸附吸水、毛细吸水和渗透吸水三个不同阶段。当土中含水率极低时,部分颗粒表面的强结合水层消失或者变薄。当空气湿度增加,颗粒表面通过分子或者离子静电引力吸附空气中的水分子,该过程是强结合水形成过程。如果颗粒排列紧密,强结合水形成过程中也会表现出微弱膨胀,称为吸湿膨胀。

强结合水形成后,在粒间共享区域出现弯液面,弯液面上方的蒸气压较低,也会继续从空气中吸水。在浸水条件下,由于弯液面内部水压力降低,在负压强作用下,液态水沿着微裂隙或者孔隙向土体内部渗透,即毛细吸水阶段。毛细吸水一方面为扩散层膨胀提供足够的水源,另一方面也会产生气体压缩,形成膨胀压力。

毛细吸水的同时,共享水化膜与孔隙水间形成离子浓度差,水分子通过渗透作用从低浓度孔隙溶液向高浓度水化膜中渗透,颗粒间距离增大,即发生渗透吸水膨胀。

(2) 土膨胀性指标。

土的膨胀性能用膨胀率、膨胀含水率及膨胀压力等指标表示。试样浸水后的高度增加量与原高度之比,称为膨胀率,即线膨胀率(e_P),以百分数表示,即

$$e_P = \frac{h - h_0}{h_0} \times 100\% \tag{2-35}$$

式中　e_P——线膨胀率,%;

h_0——膨胀前试样的高度,mm;

h——膨胀后试样的高度,mm。

膨胀率可用专门膨胀仪测定,也可用固结仪测定。将原状土样在环刀内加压(或不加压)稳定,然后浸水,用百分表测其高度变化。土在施加不同压力时的膨胀性能不同,无载荷条件下的膨胀率说明土的一般膨胀性能,可用于土的分类。当为工程目的评价土的膨胀性时,要根据载荷特征选定预压载荷,即在不同压力下测定膨胀率,如 e_{P0},e_{P50} 等。

土体从外界吸水后发生膨胀,土样膨胀完全停止吸水时的含水率称为膨胀含水率(w_H)。试验条件、试样状态不同(原状或扰动),该项指标值不同。土体吸水过程中,通过外

加压力限制土体的膨胀,则可测定土的膨胀压力(p_P)。测定膨胀压力的方法与膨胀率试验相似,在固结仪上进行。试样在环刀中浸水,施加外荷限制试样膨胀,测定试样不产生膨胀变形时需施加的压力。

　　膨胀率和膨胀压力都是用原状土样测定的,是表征原状土膨胀性能的直接指标。此外还有间接指标,如自由膨胀率(F_s)。自由膨胀率是将固定体积的分散烘干土样放在蒸馏水中任其自由膨胀,待膨胀变形稳定后,求出其体积变形百分率。

$$F_s = \frac{V - V_0}{V_0} \times 100\% \tag{2-36}$$

式中　F_s——自由膨胀率;

　　　V_0——烘干松散土样的体积,用标准量杯测量;

　　　V——土样在水中膨胀变形稳定后的体积,在量筒中测量。

　　由于自由膨胀率试验操作简单,所以自由膨胀率在工程上常被用作判别膨胀土的指标。但需要注意的是,自由膨胀率是对分散土颗粒膨胀性的描述,未考虑到土结构的影响。另外,自由膨胀率试验中,分散土颗粒在量筒中自由下沉过程中会发生凝聚作用,凝聚作用会导致土颗粒之间形成松散的集聚体形态,并不能完全反映颗粒水化膜体积。而且这种凝聚作用会受到测试溶液的介质浓度、pH 和温度的影响。

　　(3)影响土膨胀性的因素。

　　黏性土的膨胀和塑性产生的机理相同,都是由黏粒水化形成弱结合水时,水化膜厚度增加而引起的现象。

　　① 水化膜厚度影响因素。

　　由于膨胀的主体是水化膜厚度的变化,因此,影响水化膜厚度的因素都会影响土的膨胀性,包括矿物成分、粒度成分及交换阳离子成分和孔隙水溶液的性质,此处不再赘述。

　　② 土结构。

　　土结构对膨胀性的影响有两个方面,一是结构形态,二是结构连接。从结构形态方面看,层流状结构有利于膨胀。层流状结构孔隙连通性好,有利于水分迁移,对膨胀有利。

　　物质成分相同,结构形态相同的土,如果结构连接不同,膨胀量也不同。凝聚型和同相型接触的土膨胀性都比较弱,而过渡型接触连接的土膨胀性最强。但同相型接触连接的土一旦连接被破坏,土的膨胀性就明显表现出来。

　　③ 含水率及外荷。

　　土的原始含水率对膨胀性有根本的影响,大量研究结果表明,随着原始含水率的增加,膨胀性减小。当原始含水率超过土的塑限时,土的膨胀性实际上很微弱。含水率的周期性变化对土膨胀变形有较大影响,有试验证实,将土周期性浸水和干燥,每次循环后,膨胀率及膨胀力都有增加。这一试验可作为解释某些弱膨胀土地区房屋建成多年后才被破坏的原因。

　　另外,土的膨胀变形还与作用在土体上的外加载荷大小有关。只有当膨胀压力超过外荷后土体才会发生膨胀。

　　2)土的收缩

　　如前所述,土的收缩与膨胀行为是互逆过程,但由于膨胀行为往往造成较为突出的工程地质灾害而引起人们的重视,但忽略了土体收缩的重要性。土体之所以发生吸水膨胀,往往是由于条件改变导致失水收缩,然后才会发生吸水膨胀,可以认为土的失水收缩为吸水膨胀提供了必要条件。收缩使土变得较为致密,甚至变成固态,即收缩可提高土的强度,但伴随收缩产生裂隙,导致土渗透性增强,膨胀潜力增加。

土体积收缩是由失水引起的,而土失水可由多种作用引起,这里只考虑蒸发而引起的失水收缩。一般土的收缩和膨胀是可逆的,但也不尽然,如含水率很高的淤泥失水时具很高的收缩性,但不会吸水膨胀。

(1)土的收缩机理与龟裂。

对饱和土而言,土样表面大孔隙中的水以气态水的方式首先蒸发失水,孔隙水中的盐分离子浓度不断上升,导致水化膜与孔隙水间的浓度差缩小,渗透压力变小,水化膜变薄。颗粒表面电荷对共享水膜中的离子静电引力上升,在下降的渗透压力和上升的静电引力共同作用下,土体发生体积收缩。

收缩之初,如果颗粒分布相对均匀,且粒间水化膜较厚,其摩擦阻力较小,颗粒在静电引力作用下发生整体收缩。随着水分继续蒸发,颗粒孔隙中的自由水通过毛细作用从表面蒸发,最终颗粒之间以共享水化膜和角边毛细水两种方式保持结构连接,粒间摩擦阻力不断上升。此时,因颗粒性质差异产生的不均匀性将逐渐表现出来。大孔隙中的自由水和毛细水最先蒸发,小孔隙间的吸力大于大孔隙间的吸力,则小孔隙不断缩小而大孔隙不断扩大。在毛细力作用下,土中的水也会从大孔隙向小孔隙迁移。

当某个大孔隙最先达到极值抗拉强度,粒间连接断裂时,则产生初始裂隙。初始裂隙的失水速度因蒸发面增加而加快,裂隙不断发展。裂隙的变宽释放应变能,为小孔隙的继续收缩提供条件。

初始裂隙两侧形成一定范围的"开裂安全区",新裂隙不会在安全区内产生。初始裂隙两侧土体不断失水,粒间孔隙变小,毛细力上升。在远离初始裂隙一定距离处,由于没有受到初始裂隙的影响,含水率较高,水化膜较厚,粒间阻力较小,该距离附近的土体在收缩过程中逐渐向初始裂隙移动,且孔隙水也会逐渐向裂隙附近迁移,在抗拉强度较低处产生新裂隙。

对于土体而言,初始裂隙一般发生在粒间连接力相对薄弱的点上,包括土样边界点、粗颗粒点附近等。土体中的裂隙往往分级形成,被主裂隙分割的区域形成"安全岛",并在"岛"内继续发生次一级裂隙。这一过程会不断持续下去,直到"岛"内土块的含水率非常低,颗粒间的水化膜逐渐被可溶盐结晶代替,或者颗粒发生直接接触后,土体不再发生收缩。这种由多级裂隙分割的土体形态因酷似乌龟壳上的花纹而被称为龟裂。

根据失水条件和土性质的不同,龟裂发展的形态和深度会有很大的不同。一般而言,随着黏粒含量的增加,龟裂发生的程度越高,而砂土或者含砂量超过一定比例后,土不会产生龟裂。失水速度越快,产生的裂隙宽度越小,裂隙密度越大。

(2)土的收缩性指标。

土的收缩性指标用线缩率、体缩率、缩限含水率及收缩系数表示。线缩率为

$$e_{SL} = \frac{h_0 - h}{h_0} \times 100\% \tag{2-37}$$

式中 e_{SL} ——线缩率,%;

h_0 ——试样原始高度,mm;

h ——试样收缩变形稳定后的高度,mm。

体缩率为

$$e_{SV} = \frac{V_0 - V}{V_0} \times 100\%$$ (2-38)

式中 e_{SV} ——体缩率;

V_0 ——试样原始体积,cm³;

V ——试样收缩变形稳定后的体积,cm³。

据前所述,缩限含水率是黏性土稠度状态中固态与半固态的界限含水率,土的含水率低于缩限含水率后,即使含水率减少,但土的体积不再收缩,即土已达到某种密度状态,由收缩引起的使颗粒靠近的力和土结构阻力之间已达到平衡。缩限愈低,说明土的收缩性愈强。

收缩系数(C_{SL})为每减少单位含水率(1%)时,土样的单位垂直收缩率,表征土的收缩特点,其值愈大,说明土失水时收缩率愈大。

缩限及收缩系数用作图方式求得,如图 2-5 所示。以线缩率为纵坐标,含水率为横坐标,绘制线缩率与含水率的关系曲线,以Ⅰ阶段直线段延长与Ⅲ阶段近似直线段延长线交点的横坐标值,确定为缩限含水率,用 w_S 表示。Ⅲ阶段直线的斜率定义为收缩系数,即

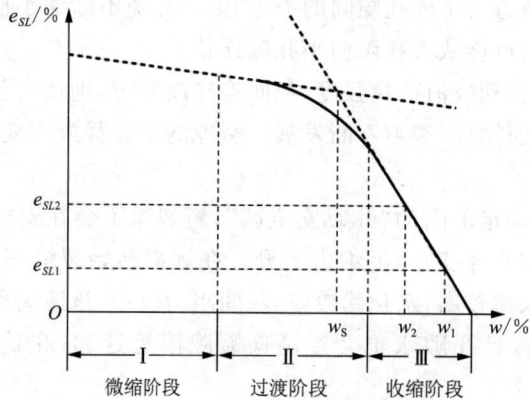

图 2-5 收缩曲线

$$C_{SL} = \frac{e_{SL2} - e_{SL1}}{w_1 - w_2}$$ (2-39)

式中 C_{SL} ——收缩系数;

w_1, w_2 ——Ⅲ阶段直线段上任意两点的含水率;

e_{SL1}, e_{SL2} ——与 w_1, w_2 相对应的收缩率。

黏性土的收缩和膨胀性质在高含水率阶段一般是可逆的,因此,影响收缩与膨胀的因素基本一致,主要是物质组成、结构及含水率,只有湿土才具有收缩性。对于具有特定含水率的原状土而言,既可以发生失水收缩,也可以发生吸水膨胀。因此,在工程上常用胀缩总量(e_{PS})评价土体的综合胀缩性能,即

$$e_{PS} = e_{P50} + C_{SL} \cdot (w - w_m)$$ (2-40)

式中 e_{PS} ——50 kPa 下土的线膨胀率;

w ——土的天然含水率;

w_m ——地基土在收缩过程中可能产生的含水率下限值。

3）土的崩解

含水率较低的黏性土浸没水中时，发生崩散解体的现象称崩解。崩解与膨胀是土遇水后发生的两种性质完全不同的水化反应过程。崩解后的土颗粒之间失去结构连接，呈现松散状态，而且发生时间短且不可逆，对建筑物构成突然性的破坏。

（1）土崩解机理。

当土体含水率较低时，土中的孔隙大多被自由气体填充。当土体浸没于水中时，水沿毛细孔隙向土体内部入渗。其中，自由水沿着大孔隙主要依靠静水压力渗入，并排出大孔隙中的气体，如果土体完全浸泡在水中，则以气泡的形式排出。对于小孔隙，自由水则会形成弯液面，通过毛细负压向土中渗入。孔径越小，毛细负压力越大。

毛细水的渗入必须以排出气体为前提。当土体完全浸泡在水中时，土体周界首先发生毛细水渗入，将气体封闭在土体内部无法排出，形成密闭气体。密闭气体的内压力等于周围毛细管中毛细压力（与孔隙直径成反比）与静水压力之和。对土体结构而言，密闭气体产生使土体发生体积变大的膨胀压。

与膨胀机理类似，随着水的渗入，黏粒的水化膜也会发生增厚趋势，并发生体积膨胀。如果密闭气体压力和水化膜增厚产生的膨胀压力与土体的体积膨胀协调发生，则土体将会表现为缓慢地膨胀。但是，如果土颗粒之间存在可溶盐结晶或者胶体胶结，这些胶结物遇水后会发生缓慢溶解和软化。当结构软化速度远远小于膨胀压上升速度时，土中的膨胀压就会聚集而得不到释放，在土体内部形成一个个的"小炸弹"。当能量上升到足以破坏颗粒之间的结构连接时，聚集的能量会突然释放，导致土体发生瞬时分散而形成剧烈崩解。

由此可见，土体发生崩解的关键是土中存在刚性胶结物质（可溶盐中的微溶盐、难溶盐以及胶体物质），这些胶结物质可以抵抗水进入后产生的膨胀压。崩解过程是能量的突然释放过程。当然，如果土的刚性连接足够强，而膨胀压力较小，则土体也不会发生崩解。崩解过程可以看作特殊形式的"膨胀"。

（2）评价土崩解的指标和方法。

目前对土崩解研究并不深入，评价黏性土崩解性的指标主要是崩解时间和崩解特征。崩解时间是指土样在静水中完全崩解所需时间。崩解时间与水在土中渗透速率密切相关，当土中存在大孔隙时，水的渗透速率快，则完成崩解所需要的时间就短，反之所需时间较长。

崩解特征是指土崩解过程中以及崩解后土颗粒或者集聚体的形态特征。由于土的成分结构不同，其崩解的特征也不一样，如有的土样遇水立即分散成无定形状，有的逐渐剥离出薄片状或鳞片状土屑，有的分离成锥形微结构聚集体等。

（3）影响土崩解性的因素。

土崩解性的主要影响因素是土的矿物成分、粒度成分、交换阳离子性质、结构连接、含水率及水溶液的成分及浓度。具体来说，从成分及结构方面，如果土具有大孔隙，透水性好，结构连接弱，崩解速度必然大，抗水性弱；相反，孔隙小，透水性差，结构连接强，致密的土抗水性就强，崩解速度小。

土的崩解性在很大程度上与原始含水率有关，干土或未饱和土比饱和土崩解得快得多。如云南小潭龙三叠系火把冲黏土岩，虽含水率不高，但因孔隙比低，饱和度很高，土的结构连接又强，所以在天然含水率状态下，浸水 50 d 不崩解。普利克朗斯基曾提出，每种黏性土都有一个崩解的极限含水率，如土的含水率高于该值，土就不崩解，只有低于它时才崩解，极限崩解含水率与土的离子交换容量呈正相关。蒙脱石类黏土的极限崩解含水率大约为 50%，而高岭石黏土为 25%。

罗马尼亚学者安德列于 1961 年提出，如果将原状黄土置于真空中，遇水则不崩解，而一般情况下此类黄土的崩解过程却相当剧烈。这说明土的崩解与气体压力释放有密切关系，而原始含水率高，则被空气占用的孔隙就会减小，土体吸水后形成的密闭气体数量少，不会形成足够的气压力。

2.2.3 土的渗透性

土体孔隙中的水除能承受压力并产生超孔隙水压力外，在水头作用下还可以在孔隙中流动，即具有渗透性。土的渗透性与土的强度、变形有密切关系。饱和土在外荷作用下的变形速率取决于土的渗透性。土体的强度会随着孔隙水压力消散而增大，而孔隙水压力的消散速度与土的渗透性有关。

水在孔隙中流动会受到颗粒的黏滞阻力，黏滞阻力与渗流速度成正比。作为反作用力，流动的孔隙水同样会施加给土颗粒相同大小的推力，称为渗流压力。因此，研究土的渗透性重点是研究土的渗流速度和渗流压力。

1) 达西定理与渗流系数

水流在一定压力下通过土体时，由于受到颗粒阻力的作用，水势能将会减小，称为水头损失。单位渗流长度上的水头损失称为水力坡度，或称水力坡降。法国工程师 Darcy 经过大量试验得出了土在层流(稳定流)情况下，渗流速度(v)与水头损失(J)成正比，称为达西(Darcy)定律，即

$$v = K \cdot J \tag{2-41}$$

式中　v——渗流速度，m/s；

　　　K——渗透系数，m/s；

　　　J——渗流过程中的水头损失。

达西渗透试验装置如图 2-6 所示。当图中所示的水头差(Δh)稳定后，渗透速度可由排水口处单位时间出水量计算，即

$$v = \frac{Q}{A \cdot \Delta t} \tag{2-42}$$

式中　A——土样的横截面积；

　　　Δt——盛水容器接水的总时间；

　　　Q——接水容器中的水量。

由于土样中只有颗粒间孔隙透水，而颗粒本身并不透水，因此式(2-42)计算得到的速度并不是孔隙水的实际流速，称为假想平均流速。孔隙水在土中的实际流动形式比较复杂，很难精确测量。但可以肯定的是，实际平均流速要大于假想平均流速，并与土的孔隙度成反比。以下所说的渗流速度都是指假想平均流速。

水头损失用渗流稳定后的水头差(Δh)与渗流路径长度的比值表示，即

$$J = \frac{\Delta h}{L} \tag{2-43}$$

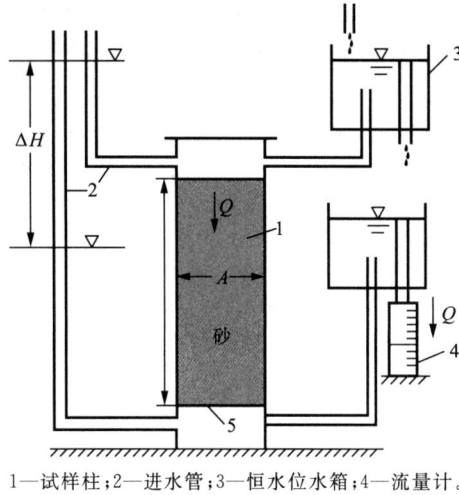

1—试样柱;2—进水管;3—恒水位水箱;4—流量计。

图 2-6　达西渗流试验装置

如果不断改变水头差(Δh),则水头损失(J)和渗流速度(v)也会发生相应改变,并基本保持线性关系,如图 2-7(a)所示。

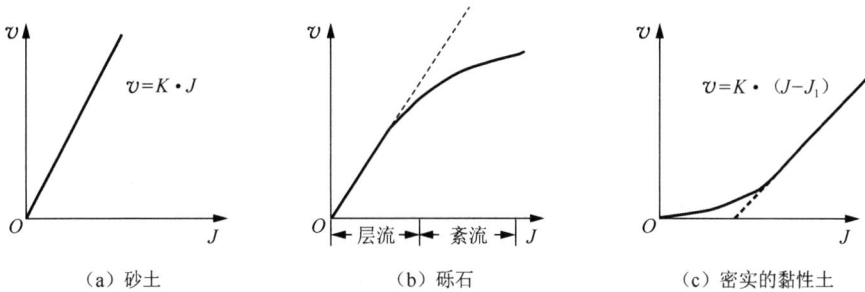

（a）砂土　　　　　　　（b）砾石　　　　　　　（c）密实的黏性土

图 2-7　土的渗流速度与水力坡度的关系

当土体的孔隙度较大(如砾石),或者渗流速度较快时,孔隙水以紊流形式在土中流动,此时不满足达西定律,如图 2-7(b)所示。

对于密实的黏性土,由于孔隙水大部分为结合水,具有一定的水膜黏滞阻力,水在土中渗流,必须首先克服这个阻力才能运动,这个阻力就是起始水力坡度 J_1。在黏性土中只有当水力坡度超过起始水力坡度以后,渗流速度与水力坡度的关系才服从达西定律(图 2-7c),黏性土渗流的达西定律被描述为

$$v = K \cdot (J - J_1) \tag{2-44}$$

事实上,当水力坡度超过起始水力坡度后,土的渗流速度与水力坡度之间并不会立即呈线性关系,曲线(图 2-7c)表现为上凹形式,即土的渗透系数逐渐增大,并逐渐趋近于常数。这是由于黏性土水膜阻力随水力坡度增大逐渐变小,并最终发展成为连续且顺畅的层流。有研究显示,当水头差超过一定值后,黏性土的渗流速度也会偏离达西定律的直线关系,并随着水力坡度增加,渗透系数增加。

2) 影响土渗透系数的因素

水在土中的渗流速度除与水力坡度有关外,主要受控于土的渗透系数。土的渗透系数

可以理解为单位水力坡度作用下水的渗流速度。当水流速度在达西流范围内时,某种土的渗透系数可认为是常数。影响土渗透系数 K 的主要因素如下。

(1)粒度成分与矿物成分。

一般而言,颗粒越粗、不均匀系数越低,大孔隙越多,水在土中渗流越容易,土的渗透系数越大。在粗粒土中,随着细粒部分的增加,K 值急剧下降。一般认为土的渗透系数与粒径的平方成正比。

对于洁净的砂土而言,孔隙水的流动主要受水与颗粒表面的黏滞力影响。如果土中含有黏土矿物,则水的流动还要受到相互联系在一起的水化膜的阻力,导致土体渗透系数下降。常见土类的渗透系数见表 2-9。

表 2-9　不同土渗透系数参考值

土　类	$K/(\mathrm{m \cdot s^{-1}})$	土　类	$K/(\mathrm{m \cdot s^{-1}})$	土　类	$K/(\mathrm{m \cdot s^{-1}})$
黏　土	$r \times 10^{-9}$	粉　砂	$r \times (10^{-6} \sim 10^{-5})$	粗　砂	$r \times 10^{-4}$
粉黏土	$r \times (10^{-9} \sim 10^{-8})$	细　砂	$r \times 10^{-5}$	砾　石	$r \times (10^{-4} \sim 10^{-3})$
粉　土	$r \times (10^{-8} \sim 10^{-6})$	中　砂	$r \times (10^{-5} \sim 10^{-4})$	卵　石	$r \times 10^{-3}$

注:表中 r 表示 1~9 中的任意值。

(2)密实程度与饱和度。

土越密实,土的孔隙比越小,则水的渗流阻力就越大,K 值越小。同时,土的渗透系数还受到土的饱和度的影响,当土体孔隙未完全被水充满,而是存在较多气泡时,由于气泡阻碍孔隙水的渗流,导致渗透系数降低。

(3)土的结构。

细粒土在天然状态下存在复杂的结构,包括颗粒及集聚体的排列形式、长期渗流冲蚀以及生物化学风化作用形成的空洞等。土的结构影响水在土体中的实际渗流路径和渗流阻力的构成。一旦天然结构被破坏,土的渗透系数会发生变化。因此,要测定实际土体的渗透系数,需要采用原状土样,而不是扰动土样。

(4)水的温度。

温度对水的动力黏度的影响非常明显,水的黏度随着温度升高而变小。黏度增大,渗透系数下降。渗透系数与黏度基本上呈线性相关,任意温度下测得的渗透系数,可按下式换算为标准温度下的渗透系数

$$K_{20} = \frac{\eta_r}{\eta_{20}} \cdot K_r \tag{2-45}$$

式中　K_{20}——标准温度下的渗透系数;

　　　K_r——试验中的渗透系数;

　　　η_r,η_{20}——试验温度和 20 ℃下的水的动力黏度(可查表求得)。

3)渗流力

渗流力亦称动水压力,是由于孔隙中水的渗流而作用在单位体积土骨架上的压力,其方向与渗流方向一致(图 2-8),大小与水力坡度成正比,即

$$j = \rho_w \cdot g \cdot J \tag{2-46}$$

式中　j——渗流力，kN/m^3；

　　　J——水力坡度。

其他参数同前。

渗流力是一种体积力，即单位体积土体骨架上受到的力。将式（2-41）代入式（2-46）可得渗流力与流速之间的关系

$$j = \rho_w \cdot g \cdot \frac{v}{K} \qquad (2-47)$$

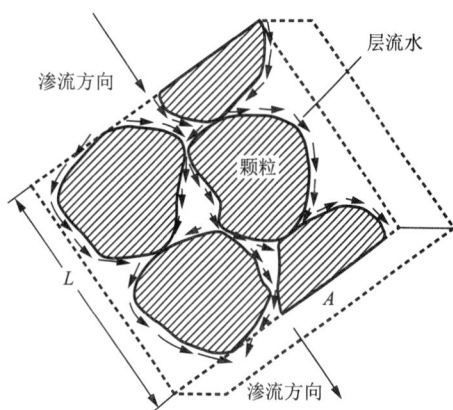

图 2-8　渗流力作用示意图

可见，渗流力与孔隙水的渗流速度成正比，渗流速度越大，则渗流力越大。由于孔隙水的实际流速大于平均流速，而且计算得到的渗流力仅仅是渗流阻力在渗透路径上的分力，因此，孔隙水流动过程中对土颗粒表面产生的实际作用力要远远大于计算得到的渗流力。

当粗颗粒孔隙中存在细小颗粒时，细小颗粒在实际渗流作用下可能发生悬浮和移动，并选择较大孔隙发生流动，这种现象称为流或者流土现象。渗流在土体中并不均匀，水流会选择渗流阻力最小的通道进行，随着细小颗粒的流失，土体中逐渐形成渗流通道，孔隙水在通道内速度增大，进一步对较大颗粒施加渗流力，随着较大颗粒沿着管道被带走，渗流通道不断扩大，最终形成管涌。管涌的发生将引起堤坝或者建筑物基础的塌陷，对堤坝及建筑物安全构成危害，在评价土体及土坡稳定时必须考虑渗流力。

流砂或者流土现象的发生与水力坡度直接相关，土体发生流砂或者流土现象时的水力坡度称为临界水力坡度。临界水力坡度越高，土体发生流砂的可能性越小。

临界水力坡度的大小与土体的粒度成分密切相关。土的不均匀系数（C_u）越低，临界水力坡度越低，土体越容易发生流砂现象。这是由于土中缺失中间颗粒，小颗粒更容易沿着大颗粒孔隙流动。另外，土中的黏粒含量越高，临界水力坡度越高；孔隙率越大，临界水力坡度越低。因此，为克服流砂或者流土，需要选择级配良好的砂土，使得小颗粒可以堵塞大颗粒孔隙，阻止流砂的发生。也可以通过设置反滤层阻止流砂现象发生，如图 2-9 所示。

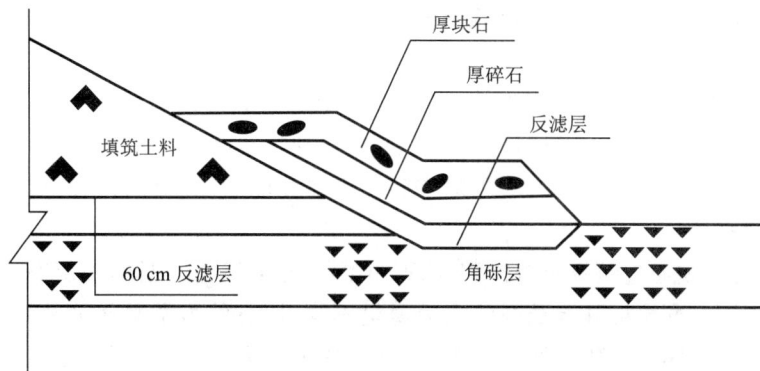

图 2-9　反滤层示意图

2.3 土的力学性质

土的力学性质是指土在外力作用下所表现的力学性能,是土的主要工程地质性质之一。土的强度和压缩性是土的主要力学性质。因土的抗拉强度很小,也比较难以测定,因此研究较少。土的抗压强度与土的抗剪强度密切相关。因此,主要介绍土的压缩性和抗剪强度。

土不是弹性体,属于弹塑性体和弹黏性体。因此,土在外力作用下的变形不是瞬时能完成的。在一定压力下其变形随着时间而不断发展——流变。流变能引起土体抗剪强度降低,从而导致土体的破坏。因此,研究土的变形与强度时必须研究其时间效应——流变特性。

工程实际中,土体不但受静载荷作用(建筑物重量),也受到动载荷作用,如地震、爆破、机器振动、火车行驶等。因此,研究土的力学性质时既要研究在静载荷作用下土的性能,也要研究土的动力学特性。

2.3.1 土的压缩性

土与连续固体物质不同,为三相体系,在外力作用下(如建筑物重量)各颗粒间易发生位移及滑动,使孔隙体积减小,具有较大的压缩变形性能,并引起建筑物基础沉降,从而导致建筑物开裂、倾斜或者倒塌。

土的压缩性与外荷大小有关,随载荷增加总压缩量增加,但增加幅度逐渐减小。另外,土的压缩必须排出土中的孔隙水,对于黏性土而言,孔隙水排出速度较小,因此,当载荷不变时,土的压缩性会随着时间而缓慢增加,土的压缩性随时间的变化称为土的固结。因此,研究土的压缩性包括土的压缩和固结两方面的内容。土的压缩研究压缩量与压力的关系,土的固结研究压缩量与时间的关系。

1) 土压缩的本质

(1) 土的压缩机理。

土是由三相构成的复合体,其中的任何一相都会在外力作用下被压缩,但压缩性却相差非常大。空气很容易被压缩,而水则很难被压缩。土颗粒本身也可以被压缩,但压缩量也较小。

土体积压缩的主要部分来自孔隙的变化。对原状土而言,因为成土环境不同,颗粒之间通过胶结、水膜连接、摩擦力、颗粒咬合等作用,在某种特定状态下达到平衡,平衡后的颗粒之间并不是最紧密堆积,存在很大的压缩空间。土体孔隙的压缩称为土的压密,可见,土压缩的主要部分是压密。

孔隙的压密必须通过颗粒相对位移实现,并由一种平衡态向新的平衡态转化。在外部载荷增大时,不同土颗粒接触点受到的应力增量不同,原有的力学平衡被破坏,颗粒发生位移。这种过程是不可逆的,即在外力撤销后,颗粒并不会返回上一个平衡位置,因此,土的压密过程是塑性变形过程。颗粒、密闭气体、孔隙水等的压缩则属于弹性变形,即外力撤销后,体积恢复为原状。

当粒径较大时,由于颗粒接触点数量较少,每个接触点承担的集中应力较大时,需要考虑土颗粒被压碎形成的压缩量,这种压缩也属于塑性变形。土压缩性的构成如图 2-10 所示。

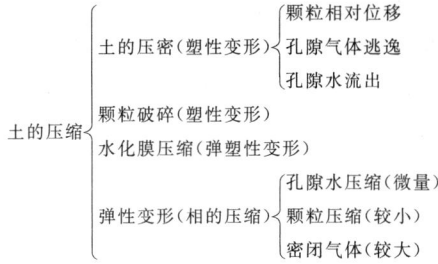

图 2-10　土压缩性的构成

（2）有效应力原理。

当土体受压时,土中压力同时由固体颗粒、孔隙水和孔隙气来承担,分别以 σ', u_w 和 u_a 表示。土颗粒之间通过接触点传递压力,压力的大小和方向各不相同。而孔隙水压力和孔隙气压力则是垂直作用于颗粒表面,在没有流动的情况下不产生切向分量,如图 2-11 所示。

对于饱和土,如果假定土中的孔隙水压力处处相等,并且忽略接触点所占面积,则图中的颗粒 A 在水压力的作用下不会发生相对位置的改变,即不发生平动或旋转。孔隙水压力只会使颗粒本身压缩。也就是说,孔隙水压力对颗粒施加的是径向等效作用力,不会引发土骨架的压密。因此,土的压密主要由沿颗粒接触点传递的应力引起,称为有效应力 σ'。

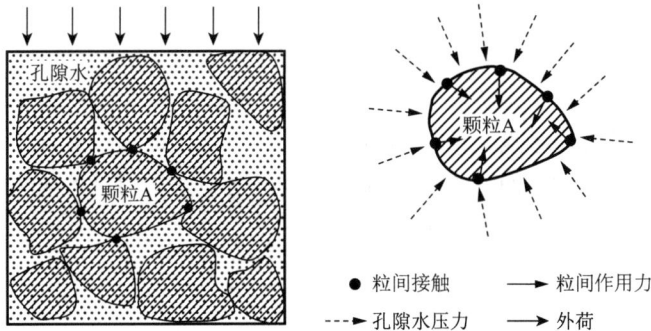

图 2-11　颗粒压缩的受力分析

有效应力不仅适用于单个颗粒的受力分析,对于土中任意面都适用,如图 2-12 所示。

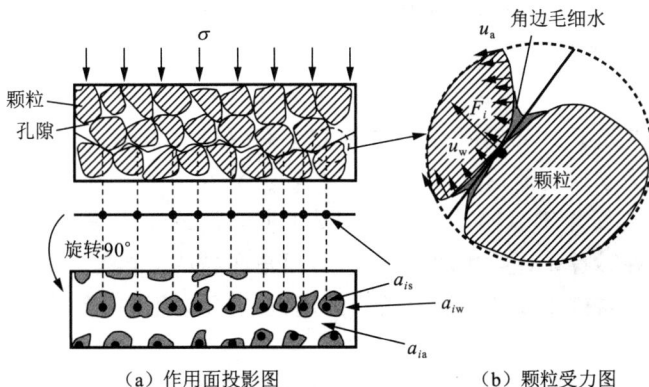

（a）作用面投影图　　　　（b）颗粒受力图

图 2-12　任意作用面上的有效应力

在图 2-12 中,任取一个面积为 A 的土体单元,单元受到 σ 的总应力。不考虑颗粒被压碎的情况,压缩和剪切位移都发生在颗粒之间,连接颗粒接触点形成一个作用面,该面在垂直总应力方向上形成一个投影面,投影面的面积也为 A。

在投影面上,总应力产生的力为 $F_{总} = \sigma \cdot A$。在土体处于受力平衡状态下,$F_{总}$ 由颗粒之间的作用力 F_i 在垂直方向的分量 $F_{i\perp}$、孔隙水压力 u_w 和孔隙气压力 u_a 共同承担。其中孔隙水压力和孔隙气压力为各向等效作用力,即 $u_w = u_{w\perp}$,$u_a = u_{a\perp}$。颗粒接触点、孔隙水和孔隙气在投影面上所占面积分别为:a_{is},a_{iw} 和 a_{ia},根据力的平衡可得

$$\sigma \cdot A = \sum F_{i\perp} + u_w \cdot \sum a_{iw} + u_a \cdot \sum a_{ia} \tag{2-48}$$

对于饱和土,$\sum a_{ia} = 0$,则上式可简化为

$$\sigma = \frac{\sum F_{i\perp}}{A} + u_w \cdot \frac{\sum a_{iw}}{A} \tag{2-49}$$

$\sum F_{i\perp} / A$ 即沿颗粒接触点传递的应力在该作用面的有效应力 σ'。令作用面上所有颗粒接触点的总面积为 A_s,孔隙水的作用面积为 $A - A_s$,则式(2-49)可改写为

$$\sigma = \sigma' + u_w \cdot \left(1 - \frac{A_s}{A}\right) \tag{2-50}$$

一般认为颗粒的所有接触点面积和占总面积的 $2\% \sim 3\%$。如果忽略颗粒接触点的总面积,则 $A_s/A \approx 0$,则式(2-51)可改写为

$$\sigma = \sigma' + u_w \tag{2-51}$$

式(2-51)就是土力学中应用非常广泛的有效应力原理,由太沙基于 1923 年经验性提出,后来被斯开普敦证实。在工程实践中,土体受到的总应力很容易获得,孔隙水压力的量测也比较容易,但是颗粒接触点上的作用力无法直接测量。根据有效应力原理,如果可以测定土中的孔隙水压力,就可以间接得到导致土颗粒压缩和剪切的有效应力平均值。

对于非饱和土,式(2-50)可改写为

$$\sigma = \sigma' + u_a \cdot \frac{A_a}{A} + u_w \cdot \frac{A_w}{A} \tag{2-52}$$

将 $A = A_w + A_a + A_s$ 代入式(2-52),并假定 $A_s/A \approx 0$,可得

$$\sigma = \sigma' + u_a - (u_a - u_w) \cdot \frac{A_w}{A} \tag{2-53}$$

式(2-53)中的 $u_a - u_c$ 即饱和土的基质吸力,可通过非饱和土三轴试验测定。但孔隙水作用面积比 A_w/A 很难确定,用 X 代替,即

$$\sigma = \sigma' + u_a - (u_a - u_w) \cdot X \tag{2-54}$$

式(2-54)即毕肖普于 1965 年提出的非饱和土有效应力表达式。非饱和土中的应力-应变关系是非饱和土力学研究的热点问题。一般认为 X 与土的饱和度有关,其值在 $0 \sim 1$ 之间,当 $S_r = 0$ 时,$X = 0$;当 $S_r = 100\%$ 时,$X = 1$。此时,式(2-54)与式(2-51)相同。

有效应力原理在砂性土计算中取得了成功,但是在黏性土相关计算中则存在一些问题,主要与黏性土中具有特殊性质的水膜有关。因此,在实际应用中,需要根据有效应力原理中的假设条件具体分析。

（3）土的渗透固结。

土的压缩以颗粒相对位移并发生重新排列引发的孔隙压密为主,而只有有效应力才能引发颗粒的相对位移。孔隙水和孔隙气在受压后,以渗流方式由高势能向低势能位置运移,并导致孔隙水压力和孔隙气压力的降低,有效应力增加。在总应力不变的情况下,有效应力逐渐增加,土在有效应力作用下不断被压密。由此可见,土的压缩过程是通过孔隙水压力和孔隙气压力的消散过程得以实现的。为了分析问题的简便,这里仅对饱和土的压缩过程进行分析。

对于不同性质的饱和土,孔隙水压力消散速率差别很大,与土的渗透性密切相关。砂土中消散很快,而在黏性土中消散很慢。在工程上,有些黏性土孔隙水压力完全消散需要几年,甚至几十年。土体压缩变形随时间的增长而逐渐趋于稳定的过程称为土的固结。

当饱和土开始受压时($t=0$),外荷全部由孔隙水压力承担($u=p$),则有效应力$\sigma'=0$,土体不产生压缩。由于孔隙水压力上升,水开始从土内渗出,孔隙水压力逐渐转移为有效应力,土体不断得到压密。当时间足够长($t\to\infty$),孔隙水压力全部消散为静水压力($u=0$),此时有效应力达到最大值($\sigma'=p$)。因此,饱和土压缩过程的实质是土中孔隙水排出,孔隙水压力消失的过程,此过程称为土的渗透固结。土的渗透固结理论首先由太沙基提出,并于1925年提出了一维固结理论。

土的渗透固结可用图 2-13 所示的多层弹簧渗压模型来说明。模型由 4 层弹簧和具有小孔的活塞组成,容器内充满水,每层活塞之间的容器壁上装一测压管。弹簧相当于土颗粒,每层活塞的底板模拟不同深度,容器中的水相当于土体孔隙中的水。试验开始,在活塞上施加均布压力 p,当压力刚加上的一瞬间,发现侧压管的水位提高到 H_0,说明压力 p 完全由活塞下的水承担,弹簧还未来得及受力,即 $u_1=u_2=u_3=u_4=p,\sigma'=0$。

如果始终关闭排水阀门,则孔隙水压力和有效应力始终不会改变。打开排水阀,孔隙水在压力作用下,开始经排水孔向外排出,从而使活塞下降,压缩弹簧,测压管中的水头逐渐下降。首先是第 1 层水的排出,随后 2,3,4 层依次排出。越靠下的点,渗流途径长,排出水量越少,因此,孔隙水压力上小下大,如图 2-13(b)中 $t=t_1,t=t_2$ 曲线。这说明水所承担的压力逐渐减小,而弹簧承担了水所减少的那部分压力,即 $0<t<\infty$ 时,$u_1<u_2<u_3<p$,各点的有效应力 $\sigma'_t=p-u_t$。

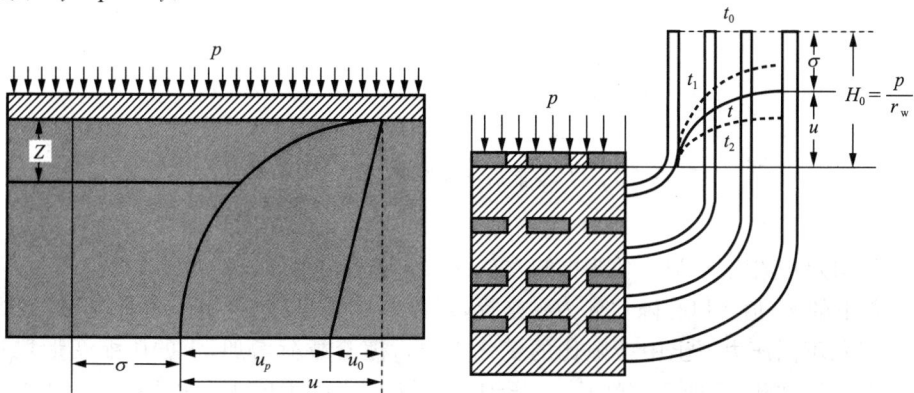

（a）饱和黏土层　　　　　（b）渗压过程物理模型

图 2-13　饱和土渗压过程

随着水不断排出,活塞继续下降,弹簧所承担的压力逐渐增大,直到外力 p 全部转移到弹簧上时,水便停止流动,活塞不再下降,弹簧停止压缩,即 $t \to \infty$ 时,$u_1 < u_2 < u_3 < p$,$\sigma'_t = p$,压缩过程终止。这说明饱和土体受压后只有当水从孔隙中排出后才能压缩。

(4)黏性土的次固结。

在试验条件下,监测得到的孔隙水压力已经消散完成,即 $u_w = 0$。此时,土的渗透固结已经完成,但是土的压缩过程却并未停止。这种情况无法用渗透固结理论进行解释。太沙基将黏性土在孔隙水压力消散为零后土的变形过程称为土的次固结。黏性土的次固结现象是由于土的孔隙中除自由水外,还含有大量结合水。结合水具有抗剪强度和黏滞性,并随着时间发生缓慢变形,形成体积蠕变。

研究土的固结为确定建筑物在一定时间内下沉程度(固结度)及达到稳定沉降所需的时间提供必要的计算指标。特别是在厚层软黏土地基上修建建筑物,对控制加荷速度、估计预压加固时间、速率和载荷大小,以及研究土体的强度和稳定性都有重要意义。

2)土的压缩性与压力关系

确定土的压缩曲线是鉴定土体压缩性的基本方法。压缩曲线(e-p 曲线)是表示土的压缩量与载荷大小关系的曲线。一般用土中孔隙比的变化表示土的压缩量。根据压缩曲线可以求得在建筑物作用下天然地基的最终沉降量。

(1)土的压缩试验与压缩曲线。

土的压缩曲线通过室内压缩试验求得。把试样放入压缩仪内,在有侧限的条件下分级加荷,测得每级荷重下的稳定压缩量。如图 2-14 所示,压缩前后土颗粒的总体积不变,由此可得

$$e_P = e_0 - \frac{\Delta h}{h}(1 + e_0) \tag{2-55}$$

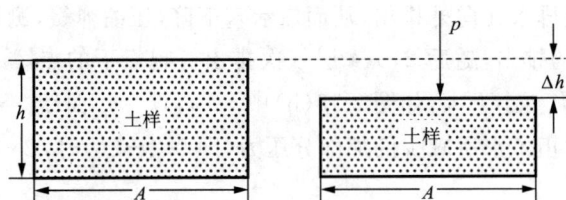

图 2-14 压缩前后土样厚度与孔隙比变化

试样的初始孔隙比 e_0 和 h 值为已知,Δh 可以从试验中用百分表测得。根据式(2-55)可求得各级荷重下的 e_P 值。以孔隙比 e 为纵坐标,载荷 p 为横坐标,绘制压缩曲线(图 2-15(a))。压缩曲线表示不同压力下土中孔隙比的变化规律。随着载荷增加,土的压缩变形增量逐步减小。压缩曲线越陡,土的压缩性越大,压缩曲线越平缓表明土的压缩性越小。压缩曲线也可用半对数坐标表示(图 2-15b),e-lg p 压缩曲线除开始段为平缓曲线外,随压力增加逐渐呈一直线。

式(2-55)也可以表示为压缩量的关系式

$$S_P = \Delta h = \frac{e_0 - e_P}{1 + e_0} h \tag{2-56}$$

式中　S_P——试验测得的土样沉降量。

在现场试验中,一般采用 p-s 曲线描述土的压缩性(图 2-16),s 为土的应变。

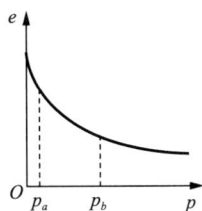

（a）e-p曲线

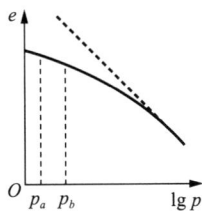

（b）e-lg p曲线

图 2-15　压缩曲线示意图

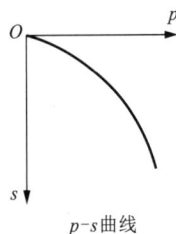

p-s曲线

图 2-16　p-s 曲线

（2）土的压缩回弹（膨胀曲线）。

在压缩试验过程中,如果土样在某级载荷下达到稳定值后卸除载荷,将发生膨胀(回弹),相应的曲线称为膨胀曲线,也称为卸荷曲线或回弹曲线(图 2-17)。膨胀曲线与压缩曲线并不重合,位于压缩曲线之下,比压缩曲线缓。这说明土并不是理想的弹性体,压缩过程同时存在弹性变形和塑性变形。

如图 2-18 所示,若对重塑饱和黏性土试样做压缩试验,得压缩曲线 ab(称压缩主支曲线),然后逐级卸荷得膨胀曲线 bc,再逐级加荷压缩得再压缩曲线 cd。膨胀曲线与压缩曲线形成一个环,称"回滞环",其斜度与宽度随土类不同而异。再压缩曲线在压缩主支曲线之下,只有当再压缩压力超过卸荷压力后,才重新沿压缩主支曲线延伸。

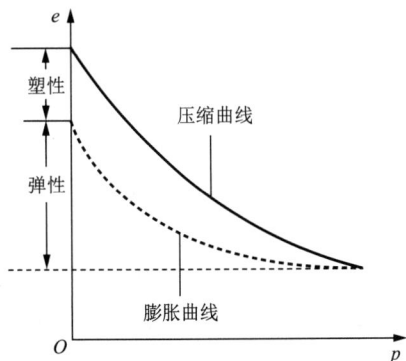

图 2-17　压缩与膨胀曲线

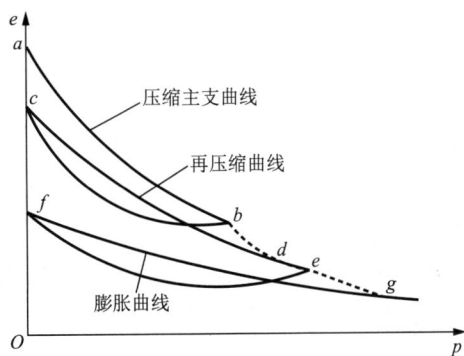

图 2-18　重塑饱和黏土加-卸荷曲线

压缩主支曲线 ab,de 相当于土沉积过程中在上覆土层压力下的压缩。而压密曲线 cde 则相当于已受上覆土层压密后的原状土的压缩曲线。如果试样在同一压力重复加荷和卸荷,则压缩曲线越来越平缓。这说明在重复载荷作用下,不稳定的结构单元(颗粒与集聚体)逐步移动到稳定位置,土粒间接触点增多,结构连接强度增大。因此,对应于同一压力,由于受荷条件不同,可以有不同的孔隙比。由此可见,原状土的压缩性与其原始受力条件有关,即与土的沉积环境、成岩作用与后期变化有关。

（3）土的受力历史。

天然土体在漫长的地质历史中，从沉积到成岩过程中，除在上覆土层压力下压密外，有的还经受反复加荷卸荷作用（如冰川作用、河流冲积作用等）而进一步得到压密。其次，黏性土从沉积到成岩过程中，一般还要经受一系列物理-化学作用，如胶体的凝聚与陈化、可溶盐的胶结等，进一步加强了土的结构连接强度。土层在过去历史上曾经受过的最大固结压力称为前期固结压力，一般用 p_c 表示。p_c 值不一定是土体在历史上所经受的实际最大固结应力，还包括其他非应力作用，如黏粒凝聚、陈化、失水干燥、可溶盐胶结作用等。前期固结压力是通过试验手段测定的与历史上的所有固结作用等效的压力值。

当原状土受压时，如果外荷 $p < p_c$ 时，土的变形量很小。只有当 $p > p_c$ 时，土才开始被压缩。因此，前期固结压力是沉降计算中必须考虑的指标。由于前期固结压力的存在，原状土的压缩曲线一般分为两段，如图 2-19（a）所示。曲线的转折点在 $e - \lg p$ 曲线中表现更为明显，该点对应的压力值就是前期固结压力。前期固结压力也是反映土体压密程度及判别其固结状态的一个指标。前期固结压力与当前上覆土层的自重压力（$p_0 = \gamma \cdot Z$）之比称超固结比（OCR），即

$$OCR = \frac{p_c}{p_0} \tag{2-57}$$

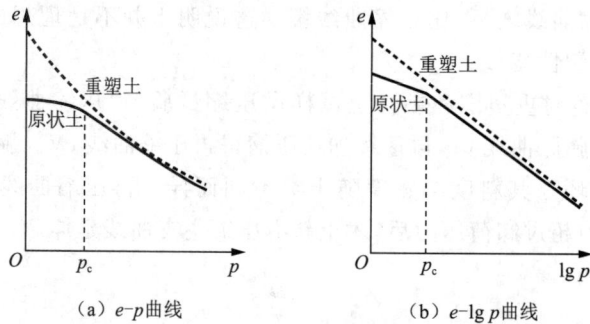

（a）e-p曲线　　　　（b）e-$\lg p$曲线

图 2-19　原状土与重塑土压缩曲线

根据 OCR 可定量表征土的天然压密固结状态：当 $OCR = 1$（$p_c = p_0$）时，为正常压密状态，属正常固结土；$OCR > 1$（$p_c > p_0$）时，为超压密状态，属超固结土；$OCR < 1$（$p_c < p_0$）时，为欠压密状态，属欠固结土。

自然界的土体由于固结状态不同，受相同载荷时，其压缩量不同。当其他条件相同时，超固结土的压缩量小于正常固结土，正常固结土的压缩量小于欠固结土。超固结比愈大，其压缩性愈小。

（4）土的压缩性指标。

土的压缩性指标是反映土体在外荷作用下被压缩难易程度，通常用压缩系数、压缩模量以及前期固结压力三种方式进行定量描述。

① 压缩系数。

土的压缩性可用不同的定量指标表示。在压缩曲线上取两点，其孔隙比分别为 e_1 和 e_2，对应压力为 p_1 和 p_2，如图 2-20 所示。两点连接的直线斜率称为压缩系数，用 a 表示，MPa^{-1}，即

$$a = \frac{\Delta e}{\Delta p} = \frac{e_1 - e_2}{p_2 - p_1} \tag{2-58}$$

压缩系数是地基沉降计算的指标。压缩系数愈大，表明土体在同一压力变化范围内的压缩变形愈大，即土的压缩性愈大。土的压缩曲线不是线性的，故压缩系数也不可能为一常数，而是随着 p_1 及 p_2 的取值而变化。在工程实践中，常用 p_1，p_2 分别为 0.1 MPa 与 0.2 MPa 时的压缩系数作为评价土压缩性的指标，见表 2-10。

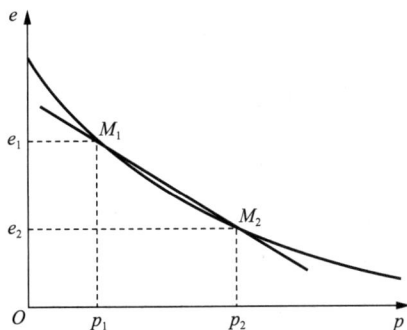

图 2-20　压缩系数计算方法

表 2-10　依据压缩性对土的分类

压缩性分类	定量指标	
	压缩系数 a_{1-2}/MPa^{-1}	压缩模量 E_s/MPa
高压缩性土	$\geqslant 0.5$	< 4
中压缩性土	$0.1 \sim 0.5$	$4 \sim 15$
低压缩性土	$\leqslant 0.1$	> 15

在土力学计算中，有时需要直接用到土在压力变化下的体积变化率(体积应变，$\Delta V/V$)，称为体积压缩系数(α_V)，可表示为

$$\alpha_V = \frac{\Delta V}{V_1 \Delta p} \tag{2-59}$$

由于土压缩过程中固体颗粒的体积 V_s 不变，根据孔隙比的定义可得

$$\alpha_V = \frac{e_1 - e_2}{(1 + e_1)(p_2 - p_1)} = \frac{\alpha}{1 + e_1} \tag{2-60}$$

与压缩系数类似，体积压缩系数也随压力的变化而变化。由于压缩系数和体积压缩系数都不是常数，这在土的压缩计算中很不方便。而在 e-$\lg p$ 曲线中，土的压缩曲线近似为直线(原状土近似为折线)。e-$\lg p$ 曲线上直线段的斜率被定义为土的压缩指数(C_c)，即

$$C_c = \frac{\Delta e}{\Delta(\lg p)} = \frac{e_1 - e_2}{\lg p_2 - \lg p_1} \tag{2-61}$$

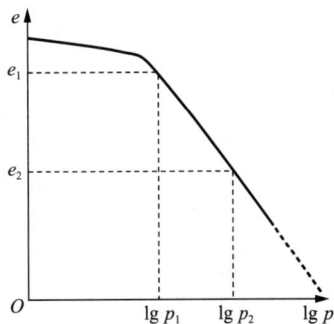

图 2-21　压缩指数求解方法

因为 e-$\lg p$ 曲线在很大压力范围内为一直线(图 2-21)，故压缩指数 C_c 为一常数。

大部分黏性土的 $C_c<1$，而且以小于 0.5 居多。C_c 越大，土的压缩性越大。现在国内外常用 C_c 指标进行地基压密变形量的计算。

② 压缩模量。

模量是反映材料受压变形难易程度的另一种表示方法，包括压缩模量、变形模量（E_0）和弹性模量。模量越大表征材料在外力作用下越不易发生变形。压缩模量（E_s）是指土体在有侧限条件下，土的竖向应力与竖向应变的比值，即

$$E_s = \frac{\sigma_z}{\varepsilon_z} \tag{2-62}$$

土的压缩模量可以通过压缩曲线获得，并可根据压缩系数计算得到

$$E_s = \frac{(1+e_1)}{e_1-e_2}(p_2-p_1) = \frac{1+e_1}{\alpha} = \frac{1}{\alpha_V} \tag{2-63}$$

土的压缩模量用于不考虑侧向变形时的地基沉降计算。由于压缩系数 α 随压力变化，因此，土的压缩模量也不是一个常量，也随压力变化。压缩模量与压缩系数一样，也可判断土的压缩性。在工程实践中以压力 $0.1\sim0.2$ MPa 时的 E_s 对土的压缩性进行分类，见表2-10。

土在无侧限条件下受压时，应力与应变的比值称为土的变形模量，用 E_0 表示。土的变形模量可由广义胡克定律得到

$$E_0 = E_s \cdot (1-2\mu \cdot K_0) \tag{2-64}$$

式中　E_s——压缩模量；

　　　　μ——土的泊松比；

　　　　K_0——土的侧压力系数。

从式（2-64）中可以看出，变形模量可以通过压缩模量、泊松比以及土的侧压力系数计算得到。一般土的泊松比和侧压力系数常见值见表 2-11。由式（2-64）可知，土变形模量的理论值总是小于压缩模量，即 $E_0 < E_s$。

表 2-11　土的 K_0 及 μ 的参考值

土的类型	土的状态	K_0	μ
碎石土	—	0.18~0.25	0.15~0.20
砂　土	—	0.25~0.33	0.20~0.25
亚砂土	—	0.33	0.25
亚黏土	坚　硬	0.33	0.25
亚黏土	可　塑	0.43	0.30
亚黏土	软塑或流塑	0.53	0.35
黏　土	坚　硬	0.33	0.25
黏　土	可　塑	0.54	0.35
黏　土	软塑或流塑	0.72	0.42

由于压缩模量是在环刀中测定的，其加荷速率、试样尺寸与实际工况相差甚大，根据公式推导得到的变形模量很难实际应用。因此，土的变形模量一般通过现场载荷试验获取。

根据载荷试验成果绘制应力与沉降量的关系曲线,即 p-S 曲线。以 p-S 曲线中的直线段按照弹性理论公式求得 E_0,即

$$E_0 = \frac{w \cdot (1 - \mu_2) \cdot b \cdot p_{cr}}{S_{cr}} \tag{2-65}$$

式中　w——沉降影响系数,可查表求得;

　　　μ_2——土的泊松比;

　　　b——承压板直径或者半径;

　　　p_{cr}——比例界限载荷,可通过 p-S 曲线前段近直线部分的终点确定,在难以确定该点时,可根据载荷试验的相关规定确定;

　　　S_{cr}——p-S 曲线上 p_{cr} 对应的沉降量。

土的弹性模量可通过三轴压缩试验或者无侧限抗压强度试验得到的应力-应变关系曲线确定。在试验中需要进行反复加荷和卸荷若干次(一般需要重复 5~6 次),然后在最后一次加荷曲线中呈直线段部分(图 2-22),按下式计算土的弹性模量 E_u 为

$$E_u = \frac{\Delta\sigma}{\Delta\varepsilon} \tag{2-66}$$

变形模量和弹性模量均是表征土体在无侧限条件下,即有侧向变形情况下土的应力-应变关系。由于土的变形包括弹性变形和塑性变形两个部分,因此不能直接采用弹性模量进行变形计算。但是在瞬时载荷,或者其他土颗粒来不及相对位移的情况下,土体仅发生弹性变形时使用弹性模量。

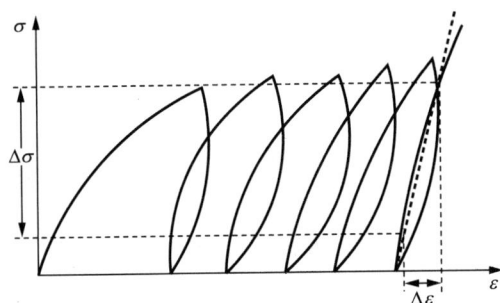

图 2-22　弹性模量求解方法

③ 前期固结压力确定。

前期固结压力可根据室内压缩试验求得。但由于取样时发生卸荷和扰动,其压缩曲线已没有明显的水平段及转折点(图 2-23),很难直接从压缩曲线求得。许多学者曾提出了确定 p_c 值的经验方法,如 Casagrade 法、Bumiister 法、三笠氏法、"f" 法等。其中应用最广的为 Casagrade 法(卡萨格兰德图解法)。

在如图 2-22 所示的 e-$\lg p$ 曲线的开始段,

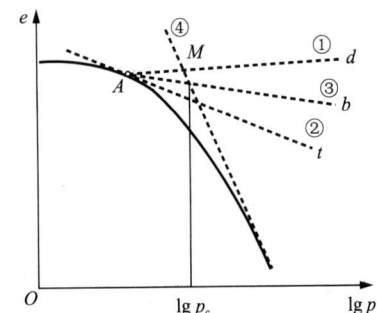

图 2-23　Casagrade 法求前期固结压力

凭目测定出曲线曲率半径最小的一点 A,然后依次执行如下步骤:① 过 A 点作水平线 Ad;② 过 A 点作曲线的切线 At;③ 绘 Ad 与 At 的直线夹角的平分线 Ab;④ 将 e-$\lg p$ 曲线后段

的直线延长,与 Ab 线的交点为 M,M 点对应的压力即前期固结压力 p_c。

卡萨格兰德图解法所得的 p_c 值受试验方法及绘制 e-$\lg p$ 曲线比例尺的影响,是半经验方法,理论依据尚不足。

3) 土的压缩与时间关系

土的压缩与时间的关系即土的固结过程。如前所述,黏性土的固结需要相当长的时间才能达到稳定,了解土固结完成的时间在工程上具有重要意义。在土体固结完成之前,孔隙水压力未完全消散,如果此时继续增大总应力试图让土体继续压缩,则大部分能量会消耗在孔隙水压力升高上,不会有效压密土体,造成能量的浪费和成本提高。

在土体固结过程中,土体的强度可以不断提高。只有土体强度提高后,才能够承担更大的总应力而不至于发生剪切破坏。因此,何时施加下一级载荷还涉及施工安全问题。工程往往受到工期的限制,过长时间的等待会影响工程进度。因此,科学预测土体固结完成时间,既有利于节约施工成本,又可以合理安排施工顺序。

① 固结试验与固结曲线。

固结过程一般用固结曲线表示,即在外荷不变条件下压缩变形随时间而演变的过程曲线,固结曲线通过室内固结试验获得。在固结仪土样上加定载荷 p,每隔一定时间测定其沉降值 S 直至稳定。然后绘出 S-t 曲线(图 2-24)或 e-t 曲线。

土在压缩过程中,起初由于水力坡度大,水流速度快,压缩亦快。随着时间的增长,水力坡度逐渐减小,流速变慢,压缩也慢。因此,固结曲线形状开始陡而后逐渐平缓。

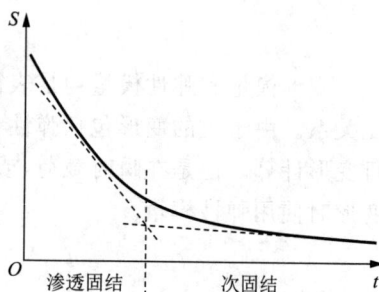

图 2-24 固结曲线

当孔隙水压力消散后($u=0$),变形仍继续缓慢地发展,即发生次固结(图 2-24)。

② 固结度与固结系数。

土的渗透固结过程是孔隙水压力逐渐消散、有效应力逐渐增加的过程,根据太沙基渗流方程,固结度可表示为

$$U_t = 1 - \frac{8}{\pi^2} \cdot e^{-\frac{\pi^4}{4} \cdot T_v} \tag{2-67}$$

T_v 为时间因子:

$$T_v = \frac{C_v \cdot t}{H^2} \tag{2-68}$$

式中 t——时间;

C_v——固结系数;

H——渗流路径长度。

根据式(2-67)和式(2-68)可知,如果已知固结系数 C_v 以及渗流路径长度 H,就可得到任意时刻 t 的固结度 U_t,或土体达到某固结度所需的时间。

固结系数 C_v 是表征土固结速率的指标,用于表征土固结过程的快慢,其值越大,则土的固结越快。C_v 主要取决于土的压缩系数、渗透系数以及初始孔隙比。

固结系数需要通过现场固结试验曲线,利用作图法求得,本书不做详细介绍。

4）影响土压缩性的主要因素。

（1）与土体本身有关的因素。

土的压缩性主要取决于土的粒度成分、矿物成分、交换阳离子成分及结构，黏性土压缩性还取决于其所处状态。对于细颗粒土而言，一般不考虑颗粒的破碎，土的压缩主要是压密，即颗粒的相对位移。因此，影响土颗粒相对位移的因素都会影响土的压缩性，主要有以下几个方面。

① 孔隙特征。

土体压缩的主要部分是土的压密，而土的压密的本质又是孔隙的压密。土体的孔隙特征往往由土的成因决定。残积土中某些抗风化能力弱的物质被淋滤带走，土中残留下大量的原生孔隙或者裂隙。由于残积土一般具有一定的结构强度，当载荷较小时，土的压缩性较小，但是当压力增大，结构强度被破坏后，土的压缩量会骤增。

② 结构强度。

颗粒之间的胶结强度较高时，外力必须首先破坏颗粒之间的结构连接，才能实现颗粒的位移。颗粒之间的连接包括水稳性连接和非水稳性连接。非水稳性连接受到含水率的影响，影响黏性土水化膜厚度的因素都会影响土的压缩性。另外，颗粒之间的可溶盐结晶连接也受到含水率的影响。一般黏粒含量越高，土的压缩性越大，固结时间越长。含蒙脱石的土的压缩性比高岭石土大，固结时间长，含 Na^+ 的土压缩性比含 Ca^{2+} 大，固结慢。主要是由于这类土含结合水多，水化膜厚，孔隙比大，透水性弱。有机质具有高度亲水性，因此含有机质的土，压缩性较大。

③ 粒间摩擦力。

外力破坏结构连接的同时，还必须克服土颗粒之间的摩擦阻力才能发生相对移动，实现土的压密。粒间摩擦力受多方面的因素影响，包括颗粒级配、密实度、含水率、颗粒形状及粗糙度等。一般而言，土的级配越好，密实度越高、含水率越低，土颗粒之间的摩擦力越大。片状矿物，如云母，因其大大降低颗粒的摩擦力，在砂土中含有云母类片状矿物时，压缩性会增加。

④ 颗粒强度。

在载荷较大时，可能导致粗粒土颗粒被压碎。土粒被压碎程度随压力和粒径的增大而加剧。颗粒的强度与矿物成分和颗粒形态直接相关，当土中含有硬度不大的矿物，如石膏、方解石、绿泥石时，在压力下易于压碎而增大其压缩量。颗粒强度与颗粒的形状也有关系，棱角状土粒比磨圆度好的土粒更易破碎。当含有石英砂，特别是磨圆度良好的石英砂，其压缩量最小。粗粒土的压缩性比黏性土要小，但在高压时，由于土粒被压碎，压缩量也能达到相当的量级。如堆石坝在 7 MPa 压力时，压缩率可达 3％～6％。另外，粗粒土，特别是纯砂在振动载荷作用下，其压缩量也较大。

（2）与载荷条件有关的因素。

① 载荷大小。

当载荷较大时，对于粗颗粒土而言，因为分担载荷的颗粒数量较少，单个矿物颗粒承担的应力较大，将产生除颗粒相对位移引发的土体压密之外的土颗粒破碎，导致土体的压缩性增大。

② 加荷速率。

土在某级载荷作用下发生压密过程中,孔隙水消散以及土颗粒位移需要相当长时间的调整才可以达到平衡。每一次调整,土的结构连接强度都会有所提高,而压缩性将会下降。当加荷速率过快时,颗粒以及土中的水、离子来不及进行优化调整,导致压缩性增加。

③ 增荷率。

连续加荷过程中,每一级载荷的大小称为增荷率。增荷率对压缩性的影响与加荷速率影响类似,随着增荷率的增大,土的压缩性增大(图 2-25)。其影响机理也与加荷速率比较接近,但增荷率还涉及大载荷施加过程中对土体产生瞬时冲量的问题。强度很低的淤泥及淤泥质软土更应特别注意增荷率。

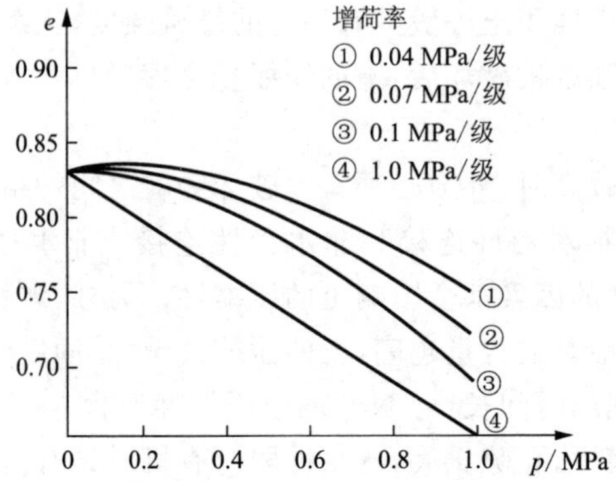

图 2-25 增荷率对土压缩性的影响

（3）试验条件对压缩性指标的影响。

试验条件包括试样的尺寸和试验环内壁摩擦等。试样尺寸涉及试样代表性以及切样扰动等问题。原状试样扰动会模糊土的受力历史,减小其孔隙比,并降低压缩指数 C_c。土力学家希默特曼建议利用原状土的室内压缩曲线估算地基沉降量时,应先将该曲线按前期固结压力修正为原位压缩曲线。

荷重历时愈短,压缩量和压缩速率将愈大。在天然情况下,土在自重力的作用下压密是很缓慢的,而实验室求得的压缩量,由于加荷速率远大于建筑物地基施工的加荷速率而造成压缩量偏大,如图 2-26 所示。

① 自然情况下的缓慢压缩;② 建筑物对土的压缩;③ 试验条件下对原状土的压缩;④ 试验条件下对扰动土的压缩。

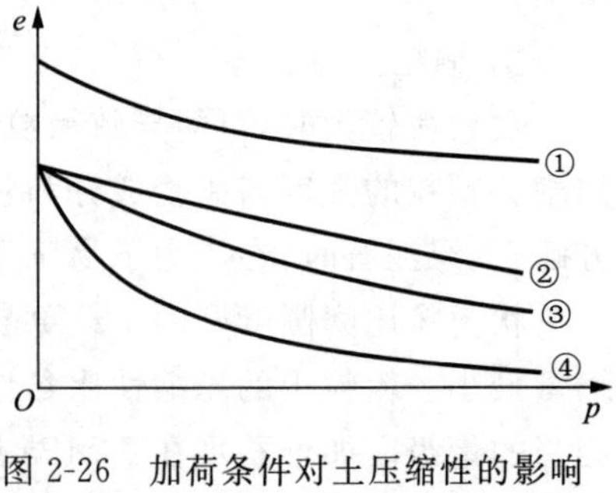

图 2-26 加荷条件对土压缩性的影响

2.3.2 土的抗剪强度

土的抗剪强度是研究土体强度及稳定性的重要力学性质指标。土体在外荷作用下产生的剪应力,不能超过土体本身所具有的抗剪强度,否则土体将发生剪切变形,使建筑物破坏,如坝基滑动、滑坡、地基土破坏等。因此,为了确定建筑物地基承载力、预测边坡稳定性、挡土墙设计等都需要研究土的抗剪强度。

1) 土的抗剪强度理论

(1) **库仑定律。**

土体中任一点的受力都可以分解为相互正交的作用力,在土体中取一个单元土体进行受力分析,如图 2-27 所示。单元土体受到 3 个方向的作用应力,分别为 σ_1,σ_2 和 σ_3,假定 $\sigma_2 = \sigma_3$,则可取 σ_1 和 σ_3 所在平面进行二维分析。

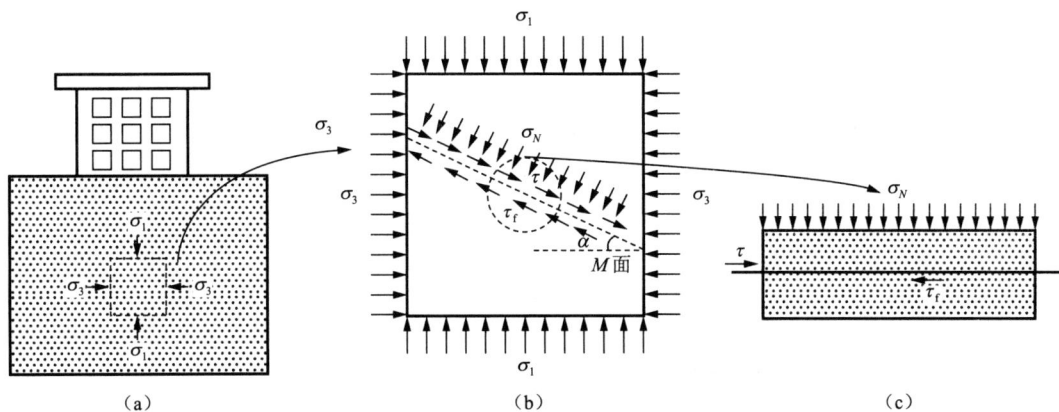

图 2-27 土中的剪切应力与土的抗剪强度

在单元体的任意斜面 M 以上部分(图中阴影部分)受到的应力 σ_1 和 σ_3 可沿斜面 M 分解,并分别得到沿 M 平面垂直的法向应力(正应力)σ_N 和沿着 M 面平行的剪应力 τ。同时,斜面 M 以上部分还受到斜面以下部分的摩擦阻力,称为抗剪强度 τ_f。

在单元体中存在无穷多个 M 面,当某个 M 面上满足:

$\tau < \tau_f$ 则土体处于稳定状态;

$\tau > \tau_f$ 则土体滑动、破坏;

$\tau = \tau_f$ 则土体处于极限平衡状态。

由此可见,土的抗剪强度即土体处于极限平衡时的最大剪应力。如图 2-27(c)所示,如果指定剪切面 M 增加法向应力 σ_N,并施加剪应力 τ,当土体破坏时的剪应力即该法向应力下的土的抗剪强度 τ_f。随着法向应力 σ_N 的增加,土的抗剪强度也将增加。将不同法向应力作用下土的抗剪强度与法向应力绘制在直角坐标系中,可得到土的抗剪强度曲线(图 2-28)。

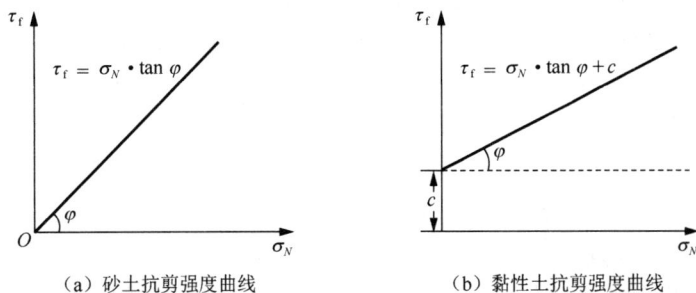

(a) 砂土抗剪强度曲线   (b) 黏性土抗剪强度曲线

图 2-28 土的抗剪强度曲线

从图中可以看出,砂土的抗剪强度曲线为一过原点的近似直线(图 2-28),可用下式表示

$$\tau_f = \sigma_N \cdot \tan \varphi \tag{2-69}$$

而黏性土的抗剪强度曲线为一不通过原点的近似直线（图 3-28），可用直线方程表示

$$\tau_f = \sigma_N \cdot \tan \varphi + c \tag{2-70}$$

式中　τ_f——土的抗剪强度；

　　　σ_N——法向应力；

　　　$\tan \varphi$——土的内摩擦系数；

　　　φ——土的内摩擦角；

　　　c——土的黏聚力。

式(2-69)和式(2-70)是库仑在 1773 年提出的，也称库仑摩擦定律。由库仑摩擦定律可知，砂土的抗剪强度是由颗粒间内摩擦力组成的，其值取决于土的内摩擦角(φ)和法向应力(σ_N)，φ 值即砂土的抗剪强度指标。

黏性土与砂土不同，颗粒间还具有结构连接力。因此，黏性土的抗剪强度由内摩擦力及结构强度所形成的黏聚力(c)组成。内摩擦力与法向应力成正比，而黏聚力不受外力影响。c 和 φ 值为黏性土的抗剪强度指标。

由于土的抗剪强度受许多因素影响，如试验时的排水条件、试样的受压历史、剪切速率、仪器的类型和操作方法等，实际上它只能表示土在一定条件下的抗剪强度指标。

(2) 莫尔-库仑破坏准则。

库仑摩擦定律给出的是某一特定剪破面上，土的抗剪强度与法向应力的关系。但多数情况下剪破面的位置很难确定，而土体单元受到的主压应力方向比较容易确定。如图 2-27(b)所示，将作用于单元体内的最大主应力 σ_1 和最小主应力 σ_3 分别沿垂直于 M 面和平行于 M 面做力的分解，最终可得到作用在垂直于任意 M 面的法向应力 σ_N 和剪应力 τ，即

$$\sigma_N = \frac{1}{2}(\sigma_1 + \sigma_3) + \frac{1}{2}(\sigma_1 - \sigma_3) \cdot \cos 2\alpha \tag{2-71}$$

$$\tau = \frac{1}{2}(\sigma_1 - \sigma_3) \cdot \sin 2\alpha \tag{2-72}$$

由式(2-72)可知，导致土体发生剪切破坏的最大剪应力与主应力差($\sigma_1 - \sigma_3$)和斜面与最大主应力作用面之间的夹角(α)有关。根据库仑摩擦定律可知，砂性土是否发生剪切破坏，取决于斜面受到的摩擦阻力 $\sigma_N \cdot \tan \varphi$，在内摩擦角和 α 角不变的情况下，则主要取决于主应力和($\sigma_1 + \sigma_3$)与主应力差($\sigma_1 - \sigma_3$)。对于黏性土，还必须考虑黏聚力的作用。

这个关系可以很方便地用应力莫尔圆来表示(图 2-29)。应力莫尔圆是在应力-应变关系的直角坐标系中绘制一个半圆，半圆与应力轴的交点分别为最小、最大主应力值。圆的半径 $R = (\sigma_1 - \sigma_3)/2$，刚好等于主应力差的一半；圆心对应的应力值为($\sigma_1 + \sigma_3$)/2，为主应力和的一半。在莫尔圆上任取一点，该点到圆心的连线与最大主应力轴方向的夹角定义为 2α，则该点的纵坐标为($\sigma_1 - \sigma_3$)/2 $\cdot$ sin 2α，恰好等于剪应力 τ；M 点横坐标为($\sigma_1 + \sigma_3$)/2 $+$ ($\sigma_1 - \sigma_3$)/2 $\cdot$ cos 2α，刚好等于 σ_N。于是，M 点刚好对应单元体中与 σ_1 作用面的夹角为 α 的 M 面，如图 2-27(b)所示。

当 M 面处于极限平衡状态时，M 面上的剪应力等于土的抗剪强度 τ_f。根据库仑摩擦定律 $\tau_f = \sigma_N \cdot \tan \varphi + c$，此时的莫尔圆称为极限应力莫尔圆。对于相同土体，如果忽略土样的不均匀性，改变主应力差可获得多个极限应力莫尔圆，则每个土样的极限应力莫尔圆都满足库仑摩擦定律，即破坏面对应的点必然在抗剪强度曲线上。利用这一性质，可以通过三轴

试验,不断改变主应力(σ_1)和围压(σ_3)的值,获得多个极限应力莫尔圆(一般至少 3 个),然后做极限应力莫尔圆的公切线就可以得到土的抗剪强度曲线(图 2-30),进而求得土的抗剪强度指标,即 c,φ 值。

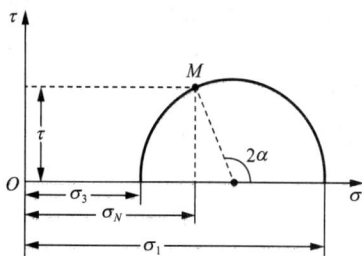

图 2-29　应力莫尔圆

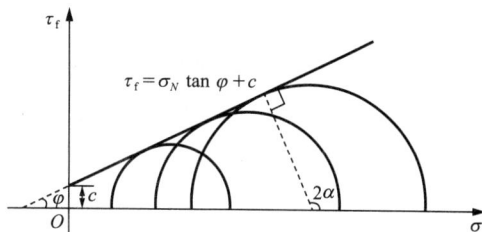

图 2-30　极限应力莫尔圆与抗剪强度曲线

根据图 2-30,破坏面的 α 角与土样的内摩擦角之间存在如下关系

$$\alpha = 45° + \frac{\varphi}{2} \tag{2-73}$$

将式(2-71)、式(2-72)和式(2-73)代入库仑方程式(2-70),并应用三角函数公式可得

$$\sigma_1 = \sigma_3 \cdot \tan^2\left(45° + \frac{\varphi}{2}\right) + 2c \cdot \tan\left(45° + \frac{\varphi}{2}\right) \tag{2-74}$$

或者

$$\sigma_3 = \sigma_1 \cdot \tan^2\left(45° - \frac{\varphi}{2}\right) - 2c \cdot \tan\left(45° - \frac{\varphi}{2}\right) \tag{2-75}$$

以上两个方程就是莫尔-库仑破坏准则,对于砂性土,$c = 0$,则莫尔-库仑破坏准则可写为

$$\sigma_1 = \sigma_3 \cdot \tan^2\left(45° + \frac{\varphi}{2}\right) \tag{2-76}$$

或

$$\sigma_3 = \sigma_1 \cdot \tan^2\left(45° - \frac{\varphi}{2}\right) \tag{2-77}$$

2)剪切试验与抗剪强度

测定土体抗剪强度的试验方法有剪切、扭转和压裂三种。常用剪切试验法,又可分为直接剪切试验和三轴剪切试验两种。

(1)直接剪切试验。

直接剪切试验在直剪仪上进行。试样放在盒内上、下两块透水石之间,在加压板上施加垂直压力 σ_N,然后逐渐加大水平力推动下盒使试样沿上、下盒接触面受剪。试样发生剪切破坏时的最大水平剪力除以试样面积即试样在该法向应力作用下的抗剪强度 τ_f。为测定土的抗剪强度指标,需制备 3 个以上密度和含水率完全相同的试样,利用不同法向应力 σ_{N1},σ_{N2},σ_{N3},…进行剪切,测得相应的抗剪强度 τ_{f1},τ_{f2},τ_{f3},…,然后绘图求得 c,φ 值。

直剪仪具有构造简单,操作方便等优点,但它存在许多缺点,包括:① 剪切面人为固定为上、下盒之间的平面,不能代表土样的最薄弱面;② 剪切面上的剪应力分布不均匀,剪切破坏首先从边缘开始,存在应力集中现象;③ 剪切过程中,剪应力作用面随着剪应变的增加,剪切面面积发生缩小,导致剪应力计算值偏低;④ 试验中不能监测孔隙水压力和严格控制土样的排水条件。

根据试验过程中排水条件的不同,直接剪切试验可分为快剪、固结快剪和慢剪三种。在垂直压力施加后快速(0.8 mm/min)把试样剪断,称为快剪;在垂直压力作用下排水固结完成后,然后快速(0.8 mm/min)把试样剪断,剪切过程中土样孔隙水压力来不及消散,称为固结快剪;在垂直压力作用下让土样充分排水固结,然后慢速(0.02 mm/min)将试样剪断,称为慢剪。对相同土样进行不同条件的直剪试验,得到的 c 和 φ 也不同,如图 2-31 所示。

快剪试验用于模拟现场土层较厚、渗透性较小、施工速度较快情况下土体的抗剪强度,抗剪强度指标用 c_q 和 φ_q 表示;固结快剪用来模拟现场土体在自重或者正常载荷作用下达到完全固结状态,之后遇到突然施加载荷或因土层较厚、渗透性较小、施工速度加快等情况下土的抗剪强度的计算,抗剪强度指标用 c_{cq} 和 φ_{cq} 表示;慢剪试验一般用来模拟现场土体充分固结后,逐步缓慢承受载荷的情况下土的抗剪强度计算,抗剪强度指标用 c_s 和 φ_s 表示。

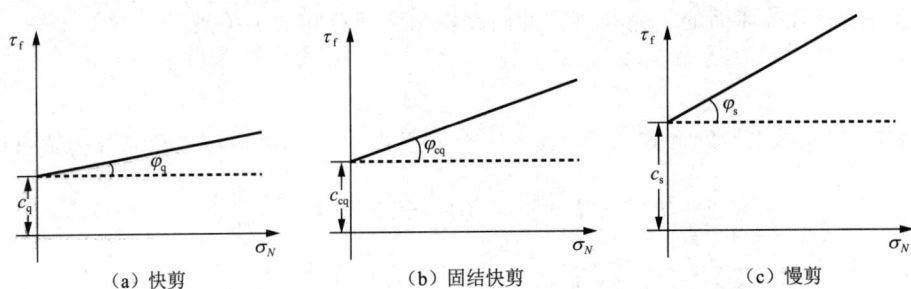

图 2-31　不同直剪试验的强度指标

(2) 三轴剪切试验。

三轴剪切试验是使试样在三向受力情况下进行剪切破坏,测得土样破坏时的最大主应力 σ_1 和最小主应力 σ_3,再根据莫尔强度理论求出土的抗剪强度指标 c 和 φ 值。

三轴剪切试验在三轴剪切仪上进行。试样用橡皮膜包裹,置于密闭容器中,通过液体加压,使试样在三个方向受到相同的围压,即最小主应力 σ_3。然后通过活塞杆加轴向应力 σ_v,并保持围压 σ_3 不变,直至试样剪切破坏。此时作用在土样上的最大主应力 $\sigma_1 = \sigma_v + \sigma_3$,用 σ_1 与 σ_3 可作极限莫尔应力圆。取相同的三个试样在不同围压 σ_3 下进行剪切,得到土样破坏时不同的最大主应力 σ_1,这样,可得到三个极限莫尔圆,作三圆的公切线,即得土的抗剪强度曲线,由此即得 c,φ 值(图 2-30)。

与直接剪切试验类似,根据排水条件不同,三轴剪切试验也可分为不固结不排水剪试验、固结不排水剪试验和固结排水剪试验三种。不固结不排水剪试验,在施加围压和竖向压力直至剪切破坏过程中,始终关闭水阀,所得抗剪强度指标用 φ_u 和 c_u 表示;固结不排水剪试验,在施加围压过程中打开水阀,并使孔隙水压力完全消散,然后关闭水阀后施加竖向压力,直至剪切破坏,抗剪强度指标用 φ_{cu} 和 c_{cu} 表示;固结排水剪,全程打开水阀,在施加围压时让孔隙水压力完全消散,缓慢施加竖向载荷,当孔隙水压力上升后停止加压,直至孔隙水压力消散后继续施加载荷,直至土样破坏,抗剪强度指标用 φ_d 和 c_d 表示。

三轴剪切仪能控制排水条件,可以测量孔隙水压力的变化,试样中没有固定的剪切面,应力条件比较符合实际情况,因此试验结果能够更好地反映不同工程条件下对抗剪强度指标的测试要求。

（3）有效应力抗剪强度指标。

用总应力法确定土的抗剪强度指标,必须选择正确试验方法使其压力符合工程实际的受剪条件。但是实际工程建筑地基的固结情况往往比较复杂,难以完全用以上三种固结情况代替。有效应力法考虑了土的孔隙水压力,因此其抗剪强度指标 c',φ' 值对同一土层来说为一定值。其值相当于固结排水剪（或慢剪）所测的抗剪强度指标 c_d,φ_d 或 c_s,φ_s。由于排水剪或者慢剪所需要的时间较长,因此,实验室经常采用固结不排水剪方法得到总应力破坏莫尔圆,然后通过记录破坏时的孔隙水压力计算得到有效应力,即

$$\begin{cases} \sigma'_1 = \sigma_1 - u \\ \sigma'_3 = \sigma_3 - u \end{cases} \tag{2-78}$$

式中　u——试样在该压力组合下破坏时的孔隙水压力。

将总应力莫尔圆转换为有效应力莫尔圆后,可得到有效应力抗剪强度值 c',φ',如图 2-32 所示。从图中可以看出,有效应力法测得的强度指标 $c' < c_{cu}$,$\varphi' > \varphi_{cu}$。

对于超固结土,由于剪胀作用,在总应力较小的条件下发生破坏时,孔隙水压力会因剪胀作用产生负的孔隙水压力,如图 2-32(b)中的极限应力莫尔圆 I 所示。

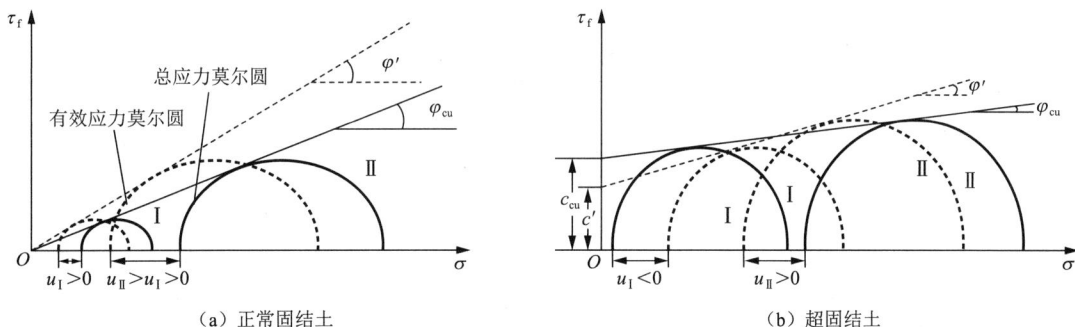

（a）正常固结土　　　　　　　　　　（b）超固结土

图 2-32　三轴固结排水抗剪强度试验

3）砂土抗剪强度影响因素

无黏性土颗粒间无结构连接力,内摩擦角（φ）或内摩擦系数（$\tan \varphi$）为无黏性土的唯一抗剪强度指标。内摩擦角一般由下列三种作用力组成:① 剪切时土粒接触面上的滑动或者滚动摩擦力;② 颗粒相互咬合而产生的咬合力;③ 土粒破碎及重新定向排列所受到的阻力。

在剪力作用下,这三种阻力可能同时存在,但在抗剪强度中每个力所起的作用不同,并与一系列因素有关。如滑动摩擦力受土的成分、状态及表面特征（粗糙度）控制。咬合力剪切过程中由土的剪胀性所触发,其大小与土的级配有关,主要取决于土的密实度和颗粒形态,随着土的密实度增大而增大,棱角状颗粒比圆形颗粒更容易形成深度咬合。

剪切面两侧土颗粒在不均衡剪应力和颗粒表面滑动摩擦力作用下必然发生转动趋势,如果颗粒发生转动,则滑动摩擦力转化为滚动摩擦力,内摩擦角将大大下降,同时颗粒克服滚动摩擦力向上运动（爬坡）。如果颗粒间的咬合作用较强,则颗粒转动受到限制,颗粒只能通过克服滑动摩擦力向上运动,土体将发生体积膨胀,向上运动时的坡角越大,则平均内摩擦角增大。当受到的法向应力较大,或者颗粒本身的抗剪强度较低,则颗粒不再通过抬升方式剪破,而是直接将颗粒剪破,颗粒被剪破后土的内摩擦角将会大大降低。

（1）土的成分。

粗粒土的抗剪强度在很大程度上取决于土颗粒大小、级配、形状及粗糙度。内摩擦角随着粒径的增大而增大，且砾砂＞粗砂＞中砂。这是由于颗粒越粗，颗粒的形态越不规则，颗粒堆积过程中，或者在剪切过程中容易形成较大的咬合角（图 2-33）。

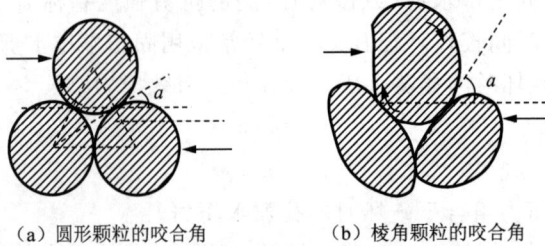

（a）圆形颗粒的咬合角　　　　（b）棱角颗粒的咬合角

图 2-33　不同形态颗粒的咬合角

同时，不规则的颗粒在咬合后，颗粒的转动将受到周围颗粒咬合力的制约。级配良好的土，因颗粒咬合数量增加，内摩擦角要比均匀土大。有棱角的砂要比圆粒的砂有更多的咬合，故内摩擦角也比较大（表 2-12）。

表 2-12　颗粒形状和级配对 φ 的影响

颗粒形状	级　配	内摩擦角/(°)	
		松　砂	紧　砂
磨　圆	均　匀	30	37
磨　圆	良　好	34	40
有棱角	均　匀	35	43
有棱角	良　好	39	45

矿物成分对粗粒土抗剪强度指标的影响主要包括矿物的形状及硬度。片状光滑的云母砂，由于其滑动摩擦力和咬合力都比其他矿物小，因此含云母砂的内摩擦角最小，而石英硬度大，内摩擦角大，棱角石英砂的内摩擦角最大（表 2-13）。

表 2-13　粒度成分和矿物形态对 φ 的影响

矿物成分	不同粒组对应的 φ				
	1.0～2.0 mm	0.5～1.0 mm	0.25～0.5 mm	0.10～0.25 mm	0.05～0.10 mm
片状光滑云母	28°	26°	17.5°	19°	17°
棱角状石英	66°	56°	46°	27°	25°

（2）土的密实度。

相同成分砂土的内摩擦角主要取决于其密实程度，即取决于原始孔隙比 e_0。φ 值随 e_0 减小而增大。这是由于 e_0 越小，土越紧密，咬合深度增加，剪切时需要更多的能量来克服咬合摩擦力。

试验证明，砂土在剪切过程中剪切带内的孔隙度发生变化，颗粒重新排列。对松砂来说，随着剪切带中的颗粒转动和平移，孔隙比不断降低，抗剪强度随剪应变逐渐增加，最后稳

定在某 τ_f 值。对密砂来说,由于砂粒相互咬合,转动困难,只能通过剪应力面中砂粒向上抬升,才能发生剪切运动。因此,在剪切初期,密砂剪切带体积增大,孔隙比增高,产生剪胀作用。

咬合力产生的剪胀作用使密砂在剪切初期具有很高的抗剪强度值,该值称为密砂的峰值强度 τ_f,对应的内摩擦角称为峰值内摩擦角。随着剪应变的增大和体积膨胀,颗粒转动变得容易,咬合力下降,剪切带中砂粒得以重新排列,摩擦阻力减小,最后稳定在某个值,该值称为土的残余强度 τ_r(也称终值强度),对应的内摩擦角称为残余内摩擦角,如图 2-34 所示。松砂的峰值强度和残余强度一致。

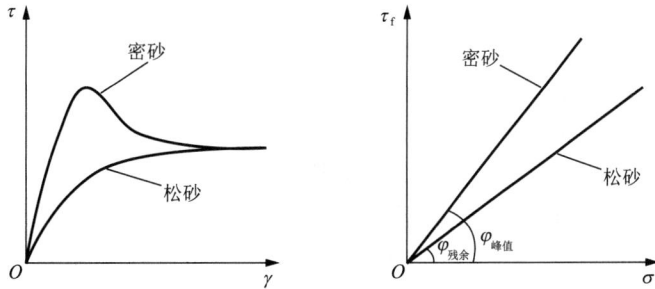

图 2-34 砂土的峰值强度与残余强度

如果某砂土剪切时,剪切带体积不发生剪胀也不发生剪缩,则此砂土的原始孔隙比称为临界孔隙比 e_{cr}。临界孔隙比随着法向压力的增大而减小,临界孔隙比可用于研究砂土振动液化。

自然堆积的砂土斜坡与水平面所形成的最大夹角称为砂土天然休止角(天然坡角),其值取决于土的成分与结构,对同类型的砂土,其值不变。天然休止角与残余内摩擦角相似,故常用天然休止角来代替松砂的内摩擦角。天然休止角可用圆盘法或堆积法测得,堆积法取干砂堆成锥体,量测锥体的坡角大小即得。密砂的 φ 角一般比天然休止角大 $5°\sim10°$。

砂土的天然坡角除与砂土的 φ 值有关,还取决于砂坡的工作条件(如载荷性质、含水情况等)。在振动载荷作用下,天然坡角很小,对细砂来说一般不超过 $5°$,浸水或渗流都能改变砂土的天然坡角,当砂土的含水率等于毛细含水率时,砂土的天然坡角能提高 $4°\sim5°$。当饱水或存在渗流时,则天然坡角明显减小。

(3)含水率。

含水率对砂土抗剪强度的影响主要包括三个方面:① 水的润滑作用降低颗粒间的滑动摩擦力;② 角边毛细水引发土粒间的(假)黏聚力;③ 孔隙水压力上升,降低剪切面上的有效法向应力。含水率对细粒土抗剪强度有影响显著,对其他类型粗粒土则无明显影响。

颗粒表面被润湿后,颗粒表面被水膜覆盖,水分子之间的黏滞阻力部分替代了矿物晶格之间的摩擦,使得摩擦系数降低。当含水率进一步增加,在颗粒接触点位置出现毛细水,毛细水内部水压力小于环境气压力,在颗粒间形成负的孔隙水压力,即基质吸力。基质吸力的存在,一方面增大了剪切面上的有效应力,同时还增加了粒之间的连接力(假黏聚力),颗粒移动除了克服摩擦力之外,还必须克服基质吸力。根据非饱和土有效应力式(2-54),将剪切面上的有效应力代入库仑方程,可得

$$\tau_f = c_j + [\sigma - u_a + X(u_a - u_w)] \cdot \tan \varphi_j \tag{2-79}$$

式中 c_j——基质吸力引起的假黏聚力;

φ_j——毛细水作用下的颗粒接触面摩擦角。

在毛细水作用下,$u_a - u_w > 0$。

当含水率等于最佳毛细含水率时,砂土的抗剪强度最大。当含水率继续增加时,则基质吸力下降,抗剪强度下降。达到饱和时,在压力作用下,颗粒位移将引发孔隙水压力上升,并超过环境气压力。如果所产生的孔隙水压力 u 等于总法向应力($\sigma - u = 0$)时,土的抗剪强度为零,即 $\tau_f = 0$,粉砂液化。

(4)载荷大小及加荷速率。

在通常压力范围,内摩擦角 φ 可视为常数。但随着法向应力和剪应力的增大,土的破坏不再沿着已有颗粒界面发生,而是直接将颗粒剪破,密砂的 φ 减小。颗粒破碎在粗粒土中表现比较突出,粗粒土的抗剪强度曲线在高压下为一曲线(图2-35)。另外,随着围压的增大,密砂与松砂的 φ 值差别逐渐缩小。

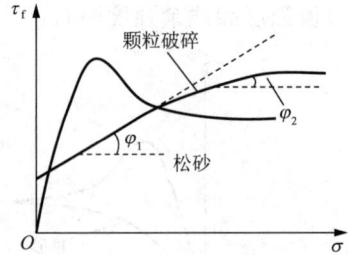

图 2-35 法向应力对砂土摩擦角的影响

剪切速率的影响主要发生在饱水砂中。在饱水砂剪切过程中,剪切带孔隙比发生变化,密砂由于剪胀作用,剪切带的孔隙度增大,使水流向剪切带,而松砂受剪,孔隙度降低,使水流出剪切带。

当剪切速率很快时,则水来不及流动,因而在密砂剪切带中产生负的孔隙水压力,抗剪强度增加;在松砂剪切带中则产生正的孔隙水压力,抗剪强度下降。

4)黏性土抗剪强度影响因素

黏性土抗剪强度的性能及机理相当复杂。组成黏性土的颗粒细小,黏土矿物由于带有电荷并吸附离子,与水相互作用,形成复杂的物理-化学与力学作用,使黏性土的颗粒相互凝聚、凝结,具有一定的结构连接力。因此,黏性土的抗剪强度由颗粒间(或集聚体间)摩擦阻力和粒间黏聚力共同提供。

土的结构连接强度、受力历史以及受剪条件等是控制黏性土抗剪强度的主要因素。土的力学强度在很大程度上取决于土的结构连接强度。土体在外荷作用下必须克服结构强度,才能使土体滑动。土的结构连接强度在土的沉积中形成,与黏性土的成因及后期演化密切相关。

(1)含水率与矿物成分。

土的结构连接强度首先取决于土的含水率,确切地说取决于土所处的状态。图2-36为重塑土的极限抗剪强度与含水率的关系曲线。该曲线可以充分说明土的抗剪强度随着含水率的减小而增大,并可分为四段。

① 当含水率大于液限时,土处于流体(黏流)状态。此时颗粒之间没有连接力,粒间摩擦角也非常小,抗剪强度几乎测不到。当含水率相当于液限时,在离子静电引力作用下,黏粒间通过共享水化膜形成结构连接,但连接力很小,因此土的强度亦很小。随着含水率的逐步降低,水化膜变薄,结构连接力上升,强度亦呈线性增大。当含水率接近塑限(w_P)时,颗粒间为近凝聚接触,此时蒙脱石的强度最大可达 0.015 MPa,高岭石达 0.01 MPa。

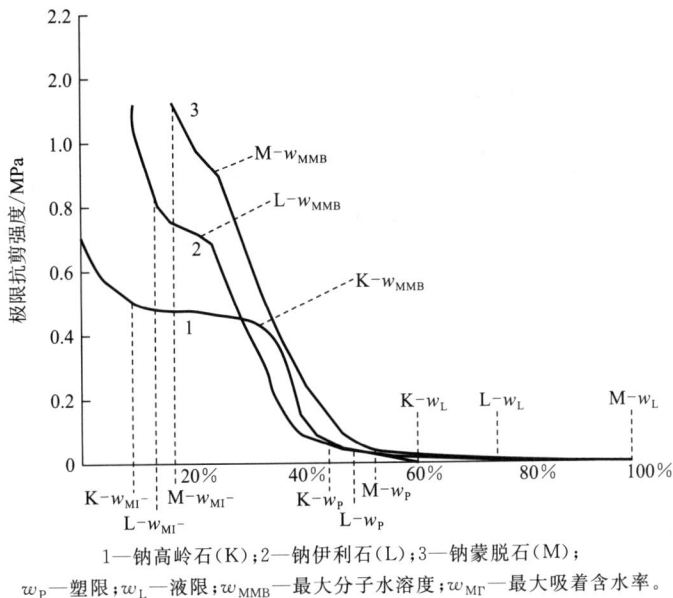

1—钠高岭石(K)；2—钠伊利石(L)；3—钠蒙脱石(M)；
w_P—塑限；w_L—液限；w_{MMB}—最大分子水溶度；$w_{MΓ}$—最大吸着含水率。

图 2-36　极限抗剪强度随湿度的变化关系

② 当含水率在 $w_P \sim w_{MMB}$(最大分子水溶度)之间时,强度随含水率的降低逐渐增长。这是由于土中出现了毛细管力(基质吸力),此阶段毛细作用力与离子静电引力叠加,导致强度急剧增强。当含水率为最大分子水溶度时,毛细管力最大。蒙脱土抗剪强度均值为 0.9 MPa,高岭石近似为 0.33 MPa。

③ 当含水率在 $w_{MMB} \sim w_{MΓ}$(最大吸着含水率)之间时,随含水率减少,毛细管力逐渐减小,静电引力形成的共享水膜作用力增强。对于高岭石而言,强度增加趋势明显变弱,当含水率为最大吸着含水率($w_{MΓ}$)时,毛细管力完全消失。

④ 当含水率小于 $w_{MΓ}$ 时,颗粒间除分子引力、分子静电引力外,离子静电引力迅速增长,并可出现可溶盐结晶等化学连接力,因而土的强度按指数关系急骤增长。

含水率不仅对 c 值产生影响,含水率的不同,颗粒间水膜的性质也在发生着变化。水分子间的黏滞力的变化对土的内摩擦角也会产生影响。因此,随着含水率的变小,土的抗剪强度指标 c,φ 值都将增大。土中含水率影响水化膜厚度,因此,影响扩散层厚度的因素都影响黏性土的抗剪强度。

(2) 原状土结构。

土体在形成过程或后期演化中,由于可溶盐或游离铁、铝氧化物、二氧化硅等析出,使颗粒胶结,出现化学连接力,增强土的结构连接强度,使土抗剪强度显著增高。例如,我国红黏土虽然其孔隙比大,容重小,而抗剪强度很高,就是由于土中存在游离氧化铁使颗粒胶结。

土的结构连接具有部分可逆特性。一部分结构连接破坏后还可能恢复,如依靠吸附离子而形成的共享水化膜连接力。该部分结构连接力的恢复程度受到颗粒重新定位后接触点(面)上的电荷密度、离子浓度变化等因素影响。而另一部分连接力在短时间内不能恢复,这部分连接力包括难溶盐以及难溶胶体胶结。不管能否恢复,当土的结构破坏后强度都会降低。因此,同一密度、含水率的重塑土强度要比原状土小。土的结构性对强度的影响可用灵敏度(S_t)表示

$$S_t = \frac{q_u}{q_u'} \tag{2-80}$$

式中　q_u——原状土的无侧限抗压强度；

　　　q_u'——重塑土的无侧限抗压强度。

灵敏度越大，土的结构对强度贡献越大，依据灵敏度大小对黏性土的分类见表 2-14。一般黏土的灵敏度为 2～4，有的黏土，如超固结土、淤泥质软土，则具有较高的灵敏度。

表 2-14　黏性土按灵敏度分类

灵敏度分类	不灵敏黏性土	中等灵敏黏性土	灵敏黏性土	特别灵敏黏性土
S_t	<2	2～4	4～8	8～16

天然状态下的土体都具有一定的结构性，在取原状土样做试验或施工过程中都必须尽量减少对土的扰动，避免破坏土的原状结构，特别对灵敏度高的土更应引起重视。在工程上会遇到某些土在采用工程加固措施后，强度不升反降的情况，就是由于加固过程中破坏了土中的天然结构造成的。

（3）受力历史。

土体在漫长地质历史中经受了长期的重力压密及加荷卸荷等作用。不同土体受力历史不同，其抗剪强度也有很大区别。根据受力历史可将土分正常固结土与超固结土两大类。

正常固结土与超固结土在相同法向应力系列下得到的抗剪强度曲线形态不同。超固结的抗剪强度曲线与纵坐标相交（不通过坐标原点），即存在黏聚力。只有当法向应力大于 p_c 时，超固结土的强度线才与正常固结土重合（图 2-37）。p_c 越大，c_{cu} 亦越大，超固结段内摩擦角则比正常固结段小（图 2-37b）。

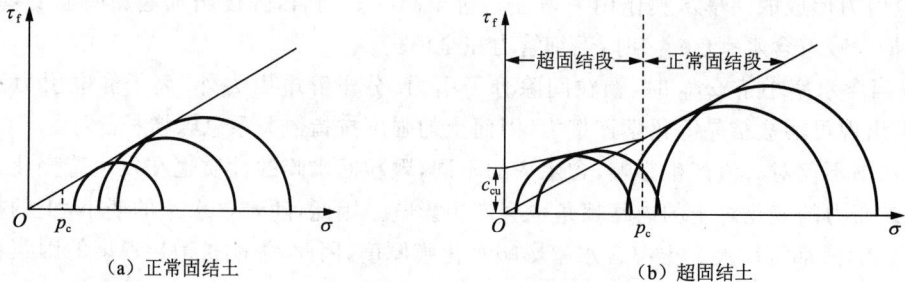

（a）正常固结土　　　　　　　（b）超固结土

图 2-37　三轴固结不排水抗剪强度试验

超固结土的抗剪强度与密实砂相似，其强度取决于剪切位移，具有明显的峰值强度及残余强度。当剪切位移很小时，剪应力达到最大值时的抗剪强度为峰值强度 τ_f，然后随着位移的增大，强度逐渐下降，最后稳定在某一值——残余强度（图 2-38）。

残余强度 τ_r 实际上为土体结构破坏后的强度，内摩擦角一般减小 1°～2°，最大可减小 10°。超固结比越大，峰值后强度降低得越多。正常固结土也具有一定的结构性，但峰值强度与残余强度相差不大。

对同类土来说，超固结土与正常固结土的残余强度一致，因此，残余强度的大小与受力历史无关，其值主要取决于矿物成分、粒度成分与孔隙溶液性质。残余强度在室内测定时主要采用反复剪切试验测定，即在同一剪切面上进行多次快剪。强度在剪切变形中的减弱主要是土体结构遭到破坏，片状颗粒沿着剪切面定向排列的结果。

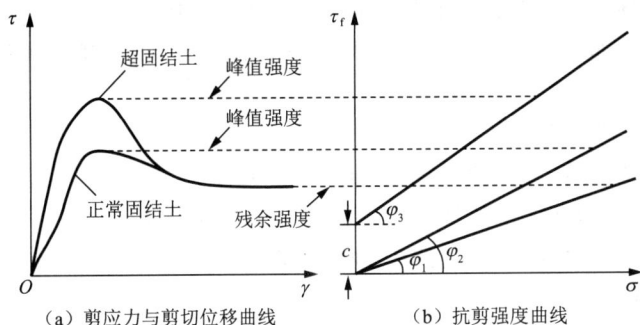

(a) 剪应力与剪切位移曲线　　　　(b) 抗剪强度曲线

图 2-38　黏性土的峰值强度与残余强度

（4）剪切条件。

土的有效法向应力值取决于土的固结程度（孔隙水压力消散程度），即取决于剪切时土的排水条件及剪切速率。在相同法向应力作用下，由于土的固结程度不同，所得土的抗剪强度也不同。因此，不排水剪（快剪）、固结不排水剪（固结快剪）及固结排水剪（慢剪）三种剪切试验所得的 c，φ 值是不同的。对正常固结土来说 τ_s[固结排水剪（慢剪）]$>\tau_{cq}$[固结不排水剪（固结快剪）]$>\tau_q$[不排水剪（快剪）]。不同试验方法测得的抗剪强度指标也不同，慢剪的内摩擦角最大，可达 $10°\sim30°$，快剪的内摩擦角最小，可接近于 $0°$。

对非饱和土而言，如果剪切过程中土样始终处于非饱和状态，则孔隙水压力由负值逐渐增加。但对于饱和黏性土，试样剪切过程中没得到固结（不排水剪），虽然土样破坏时的最大最小主应力值不同，但有效应力莫尔圆只有一个，如图 2-39 所示。该情况下无法测定土的内摩擦角。不同试样获得等直径的莫尔圆，抗剪强度包线是一条水平线，$\varphi_u=0$。因此，饱和土的不排水剪黏聚力指标也可以通过无侧限抗压强度试验获得。

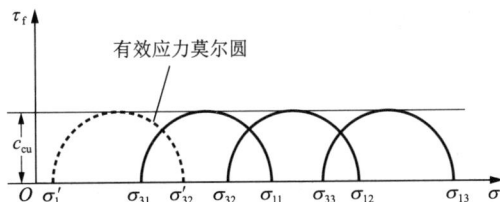

图 2-39　饱和黏性土三轴不排水剪

5）抗剪强度指标的选用问题

如前所述，土的抗剪强度指标并不是固定不变的，它会随着结构扰动、含水率（降雨）、载荷性质、加荷速率、排水条件等发生复杂变化。

（1）黏性土抗剪强度指标的选取。

如果分析地基的长期稳定性，由于地基土在载荷长期作用下，有足够的时间进行排水固结，因此，可以采用有效应力法测定的抗剪强度指标 c'，φ'。而对于软黏土短期载荷作用下的稳定性问题，由于软黏土的渗透系数非常低，短期内很难发生排水固结，因此，宜采用不排水抗剪强度指标 c_u。

同样的道理，若建筑物施工速度较快，而地基土的渗透系数低或者排水条件差时，可采用三轴不排水或者直接快剪试验指标。相反,如果地基载荷增长速度较慢,地基土渗透系数较高并且排水条件良好时,则可采用固结排水剪得到抗剪强度指标 c'_d、φ'_d(或者 c'、φ')或者慢剪试验强度指标。如果介于以上两者之间,则可以采用固结不排水剪或者固结快剪强度指标。

（2）峰值强度与残余强度指标的选用问题。

对于密砂以及超固结土还存在峰值强度和残余强度指标的选用问题。对大多数工程来说,通常采用峰值强度指标评价土体稳定性。当允许较大剪切位移时,则要考虑残余强度。分析边坡的长期稳定性、裂隙硬黏土边坡和老滑坡或已缓慢滑动的边坡的稳定性时需要考虑采用残余强度指标。

对于一般工程,粗粒土的强度指标采用峰值内摩擦角 φ_f。但是在允许大应变发生情况下则采用残余强度内摩擦角 φ_γ。由于粗粒土试样取样中难以保持其原始孔隙比及原有结构状态,其抗剪强度测试应以原位试验为主,最常用的方法为标准贯入试验及静力触探试验。在工程实践中,通常是将原位试验数据与内摩擦角经验值(表 2-15)综合考虑确定。磨圆良好、强度弱的颗粒(如云母)采用小值,坚硬有棱角的颗粒采用大值,高压应力时取小值。

表 2-15　砂土内摩擦角的经验数值

土的名称	残余强度内摩擦角 $\varphi_\gamma/(°)$	峰值内摩擦角 $\varphi_f/(°)$	
		中密	紧密
粉砂	26～30	28～32	30～34
均匀细砂、中砂	26～30	30～34	32～36
级配良好的砂	30～34	34～40	38～46
砂砾	32～36	36～42	40～48

2.3.3　土的流变与动力特性

1）土的流变特性

在土体骨架应力(有效应力)作用下,各颗粒在受到不平衡力作用时必然发生重新排列。由于颗粒表面吸附水的黏滞性,这种重新排列不仅与应力大小有关,还与时间有关,存在滞后现象。同时,土体内部颗粒间的实际排列状态并不均匀,在颗粒错动过程中将要发生应力调整,调整过程也需要时间。因此,导致土体变形与时间相关的现象称为土的流变现象。

黏性土在一定载荷长期作用下,变形随着时间缓慢发展的现象,称为土的蠕变。当保持变形一定时,应力必然随时间衰减,称为应力松弛。而当应力超过某个值后,土的变形速率随剪应力增加而快速增加,称为土的流动。蠕变一般会导致黏性土的强度变化,强度随时间的变化称为土的长期强度问题。

流变现象对黏性土来说尤其明显。斜坡蠕动、古代建筑物继续下沉以及软土地基的变形等都与黏性土的蠕变有关。皮特尔松(Peterson)在第三届国际土力学会议上介绍:许多黏土路堤及土坡的安全系数 $K = 1.5 \sim 2.5$,然而,在施工完成后 6 个月至 4 年之内发生破坏。取样做长期强度试验发现,由于黏土的蠕变,地基强度降低 50%。由此可见,在评价黏性土地基强度与挡土建筑物及边坡稳定性时,应考虑黏性土的蠕变与长期强度。

（1）黏性土的蠕变机理。

土蠕变产生的机理是,当土体承受某一载荷后,该载荷并不是由土颗粒平均分担的,而是在局部抗剪强度较高的颗粒之间形成应力集中,其他颗粒承担应力则较小,蠕变主要发生在应力集中的颗粒(团粒)之间。随着时间的推移,高应力颗粒首先发生剪切破坏,集中的应力得到释放,并向次一级应力集中颗粒上转移。这一过程随着时间缓慢发生,就形成土的蠕变。

土的蠕变分为压缩蠕变和剪切蠕变两大类。压缩蠕变也称为体积蠕变,即土体在压力不变的情况下,总体积缓慢发生压缩和排水固结,这一过程将会提高土体的抗剪强度,黏性土的次固结过程就属于体积蠕变。而剪切蠕变则是在一定剪切应力作用下土的剪切变形随时间缓慢增长,剪切蠕变将会降低土的抗剪强度。

对黏性土而言,一般认为黏性土的强度主要取决于土颗粒间的结构连接强度。土的结构连接既有脆性,也有黏滞性。在剪切变形过程中,颗粒间产生相对位移,不可逆的连接强度(如可溶盐和胶结物)不断遭到破坏。黏滞强度由于颗粒间距离和相对位置的改变,一部分被破坏,而另一部分又重新形成(固结),但大部分黏滞强度需要黏土长期保持静止时才能恢复。因此,在长期载荷作用下连续蠕变,必然会逐渐削弱其强度。

（2）土的蠕变过程与阶段划分。

图 2-40 为某软黏土在不同剪应力下蠕变试验(不排水剪)所得的蠕变曲线。单位时间内应变的增加量称为蠕变速率,土的蠕变速率随着剪应力的增加而增加。

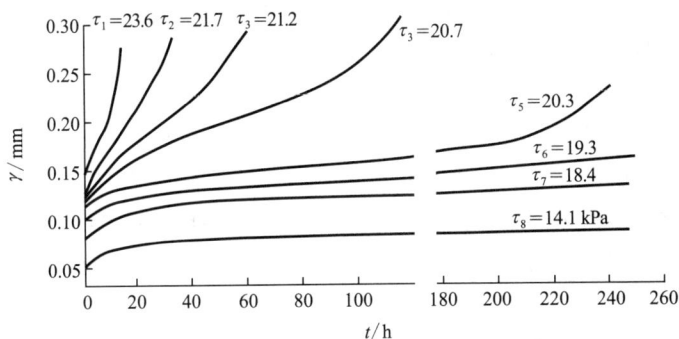

图 2-40　某黏性土不同剪应力下的蠕变曲线

压缩蠕变和剪切蠕变同时发生,当压缩蠕变产生的抗剪强度增加量超过剪切蠕变产生的抗剪强度衰减量时,土的蠕变速率将逐渐变小,最终趋近于零,称为衰减型蠕变,如图 2-40 中 $\tau_6 \sim \tau_8$ 对应的蠕变曲线。反之,土的抗剪强度不断减小,则土的蠕变速率将持续增加,最终导致土的剪切破坏,称为非衰减型蠕变,如图 2-41 中 $\tau_1 \sim \tau_5$ 对应的蠕变曲线。

非衰减型蠕变可以分为 4 个阶段(图 2-41):① 瞬时变形阶段(OA),剪应力作用后立即产生变形,其值很小;② 非稳定蠕变阶段(AB),也称衰减变形阶段,剪应变速率逐渐减小;③ 稳定流动阶段(BC),剪应变速率为常数;④ 破坏阶段(CD),剪切变形速率不断加快,最后导致破坏。

按长期强度曲线,可把强度分为:

① τ_t ——瞬时强度,相当于载荷持续时间为零的强度;

② τ_a ——标准强度,按室内常规试验方法所测得的强度;

③ τ_{t_1}，τ_{t_2}——长期强度，相当于载荷作用某持续时间之后的强度；

④ τ_∞——极限长期强度，长期强度随时间不断减弱到某一极限时的强度。

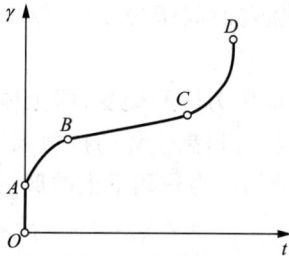

图 2-41　非衰减型蠕变曲线　　　　图 2-42　黏性土长期强度曲线

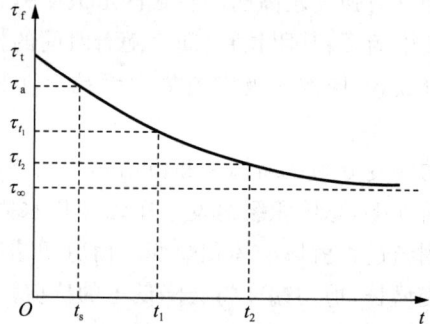

只有当土体中剪应力小于土的极限长期强度 τ_∞ 时，土体才处于长期稳定状态。当剪应力大于极限长期强度时，则土体有可能经过一定时间后破坏。

黏性土的长期强度一般为标准强度的 $40\%\sim80\%$，其值主要取决于土体的结构及所处的状态。土的长期强度可以根据长期强度曲线近似估算。

（3）影响土体蠕变特性的因素。

土体蠕变试验耗时较长，在整个试验过程中很难保证试验条件不发生微小变化，其中温度的周期性变化是必须考虑的因素。大量试验表明，土的蠕变特征受到剪应力大小、土的矿物成分、结构及物理状态的影响。

① 剪应力的大小。

当剪应力 τ 小于土的极限长期强度时，土的蠕变不会引起土体破坏，而当剪应力大于土的极限抗剪强度时，则土的蠕变结果会引起土体的破坏。蠕变破坏所需的时间取决于剪应力大小，剪应力值越大，则破坏时间越早。以图 2-40 中土样为例，当剪应力小于 20 kPa 时，土的蠕变属于衰减型；当剪应力大于 20 kPa 时，土的蠕变属于非衰减型，且 τ 越大，破坏时间越早。

② 结构连接特征以及物理状态。

具凝聚型接触的可塑和流塑的黏土，具有典型蠕变曲线所有的变形阶段。其主要特点是不稳定阶段时间短，稳定阶段占优势。土的塑性越大，稳定流动阶段出现越快，且在变形过程中起的作用越大。破坏阶段在此类土中出现在剪应力为标准强度的 $40\%\sim50\%$ 时，且长时间发展，常以黏滞性破坏结束。在具过渡型接触的硬塑或半坚硬状态的密实黏土中，衰减变形阶段占优势，破坏阶段在剪应力为标准强度的 $70\%\sim80\%$ 或更大一些时才产生，并且从衰减直接过渡到急剧变形，在大多数情况下没有稳定流动阶段，而破坏经常以脆性破坏为主。

③ 矿物成分。

黏性土的蠕变具有黏塑性和黏滞性流变的特性。蠕变的实质是由于黏粒周围的水化膜黏滞性引起。土的黏粒含量及其矿物成分明显地影响土的蠕变。黏粒含量越多，蠕变越大，蠕变速率也越大。当黏粒含量相同时，含蒙脱石混合土的黏土蠕变速率最大，伊利石混合土次之，高岭石混合土最小，如图 2-43 所示。

④ 含水率及排水条件。

对正常固结土,只有不排水蠕变才能使强度减弱,而排水蠕变由于土体随时间发生固结,强度增大,因而减少了强度降低效应,超固结土蠕变都能引起强度减弱。因此,以含水率高、透水性弱的软黏土及淤泥土作为建筑物地基或介质时更应考虑土的长期强度。

2) 土的动力特性

当土体受到如地震、爆破、机械振动、车辆运行等动力作用时,土内必将产生附加压力而引起土的变形。土在动力作用下的变形可分为弹性变形与残余变形。当动载荷强度较小,不超过土的弹性极限时,它所引起的变形主要为弹性变形,则使用弹性模量、泊松比、振动阻尼系数等为其主要动力参数。当动力强度较大时,它所引起的变形为残余变形。动力越大,变形越大,结果使土的结构破坏、土体压缩沉降、强度减弱,严

图 2-43 土的成分与蠕变速率的关系

重者可使土体失去强度而威胁建筑物及边坡等的稳定性。为了确保建筑物安全,必须研究土的动力特性。振动载荷对砂土力学性质的影响比黏土显著,黏性土中则以饱和软黏土影响为大。在振动载荷作用下,砂土的压密、饱和粉细砂的液化及软黏土的触变为它们的主要动力特性。

(1) 振动载荷。

振动载荷是指随时间发生变化的载荷,通常指随时间周期性变化的载荷。振动载荷的特征是在土体内部产生周期性应力,而振动源本身并不一定是周期性的。如物体自由坠落在地面上,土体在短时间内承受很大的压应力,靠近物体附近的土颗粒瞬间发生弹性压缩,随后发生弹性恢复,同时会引发附近土体骨架以及水的弹性压缩和恢复,并以波的形式向四周传递,并不断衰减。而对于振动源发生周期性变化的载荷,周期性振动会相互叠加,导致较小的振动应力,最终叠加累积形成较大的应力。

研究土体在振动载荷作用下的动力特性一般采用两种参数体系。一种是采用振动载荷在土体内产生的振动加速度;另一种参数体系是周期剪应力、振动频率和加荷周数。振动加速度是指土体在受到振动载荷作用后,土体产生的附加加速度。通过振动加速度可以计算因振动在土体内部而产生的附加应力的大小,一般通过在土体内部设置加速度传感器进行实测。周期剪应力是外力对土体施加的剪应力的大小。振动频率则是指单位时间内向土体施加的相同剪应力的次数。加荷周数指周期载荷的作用次数。

(2) 砂土的振动加密。

砂土,尤其是松散砂土,在振动载荷下更容易发生压缩密实。对于松散干砂,振动载荷可以增加砂粒间的剪应力和垂直颗粒的法向压力。法向应力一方面提供了较大的摩擦力阻碍砂粒位移,但同时也在砂粒间产生较大弹性压缩,卸荷时砂粒发生弹性回弹,法向应力较大的接触点回弹量也较大,造成不均匀回弹。再次加荷后,接触点将发生改变。因此,振动载荷提供了不断改变的颗粒接触关系,并在抵抗剪强度接触时发生颗粒压密。

砂土在振动载荷作用下的压密可用振动压缩曲线表示(图 2-44),振动压密与振动加速

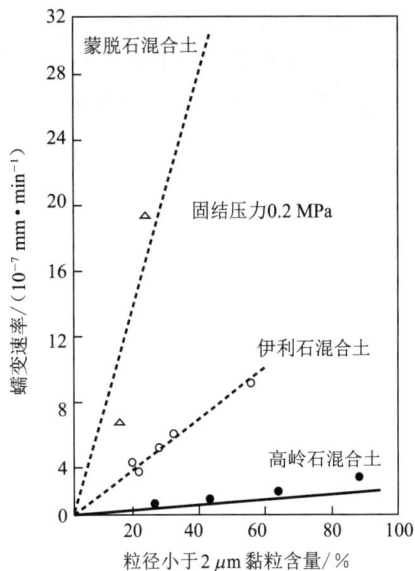

度有关。一般用振动加速度 a 与重力加速度 g 之比值($n=a/g$)来说明土的振动强度。砂土的孔隙比随着振动强度而降低。松散磨圆度好的、干的细砂具有最大的振动压密性。当砂的含水率增加到毛细含水率时,由于毛细管力的出现,它的压密性显著降低。

只有当振动加速度达到某一界限值时砂土强度才开始下降,并发生振动加密,称为起始振动加速度。这个界限值主要受控于干砂的孔隙度及施加的法向应力的大小,法向应力愈大,振动压密界限值也就愈大。当振动加速度达到某一数值后,砂土强度接近于 0,具有黏液特性,称为振动黏滞性,用振动黏度表示。当含水率等于最佳毛细含水率时,振动黏度最大,饱和砂和干砂则最小。

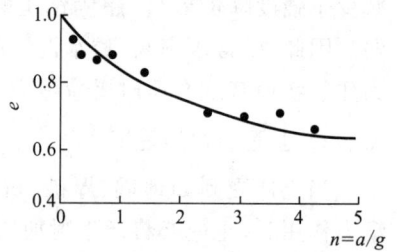

图 2-44　砂土的振动压缩曲线

振动压密除取决于振动加速度外,还与作用时间有关,振动压密量随着振动载荷作用时间而增大,最后趋于稳定。

(3) 砂土液化及其影响因素。

对于砂土而言,当施加的周期剪应力较小时,在加荷初期,土体骨架发生周期性弹性压缩与回弹。随着加荷周数增加,振动载荷的能量叠加,土中的孔隙水压力在来不及消散的情况下不断上升。土中的有效应力减小,抗剪强度不断下降,砂土颗粒发生剪切移动,导致孔隙水压力上升加快。当孔隙水压力累积到一定程度并等于土的总压应力时,土的有效应力下降为 0,土颗粒间失去抗剪强度,呈现类似液体的黏流状态,称为土的初始液化。

对于松砂,在振动载荷作用下发生压密的空间较大,孔隙水压力上升的速度较快,而且当土体发生初始液化后,颗粒由往返振动变为定向塌落。原来由土体骨架承担的应力全部作用在黏滞流体之上,对黏滞流体产生动压力。该动压力可以看作颗粒向下坠落受到的流体黏滞阻力的反作用力。砂土骨架塌陷形成的黏滞阻力不断向下传递和累积,导致整个砂土层发生完全液化。完全液化过程可以在初始液化发生后,振动载荷停止后自动发生,是颗粒自重、上部静载荷与塌落速度共同产生的作用力。密砂也可以发生初始液化,但由于砂土颗粒塌落、挤密空间较小,因此不容易发生完全液化过程。完全液化过程往往伴随着剧烈的砂土从下向上的流动,形成喷砂冒水现象。

当在地下水位以下进行施工作业时,由于机械振动作用导致松砂发生完全液化,细砂颗粒会随着孔隙水一起排出,产生流砂现象,最终导致上部土体及建筑物塌陷失稳。当砂土完全液化后,如果上覆黏土层厚度较小,则液化的砂土形成的强大流体压力可以破坏上覆土层,导致建筑物失稳。

砂土液化的根本原因是孔隙水压力累积导致颗粒间的有效压应力消失。影响砂土液化的因素主要包括:

① 土的含水状态。

对于非饱和砂土而言,孔隙水压力与孔隙气压力保持动态平衡,振动载荷对其影响不大。而且非饱和土中存在基质吸力,使得颗粒间保持一定的结构连接力,产生抵抗剪应力的能力,因此不容易发生液化。只有当土体饱和后,孔隙水压力才可能发生持续的累积,最终达到液化水平。因此,土体达到饱和状态后才会在振动载荷作用下发生液化。

② 土的矿物成分与粒度成分。

黏性土因为细颗粒具有黏着力,难以发生液化。一般情况下,塑性指数高的黏性土不易发生液化,低塑性和无塑性的土易发生液化。而砾砂等粗颗粒土因为透水性好,振动时孔隙水压力迅速消散,孔隙水压力不易发生累积,也难以发生液化。只有中等粒组的砂土和粉土最易发生液化。也有研究显示,当砂土中含有少量黏性土时,更容易发生液化。

但需要注意的是,对于尾矿砂不能完全按照粒度组成判断其液化性能。这是由于尾矿砂是矿山岩石采用人工方式在短时间内粉碎后的产物,未经受风化和变质作用,即使颗粒非常细小,却属于低塑性土,易于发生液化。相反,含有黏土矿物成分的土粒,从粒径大小上看属于"砂土",但其抗液化能力可以很大。

③ 土的密度。

在达到初始液化后,继续施加振动载荷,松砂和密砂的表现不同。对于密砂,应变稳步增加但不会超过某一极限值,应变发展呈现周期性变化。对于松砂,达到初始液化的时间较密砂早,在达到初始液化后变形增大明显,且持续发展。根据试验发现,当孔隙水压力达到有效固结压力时,剪应变范围为 2.5%~3.5%,因此,常将周期剪应变达到 3%作为松砂和密砂初始液化的标准。不同的是,松砂在剪应变达到 3%以后变形立即增大,而密砂在剪应变达到 3%时开始出现周期性变化。

表 2-16 给出不同地震烈度情况下,砂土可能发生液化时的相对密实度。当砂土的相对密实度低于表中数值时,地震发生后土体具有发生液化的危险。

表 2-16　饱和砂土可能发生液化的相对密实度

设计地震烈度	7	8	9
D_r	0.70	0.75	0.80~0.85

④ 振动参数。

振动载荷产生的最大剪应力与土体有效固结应力的比值称为液化剪应力比,即 τ_L/σ'。砂土的初始液化与液化剪应力比和加荷周数有关,随着加荷周数的增加,液化剪应力比下降。或者说,较小的液化剪应力在加荷周数增加的情况下,同样可以使砂土发生液化,如图2-45 所示。液化剪应力比与加荷周数关系曲线是土体振动液化分析的基本依据。

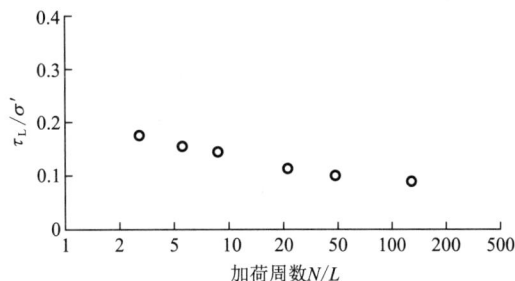

图 2-45　液化剪应力比与加荷周数关系曲线

⑤ 有效固结应力。

土体发生初始液化的条件是孔隙水压力达到土的有效固结应力。因此,土的有效固结应力会影响土的液化,随着有效固结应力的增加,在相同加荷周数条件下,土发生液化所需要的液化剪应力增加。在相同液化剪应力情况下,土体液化所需要的加荷周数将增加。

土体在天然状态下,砂土层自重、上覆黏土层重量以及上部建筑物的荷重都属于有效固结应力。在自然状态下,土体的固结并不是各向等应力的固结,而是处于 K_0 固结状态,即侧向土压力小于垂向压力,$\sigma_3 < \sigma_1$,也就是说土中存在初始的剪应力。关于初始剪应力的存在对砂土液化的影响尚未有定论。

(4) 软黏土的触变及其影响因素。

在胶体化学中,某些胶体体系在动力(振动、搅拌、超声波、电流等外力)作用下往往会产生液化,或者由凝聚状态过渡到溶胶或悬液状态。但是与砂土液化不同,当外力作用停止后,体系又会重新凝聚,这种现象称为触变。与胶体类似,某些黏性土也具有触变特性。如含水率高、结构分散的淤泥质软土及淤泥容易在动力作用下发生触变。土体在振动载荷作用下,土的结构遭到破坏,强度突然消失而发生液化,动力停止后强度逐渐恢复(图 2-46)。软土触变可使建于其上的建筑物突然震陷、边坡滑动崩塌。

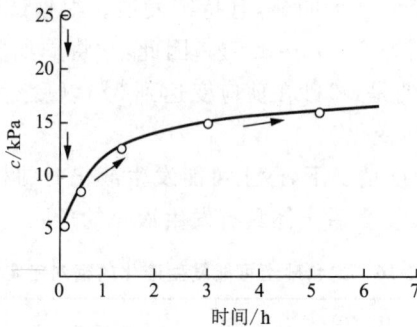

图 2-46 软黏土触变后的强度变化

触变后强度的恢复是时间的函数,静止时间越长,则恢复后的强度越大。从"液化"到重新凝结的时间称为触变期。触变期是衡量土触变特性的指标,触变期越小,则土的触变性越大。土的触变特性与砂土液化的概念不同,触变包括了土体强度重新恢复的能力和过程。

触变特性也可用触变指数表征。载荷撤销后土体稳定时间越长强度恢复量越大,在指定周期载荷作用下,土的抗剪强度将达到稳定值。测定某两个指定周期载荷作用下,短周期载荷与长周期载荷下土的稳定抗剪强度的比值称为触变指数。在胶体材料中,触变指数采用黏度计测定,根据不同转速下胶体材料的黏度比值计算得到。触变指数越大,说明土体发生液化后强度恢复越快,触变性越大。目前,关于土的触变指数测定和研究成果较少。

软黏土的触变机理与砂土液化不同。振动载荷作用下,黏性土及其水化膜发生周期运动。由于土颗粒与水化膜的密度差异,在往返运动中形成的惯性力不同,颗粒在水化膜中的相对位置发生改变。但水化膜中的离子以及水分子难以在短时间内完成调整,部分水分子及水合离子摆脱颗粒电场作用,变为自由离子或自由水分子。由于黏性土具有极低的渗透系数,导致自由水分子无法排出,土颗粒在振动载荷作用下变为悬浮在自由水中。在外力停止后,随着时间的推移,自由水中的水合离子在分子热运动作用下,又会重新在电场作用下回到颗粒水化膜中,重新变为结合水。

振动载荷是土体发生触变的必要条件,除此之外,土的矿物成分、结构也会影响土的触变,简述如下。

① 振动参数。

振动载荷作用下,随着结合水不断向自由水转化,土的黏聚力不断降低。当振动载荷在土体中产生的振动加速度低于某一临界值时,土体的强度降低与振动加速度呈现近似线性关系,当加速度超过某一值后,土的强度急剧下降(图 2-47)。

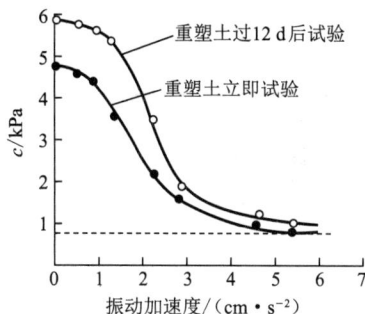

图 2-47 触变强度与加速度关系

② 土的成分。

土的触变不但与载荷参数(振动加速度、振动时间)有关,而且取决于土的化学-矿物成分、含水率及土的结构。当土中含有一定量的黏粒时,土才能发生触变。土中黏粒含量越多,含水率越高,越易发生触变。土中含有亲水性大的黏土矿物(如蒙脱石),有机质及一价交换阳离子有利于土的触变。因此,常借用土的灵敏度 S_t 来评价土的触变性,S_t 越大,强度降低愈明显,越容易发生触变。

③ 土的结构。

软黏土具有触变特性是由于此类黏土含水率高,土的颗粒间结构连接力弱,属远凝聚型接触。振动载荷作用破坏了原有的凝聚接触,使黏土液化而流动。当振动停止后,在颗粒的热运动与分子引力作用下,颗粒又能重新凝聚形成新的凝聚结构。结构恢复过程具有静力特征,因此触变后需经过一段时间才能恢复到原有强度。由此可见,土的触变过程是土-水胶体系胶溶和凝聚的过程,由土的凝聚型结构的可逆性所致。

第3章

岩石及其工程性质

3.1 岩石的矿物组成

3.1.1 岩石基本类型

岩石是由具有一定结构构造的矿物(含结晶和非结晶的)集合体所组成的。按其形成原因可分为岩浆岩、变质岩和沉积岩三大类,具体见表3-1。表中列出了三大岩类的基本岩石类型。

表 3-1 基本岩石类型

岩浆岩	变质岩	沉积岩
酸性岩:流纹岩、花岗岩、花岗斑岩; 中性岩:粗面岩、安山岩、闪长玢岩、闪长岩、正长斑岩、正长岩; 基性岩:玄武岩、辉绿岩、辉长岩; 超基性岩:辉岩、橄榄岩等	片理状岩类:板岩、千枚岩、片岩、片麻岩; 块状岩类:大理岩、石英岩、矽卡岩、蛇纹岩、云英岩; 构造破坏岩类:断层角砾岩、糜棱岩	碎屑岩类:火山集块岩、火山角砾岩、凝灰岩、砾岩、砂岩、粉砂岩; 黏土岩类:泥岩、页岩; 化学及生物化学岩类:石灰岩、白云岩、石膏等

岩石的工程地质性质与矿物成分和结构构造密切相关。下面就其对岩石工程地质性质的影响进行讨论。

3.1.2 岩石的矿物组成

自然界的造岩矿物有含氧盐、氧化物及氢氧化物、卤化物、硫化物和自然元素五大类。其中以含氧盐中的硅酸盐、碳酸盐及氧化物类矿物最为常见,构成了几乎 99.9% 的地壳岩石,而其他矿物的工程地质意义不大。

常见的硅酸盐类矿物有长石、辉石、角闪石、褐榄石及云母和黏土矿物等。这类矿物(除云母和黏土矿物外)硬度大,呈粒状晶形。因此,含这类矿物多的岩石如花岗岩、闪长岩及玄武岩等具有强度高、抗变形性能好的特点。但该类矿物多生于高温环境,与地表环境相差较大,在外界条件作用下,易风化成高岭石、伊利石等,特别是橄榄石、基性斜长石等抗风化能力最差,而长石、角闪石次之。

黏土矿物属于层状硅酸盐类矿物,主要有高岭石、伊利石及蒙脱石三类,具薄片状或鳞片状构造,硬度小。因此,含这类矿物多的岩石,如黏土岩类,物理力学性质差,并具有不同程度的胀缩性,特别是蒙脱石含量高的膨胀岩,其物理力学性质更差。

碳酸盐类矿物是石灰岩和白云岩的主要造岩矿物。岩石的物理力学性质取决于岩石中碳酸钙及酸不溶物的含量。碳酸钙含量越高,如纯灰岩、白云岩等强度高、抗变形性能较好。泥质含量越高,如泥灰岩等,力学性质则较差。但随岩石中硅质含量的增加,岩石性质将不断变好。

氧化物类矿物以石英最常见。石英的硬度大、化学性质稳定,因此,一般随石英含量的增加,岩石的强度和抗变形能力都显著增强。

岩石的矿物组成与其成因及类型密切相关。岩浆岩多以硬度大的粒状硅酸盐、石英等矿物为主,所以其岩石物理力学性质一般较好。沉积岩中的碎屑岩如砾岩、砂岩等,多为硬度较大的粒状矿物,岩石的力学性质除与碎屑成分有关外,很大程度上取决于胶结物成分及其类型。黏土岩类,如页岩、泥岩等,矿物成分多以片状的黏土矿物为主,其力学性质很差。变质岩的矿物组成与母岩类型和变质程度有关。浅变质的千枚岩、板岩等多含片状矿物(如绿泥石、黏土矿物等),岩石的力学性质较差。深变质的片麻岩、石英岩等,多以粒状矿物为主,岩石的力学性质较好。

3.1.3 岩石的结构构造

岩石的结构是指岩石内矿物颗粒的大小、形状和排列方式及微结构面发育情况与粒间连接方式等。岩石的结构特征,尤其是矿物颗粒间的连接和微结构面发育特征对岩石的力学性质影响很大。

矿物颗粒间具有牢固的连接是岩石区别于土并赋予岩石良好工程地质性质的主要原因。岩石的粒间连接分为结晶连接与胶结连接两类。通常结晶连接的岩石连接力强,孔隙度小,结构致密,比胶结连接的岩石具有更高的强度和抗变形能力。

结晶连接是矿物颗粒通过结晶互相嵌合在一起,岩浆岩、大部分的变质岩和部分沉积岩均具有这类连接。它是通过共用原子或离子使不同晶粒紧密接触,因此,一般强度较高。但不同的结晶结构对岩石性质的影响不同。一般来说,等粒结构的岩石强度比非等粒结构的高,且抗风化能力强;细粒结构的岩石强度比粗粒结构的高;而在斑状结构中,具有细粒基质的岩石强度比玻璃质基质的高。总之,结晶越细越均匀,非结晶成分越少,岩石强度越高。

胶结连接是矿物颗粒通过胶结物连接在一起,碎屑岩等具有这种连接方式。胶结连接的岩石强度很大程度上取决于胶结物成分和胶结类型。通常,硅质胶结的岩石强度最高;铁质、钙质胶结的次之;泥质胶结的岩石强度最低,且抗水性差。而从胶结类型来看,常以基底式胶结的岩石强度最高,孔隙式胶结次之,接触式胶结的最低。

微结构面是指存在于矿物颗粒内部或颗粒间的软弱面或缺陷,包括矿物解理、晶格缺陷、粒间空隙、微裂隙、微层面及片理面、片麻理面等。它们不仅降低了岩石的强度,还往往会导致岩石力学性质具有明显的各向异性。

岩石的构造是指矿物集合体之间及其与其他组分之间的排列组合方式。构造对岩石物理力学性质的影响,主要是由矿物成分在岩石中分布的不均匀性和岩石结构的不连续性所决定的。前者是指岩石所具有的各类构造,如岩浆岩中的流纹构造、沉积岩中的微层状构造、变质岩中的片状、板状及其他定向构造;后者是指不同矿物成分虽然在岩石中分布均匀,但由于存在层理、裂隙和各种成因的孔隙,致使岩石结构的连续性和整体性受到一定程度的影响。这些构造都使岩石的物理力学性质复杂化。

由上述可知岩块的结构构造不同,其力学性质及其各向异性和不连续性也不同。但相对岩体而言,岩体的各向异性和不连续性更为显著,因此在岩体力学的研究中,通常把岩块近似地视为匀质、各向同性的连续介质。

3.2 岩石的分类

岩石的工程分类是在地质分类的基础上进行的,目的是较好地概括其工程性质,便于对其进行工程地质评价。

1) 岩石的风化分类

长期暴露于地表的岩石与大气圈、水圈、生物圈直接接触,其矿物成分、结构构造发生变化并逐渐破碎疏松,甚至分解为各种岩屑或土层,岩石的这种物理、化学性质的变化称为风化,而引起这类变化的作用称为风化作用。按风化营力的不同,风化作用可分为物理风化、化学风化和生物风化三大类。

岩石的抗风化能力主要由组成岩石的矿物成分及其结构构造所决定,各造岩矿物对风化的抵抗能力不同。常见矿物的抗风化能力由小到大的次序为:方解石—橄榄石—辉石—角闪石—长石—黏土矿物—石英。从岩石结构上来看,粗粒的岩石比细粒的更容易风化,多种矿物组成的岩石比单一矿物岩石更容易风化,粒度相差大的岩石比均一的更容易风化。此外,结构面的存在,如断层破碎带、节理、层理、页理等都是便于风化营力侵入岩石内部的通道。因此,结构面在岩体中的密度越大、连通性越好,岩体遭受风化也就越强烈。有时风化作用会沿某些张性长大断裂深入地下很深的地方,形成风化囊。

不同岩石对风化作用的反应是不同的。例如,花岗岩类岩石常先发生破裂,而后被渗入雨水形成的碳酸盐溶液所分解。碳酸盐与长石、云母、角闪石等矿物作用,析出 Fe,Mg,K,Na 等可溶盐以及游离的 SiO_2 并被地下水带走,而岩屑、黏土矿物和石英等残留在原地;基性岩浆岩的风化过程与中酸性岩浆岩类似,只是残留物多为黏土;石灰岩的风化残留物为富含杂质的黏土;砂砾岩的风化常仅发生解体破碎等。岩石风化的结果是使母岩性质发生改变,形成不同风化程度的风化岩。一般来说,随着风化程度的加深,岩石的孔隙率和渗透性增大,而强度和抗变形能力降低。因此研究岩体风化时,应考虑到岩石的风化程度及风化产物的类型。

岩石的风化程度可通过定性和定量指标来表述。定性指标主要有颜色、矿物蚀变程度、破碎程度及开挖锤击技术特征等,定量指标主要有风化空隙率和波速指标等。国家标准《工程勘察通用规范》(GB 55017—2021)中提出用岩石的波速比和风化系数指标来评价岩石的风化程度,见表 3-2。

表 3-2　岩石按风化程度分类

风化程度	野外特征	风化程度参数指标	
		波速比 K_v	风化系数 K_f
未风化	岩质新鲜,偶见风化痕迹	0.9~1.0	0.9~1.0
微风化	结构基本未变,仅节理面有渲染或略有变色,有少量风化裂隙	0.8~0.9	0.8~0.9
中等风化	结构部分破坏,沿节理面有次生矿物,风化裂隙发育,岩体被切割成岩块,用镐难挖,用岩芯钻方可钻进	0.6~0.8	0.4~0.8
强风化	结构大部分破坏,矿物成分显著变化,风化裂隙很发育,岩体破碎,用镐可挖,干钻不易钻进	0.4~0.6	<0.4
全风化	结构基本破坏,但尚可辨认,有残余结构强度,可用镐挖,干钻可钻进	0.2~0.4	—
残积土	土体的组织结构已完全破坏,风化程度较深,呈现松散状,锹镐易挖掘,干钻易钻进,具有一定的可塑性	<0.2	—

注:① 波速比 K_v 为风化岩石与新鲜岩石压缩波速度之比;
② 风化系数 K_f 为风化岩石与新鲜岩石饱和单轴抗压强度之比。

2) 岩石按坚硬程度的划分

岩石的坚硬程度可按定性鉴定和定量指标进行划分,表 3-3 为工程岩体分级标准(GB/T 50218—2014)中所用分级标准。其中定性划分时岩石风化程度按表 3-3 确定,而定量指标采用岩石单轴饱和抗压强度(R_c)实测值。

表 3-3　岩石按坚硬程度的分类表

坚硬程度等级		定性鉴定	代表性岩石	R_c/MPa
硬质岩	坚硬岩	锤击声清脆,有回弹,震手,难击碎; 浸水后,大多无吸水反应	未风化—微风化的花岗岩、正长岩、闪长岩、辉绿岩、玄武岩、安山岩、片麻岩、硅质板岩、石英岩、硅质砾岩、石英砂岩、硅质石灰岩等	>60
	较坚硬岩	锤击声较清脆,有轻微回弹,稍震手,较难击碎; 浸水后,有轻微吸水反应	(1) 中等(弱)风化的坚硬岩; (2) 未风化—微风化的熔结凝灰岩、大理岩、板岩、白云岩、石灰岩、钙质砂岩、粗晶大理岩等	30~60
软质岩	较软岩	锤击声不清脆,无回弹,较易击碎; 浸水后,指甲可刻出印痕	(1) 强风化的坚硬岩; (2) 中等(弱)风化的较坚硬岩; (3) 未风化—微风化的凝灰岩、千枚岩、砂质泥岩、泥灰岩、泥质砂岩、粉砂岩、砂质页岩等	15~30
	软岩	锤击声哑,无回弹,有凹痕,易击碎; 浸水后,手可掰开	(1) 强风化的坚硬岩; (2) 中等(弱)风化—强风化的较坚硬岩; (3) 中等(弱)风化的较软岩; (4) 未风化的泥岩、泥质页岩、绿泥石片岩、绢云母片岩等	5~15
	极软岩	锤击声哑,无回弹,有较深凹痕,手可捏碎; 浸水后,可捏成团	(1) 全风化的各种岩石; (2) 强风化的软岩; (3) 各种半成岩	≤5

3) 岩土施工工程分级

道路工程地质勘查时还应对岩土施工的难易程度进行分级,表 3-4 为《铁路工程地质勘察规范》(TB 10012—2019)所用分级,这个分级对编制施工概算用处较大。

表 3-4 岩土施工工程分级

| 等 级 | 分 类 | 岩土名称及特征 | 钻 1 m 所需时间 | | | 岩石单轴饱和抗压强度/MPa | 开挖方法 |
			液压凿岩台车、潜孔钻机（净钻时间）/min	手持风枪湿式凿岩合金钻头（净钻时间）/min	双人打眼/d		
Ⅰ	松 土	砂类土、种植土、未经压实的填土	—	—	—	—	用铁锹挖,脚蹬一下到底的松散土层,机械能全部直接铲挖,普通装载机可满载
Ⅱ	普通土	坚硬的、可塑的粉质黏土,可塑的黏土,膨胀土,粉土,Q3、Q4 黄土,稍密、中密的细角砾土、细圆砾土,松散的粗角砾土、碎石土、粗圆砾土、卵石土,压密的填土,风积砂	—	—	—	—	部分用镐刨松,再用锹挖,脚连蹬数次才能挖动。挖掘机、带齿尖口装载机可满载,装机可直接铲挖,但不能满载
Ⅲ	硬 土	角砾土、细圆砾土,各种风化成土状的岩石	—	—	—	—	必须用镐先全部刨过才能用锹挖。挖掘机、带齿尖口装载机不能满载;大部分采用松动器松动方能铲挖装载
Ⅳ	软 石	块石土、漂石土,含块石、漂石 30%～50%(体积分数)的土及密实的碎石土、卵石土、岩盐;各类较软岩、软岩及成岩作用差的岩石,如泥质岩类、煤、凝灰岩、云母片岩、千枚岩	—	<7	<0.2	<30	部分用撬棍及大锤开挖或挖掘机、单钩裂土器松动,部分需借助液压冲击镐解碎或部分采用爆破法开挖
Ⅴ	次坚石	各种较坚硬岩,如硅质页岩、钙质岩、白云岩、石灰岩、泥灰岩、玄武岩、片岩、片麻岩、正长岩、花岗岩	≤10	7～20	0.2～1.0	30～60	能用液压冲击镐解碎,大部分采用爆破法开挖
Ⅵ	坚 石	各种坚硬岩,如硅质砂岩、硅质砾岩、石灰岩、石英岩、大理岩、玄武岩、闪长岩、花岗岩	>10	>20	>1.0	>60	可用液压冲击镐解碎,需用爆破法开挖

注:① 类软土的施工工程一般可定为Ⅱ级,而冻土一般定为Ⅳ级。

② 表中所列岩石均按完整结构岩体考虑,若岩体极破碎,节理很发育或强风化时,其等级应按表对应岩石等级降低一个等级。

3.3　岩石的物理性质

岩石和土一样,也是由固体、液体和气体三相组成的。因此,岩石的物理性质是指岩石三相组成部分的相对比例关系不同所表现出的物理状态,与工程最为密切相关的物理性质有密度和孔隙特性。

3.3.1　岩石的密度性质

岩石的密度性质是由于地球重力场的作用面造成的。密度性质可分为两类:① 自身的重力性质,包括岩石的相对密度 d 和容重 γ ;② 结构性质,包括岩石的密度(ρ)和孔隙度。

1) 岩石的密度

密度(ρ)就是岩石单位体积(包括岩石成分中的固、液、气三相)的质量,它是具有严密物理意义的参数,单位为 g/cm^3 或 kg/m^3,ρ 的计算公式为

$$\rho=\frac{m}{V} \tag{3-1}$$

式中　m——岩石试件(固、液、气)的质量;

　　　V——岩石试件的体积。

密度最大的为整体-结晶状岩浆岩,密度最小的为沉积岩和某些喷出岩,见表 3-5。

表 3-5　岩石的密度

岩石类型和名称	平均密度/(g·cm^{-3})	变动范围/(g·cm^{-3})	岩石类型和名称	平均密度/(g·cm^{-3})	变动范围/(g·cm^{-3})
岩浆岩	—	—	辉绿岩	2.95	2.73～3.12
黑曜岩	2.37	2.32～2.47	苏长岩	2.98	2.85～3.12
花岗岩	2.66	2.52～2.81	辉长岩	2.99	3.10～3.32
正长岩	2.75	2.60～2.95	辉岩	3.23	3.15～3.28
闪长岩	2.85	2.71～2.99	橄榄岩	3.23	3.20～3.31
玄武岩	2.90	2.74～3.21	纯橄榄岩	3.28	—
沉积岩	—	—	褐煤	1.35	1.20～1.50
黏土	2.46	2.35～2.64	无烟煤	1.40	1.34～1.46
砂岩	2.65	2.59～2.72	石墨	2.20	2.10～2.30
石灰岩	2.73	2.68～2.84	磷灰石-霞石矿石	3.00	2.60～3.30
变质岩	—	—	黄铁矿	5.05	4.90～5.20
大理岩	2.78	2.69～2.87	磁铁矿	6.10	4.90～7.20
片麻岩	2.78	2.69～2.87	黑钨矿	7.30	7.10～7.50
煤和矿石	—	—	方铅矿	7.50	7.30～7.60

2）岩石的相对密度和容重

相对密度（d）是岩石的固相重量与固相体积之比。通常以固相重量与同体积的 4 ℃水的重量之比来表示。岩石的相对密度取决于其组成矿物的相对密度，因此通过鉴定组成岩石的矿物成分，可粗略地判断岩石的相对密度。岩石相对密度的测定方法是先将岩石研磨成粉末，然后用比重瓶法测定。一般岩石相对密度介于 2.5～3.3，常用岩石相对密度见表3-6。

表 3-6　岩石的相对密度

岩石名称	风化程度	相对密度	岩石名称	风化程度	相对密度
花岗岩	新鲜—微风化	2.60～2.70	灰　岩	—	2.70～2.80
花岗岩	半风化—强风化	2.60～2.66	泥灰岩	—	2.77～2.75
辉绿岩	新　鲜	2.74～2.79	砂　岩	—	2.60～3.70
辉绿岩	半风化—强风化	2.78～2.79	黏土岩	—	2.70～2.75
闪长岩	新　鲜	2.60～3.10	页　岩	—	2.57～2.77
花岗闪长岩	新鲜—半风化	2.65	片麻岩	—	2.67～2.32
流纹斑岩	新　鲜	2.62～2.64	石英岩	—	2.70～2.75
流纹斑岩	半风化	2.64	石英片岩	—	2.72～2.86
玄武岩	新　鲜	2.75～2.96	角云片岩	—	3.02
安山岩	新　鲜	2.73～2.76	云母片岩	—	2.75～2.80
凝灰岩	新　鲜	2.66～2.70	板　岩	—	2.74～2.76
凝灰岩	风　化	2.78	千枚岩	—	2.81～2.96
火山角砾岩	—	2.58～2.90	绿泥石片岩	—	2.83～2.92
砂砾岩	—	2.64～2.77			

容重（γ）是岩石基本结合相（固相、液相和气相）的单位体积重量，也称为岩石的重度。岩石的容重与岩石的矿物组成及岩石的结构有关。随孔隙、裂隙的增加，岩体的容重相应减小。按岩石含水状况不同分为干容重、饱和容重和天然容重，对一般致密的新鲜岩石来说，上述三个指标相差不大，一般用直接称量法给出：量出岩样的体积 V，称出岩样的重量 W，按下式计算岩石的容重 γ（单位 kN/m³）。

$$\gamma = \frac{W}{V} \tag{3-2}$$

容重大的岩石强度高，故容重指标可间接判断岩石的强度特征，常见岩石的容重见表3-7。

表 3-7 岩石的容重

岩　石		容重/($10\ kN \cdot m^{-3}$)		岩　石		容重/($10\ kN \cdot m^{-3}$)	
		变化范围	平　均			变化范围	平　均
花岗岩	新鲜的	2.54～2.72	2.60		细砂岩	—	2.25
	微风化的	2.53～2.66	2.53		粉砂岩	—	2.32
	半风化的	2.45～2.63	2.57	石英砂岩	新鲜的	—	2.62
	风化的	2.46～2.58	2.56		半风化的	—	2.60
正长岩		2.60～2.95	2.74	砂质页岩		—	2.63
闪长岩		2.72～2.99	2.86	泥质页岩		—	2.64
辉长岩		2.89～3.09	3.00	煤质页岩		—	2.63
玢岩		2.55～2.68	2.62	黏土质砂岩		—	2.52
石英斑岩		2.56～2.63	2.60	砂质黏土岩		—	2.56
斑岩		2.60～2.89	2.67	黏土岩		—	2.24
流纹斑岩	新鲜的	2.57～2.63	2.60	黏土页岩		2.51～2.72	2.65
	半风化的	2.58～2.64	2.59	泥质页岩		2.08～2.65	2.36
蛇纹岩		2.50～2.80	2.65	石灰岩		—	2.66
粗石岩		2.44～2.76	2.58	石英岩		2.30～2.70	2.50
安山岩		2.44～2.80	2.62	云母石英片岩		—	2.74
玄武岩		2.74～3.21	2.90	泥灰岩		2.32～2.35	2.34
辉绿岩		2.73～3.21	2.94	板岩		2.70～2.90	2.80
安山凝灰集块岩		—	2.62	石灰岩		2.68～2.84	2.73
凝灰岩		1.20～2.40	1.80	白云岩		2.20～2.90	2.55
辉绿岩		—	3.02	岩盐		2.28～2.41	2.36
砾岩		2.59～2.72	2.65	白垩		1.20～2.20	1.70
砂岩	新鲜的	—	2.66	片麻岩		2.59～3.00	2.78
	半风化的	—	2.60	大理岩		2.69～2.87	2.78
	风化的	—	2.25	云母片岩		2.54～2.97	2.73
	中砂岩	—	2.66				

3.3.2　岩石的孔隙率与吸水性

岩体中具有较多的孔隙,加上在地质历史过程中,岩石经受多种地质作用,岩体中发育有各种成因的裂隙(原生、风化及构造)。孔隙率(n)为岩石的孔隙和裂隙总体积(V_n)与岩石全体积(V)之比,用百分数表示为

$$n = \frac{V_n}{V} \times 100\% \qquad (3\text{-}3)$$

风化程度是影响岩石孔隙率的主要因素。未风化岩的 $n = 0.13\% \sim 1.0\%$;风化严重的

岩石，$n = 30\% \sim 40\%$。人们为了分析问题方便，有时引出三种孔隙率概念。

（1）总孔隙率（n），岩石中全部孔隙与岩石体积之比。

（2）开孔孔隙率（n_1），与大气相通的孔隙或能被水充满的孔隙与岩石体积之比。

（3）闭孔孔隙率（n_2），不与大气相通的孔隙与岩石体积之比。

岩石的吸水性是岩石的水理性质，常用吸水率和饱水率两个指标来表示。

（1）吸水率（W_a）是指岩石在通常大气压力下吸入水的质量（m_{w1}）与岩石的干质量（m_d）之比，用百分数表示为

$$W_a = \frac{m_{w1}}{m_d} \times 100\% \tag{3-4}$$

（2）饱水率（W_{sa}）是岩石在一定的高压条件下（一般为 150 atm，1 atm $= 101.325$ kPa）或在真空条件下吸水的质量（m_{w2}）与岩石干重（m_d）之比，为

$$W_{sa} = \frac{m_{w2}}{m_d} \times 100\% \tag{3-5}$$

一般在实验室条件下，由于高压设备较为复杂，故多用真空抽气法测定岩石的饱水率。

岩石的吸水性主要与岩石本身的孔隙或裂隙有关。吸水率大致相当于开口宽的孔隙（或裂隙）体积，而饱水率大致相当于全部开口孔隙（或裂隙）的体积。显然，吸水率小于饱水率。两者之差大致相当于在常压条件下水不能透入的细小孔隙（或裂隙）的体积。换句话说，在正常大气压力下，岩石浸水后，水只能浸入开口宽的孔隙（或裂隙）中，只有在一定的高压条件下，水才能浸入全部开口的孔隙中。

吸水率（W_a）和饱水率（W_{sa}）之比称为饱水系数（K_s）：

$$K_s = \frac{W_a}{W_{sa}} \tag{3-6}$$

饱水系数愈大，说明岩石中开口宽的孔隙（或裂隙）愈多。一般岩石的饱水系数为 0.4～0.8。岩石饱水系数能间接说明岩石的抗冻性。浸入岩石裂隙中的水结冰时，其体积约增加 9%；从而对原含水的孔隙壁产生压力，致使岩石破碎。当饱水系数小于 0.8 时，由于有未被水充填的窄开口孔隙，其孔隙中的水结冰尚有膨胀的余地，一般不会引起岩石的破坏。而当岩石饱水系数大于 0.8 时，就要考虑水结冰时体积膨胀对孔隙壁产生的巨大压力，因为在这种情况下，水结冰时，没有足够多的开口孔隙来容纳由于冻结而膨胀的水体积，而使岩石破碎。常见岩石的吸水率见表 3-8。

表 3-8　岩石的吸水率

岩　石	吸水率/%	岩　石	吸水率/%
辉绿岩	0.03	玄武岩	0.27
石灰岩（致密）	0.74	安山凝灰集块岩	0.99
花岗岩—斑岩（完整）	1.10（0.4～1.9）	石灰岩（多孔）	5.39
花岗岩—斑岩（裂隙）	1.20（0.6～2.4）	细砂岩	5.90
花岗岩（强裂隙）	1.80（1.1～4.4）	粉砂岩	5.00
石英斑岩（完整）	0.60（0.1～1.5）	砂岩（新鲜）	0.48

岩　石	吸水率/%	岩　石	吸水率/%
石英斑岩(裂隙)	0.80(0.1～3.2)	砂岩(中风化)	0.83
石英斑岩(强裂隙)	1.50(0.2～3.9)	石英砂岩	0.41～0.46

注:1.1(0.4～1.9)中1.1表示标准吸水率,0.4～0.9表示变化范围。

3.4　岩石的强度及变形

3.4.1　岩石的变形

岩石在外力作用下,其内部应力状态发生变化,使各质点改变位置,结果引起岩石形状和尺寸的改变,就叫变形。岩石在外力作用下首先发生变形,变形超过一定量值后岩石破坏,即材料破裂改组。

工程地质需要了解地基岩石的变形特性。这是因为当地基中岩石的变形特性差别较大时,在外荷作用下,地基岩石的不同变形将引起建筑物结构内部应力的重新分布,影响其稳定性。本节主要介绍单轴压缩与三轴压缩条件下岩块的变形性质。

1) 单轴连续加载下的变形性质

取完整岩块试样在刚性试验机上进行连续加载试验可得到变形全过程曲线(图3-1),由于普通试验机本身刚度小,试验过程中机器内逐渐存储了很大的弹性变形能,在试件濒临破坏时弹性变形能突然释放出来,使试件发生急剧崩溃破坏,所以在普通试验机上进行试验只能得到峰值前的应力-应变曲线。

根据应力-应变曲线的形态变化,将典型的岩石应力-应变曲线分为 4 个变形阶段(图 3-1)。

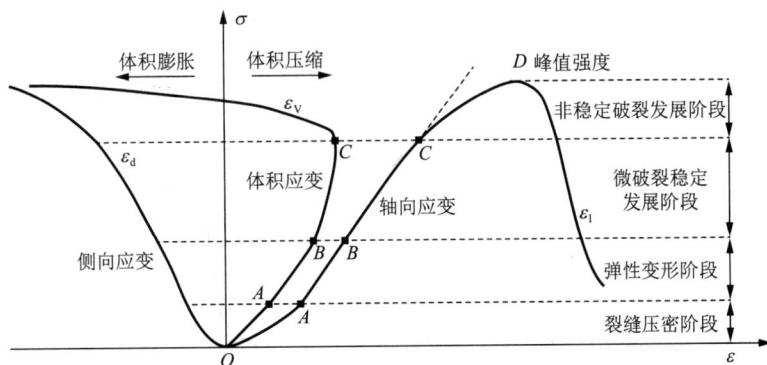

图 3-1　岩石应力应变全过程曲线

(1) OA 阶段,通常被称为裂缝压密阶段。其特征是应力-应变曲线呈上凹形,岩石内张开的微裂隙在外力作用下发生闭合,岩石被压密,曲线斜率随应力逐渐增大,表明裂隙的闭合速度随加载逐渐减慢。本阶段对裂隙发育的岩石较明显,对致密坚硬、裂隙少的岩石则不明显或不显现。

（2）AC阶段，也就是弹性变形到微破裂稳定发展阶段。这一阶段的应力-应变曲线基本呈直线，根据其变形机理可分为弹性变形阶段（AB段）和微破裂稳定发展阶段（BC段）。裂隙压密后岩体由不连续介质转化为近似连续介质，在很大程度上岩石的变形表现为可恢复的弹性变形，B点的应力可称为弹性极限。弹性变形发展到一定阶段后，试件内开始出现新的微破裂，岩石进入塑性变形阶段，且随应力的增大而发展，当载荷保持不变时，微破裂也停止发展。由于微破裂的出现，试件体积压缩速率减缓，而轴向应变率和侧向应变率均有所增高。这一阶段的上界应力（C点应力）称为屈服极限。

（3）CD阶段，被称作非稳定破裂发展阶段，也称为累进性破坏阶段。当应力超出C点（屈服应力）之后，受破裂过程中的应力集中效应影响，微破裂的发展出现了质的变化。随着应力的增大，曲线呈下凹状，即使应力保持不变，破裂仍会不断发展。通常某些最薄弱环节首先破坏，应力重分布的结果又引起次薄弱环节破坏，依次进行下去直至整体破坏，岩石轴向应变和体积应变速率迅速增大。岩石由体积压缩变为扩容。D点的应力称为峰值强度或单轴抗压强度（σ_c）。

（4）破坏后阶段（D点以后）岩石内部微破裂面发展为贯通性破坏面，内部结构完全破坏，岩石强度迅速减弱，变形继续发展，主要表现为沿宏观断裂面的滑移，直至岩石被分成脱离的块体而完全破坏。根据岩石加载条件下的变形特性，可将其变形分为两个阶段：一是峰值前阶段（该阶段可分为若干小阶段），二是峰值后阶段。目前对峰值前阶段的变形特征研究较多，在工程实践中，岩石发生破坏的情况一般不允许出现，所以对峰值后阶段的变形特征关注得较少。

岩石在成岩过程中，由于成岩条件、矿物成分、胶结物质的不同以及后期所经历的地质作用的差异，使岩石具有不同的变形特性。根据大量的试验结果分析，可将反映不同种类岩石的变形特性的峰值前应力-应变曲线大致归纳为以下四种类型（图3-2）。

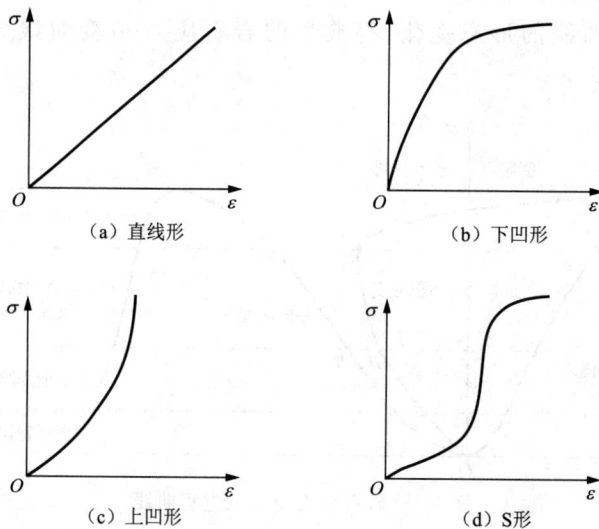

（a）直线形　　　　　　　　　（b）下凹形

（c）上凹形　　　　　　　　　（d）S形

图 3-2　峰值前岩石的典型应力-应变类型

① 直线形曲线。岩石以弹性变形为主，变形曲线近似为直线，直至岩石破坏，该类曲线主要反映较致密、坚硬岩石的变形特征，代表性岩石主要有石英岩、玄武岩等。

② 下凹形曲线。低应力时,应力-应变曲线近似呈直线关系,当应力增加到一定数值后,曲线呈下凹趋势。这是由于高应力时岩石内部产生了微形破裂,或应力传到岩样内部使较大裂隙受压变形所致。就是说,应力小时,岩石显示弹性;应力较大时,岩石既有弹性又有塑性,属弹塑性体。代表性岩石有石灰岩、凝灰岩等坚硬而少裂隙的岩石。

③ 上凹形曲线。低应力时,应力-应变曲线微呈上凹形,高应力时,显示直线关系,属塑弹性体性质。曲线表明岩体内裂隙随着应力增加而逐渐被压密,宏观上表现出较大的变形。一般坚硬而有裂隙发育的岩石具有这种变形特征。

④ S 形曲线。应力-应变曲线呈 S 形,为上凹形和下凹形曲线之综合,岩石属塑弹塑性体。这是一种以裂纹行为为主导的变形,在压应力下先是裂纹闭合,岩石刚度加大,曲线斜率增大上凹,其后破裂面稳定扩展生成新的破裂面,曲线下凹,发生"扩容",直至破坏。代表性岩石有大理岩等。

一般在地表出露的岩石,在单向受力的情况下,按其变形和破坏的过程特点,基本上属弹脆性体。理想的弹脆性体受外力作用后,在破坏之前不发生任何残余应变。这类物体在弹性区内完全符合胡克定律,应力与应变成正比,即

$$\begin{cases} \sigma = E\varepsilon \\ \tau = G\gamma \end{cases} \tag{3-7}$$

式中　σ——法向应力;

　　　E——弹性模量;

　　　ε——正应变;

　　　τ——剪应力;

　　　G——剪切模量;

　　　γ——剪应变。

实际上,岩石并非理想的弹脆性体,它在破坏前,不仅发生弹性应变,还发生比较大的残余应变,这时,破坏前的应变过程由两个区域——弹性区和塑性区组成。弹性应变是可逆的,除去外力后弹性应变就会消失。塑性应变是不可逆的,除去外力后,在应变过程中已改变的形状不能恢复。弹性区和塑性区的分界点是弹性极限(图 3-3 中 A 点)。对岩石加荷到一定值,然后全部卸荷,如果卸荷点 P 在弹性极限 A 以下,则应力-应变关系沿原来曲线回到原点(图 3-3),这表示岩石只具有弹性恢复能力。大部分弹性变形在卸荷后很快消失;但有少部分变形,虽然最终也能消失,但距卸荷时刻有一定时间,这叫弹性后效。如果卸荷点系在弹性极限 A 点以上,则卸荷曲线与原曲线偏离。由图 3-4 可见,ε_c 为弹性变形;ε_P 为不可逆的残余变形或塑性变形,因而引出变形模量的概念。

变形模量是指在单轴压缩条件下,轴向应力与应变之比。

当岩石的应力-应变曲线为直线关系时,岩块的变形模量为一常量,数值上等于直线的斜率,由于其变形为弹性变形,所以又称为弹性模量。

当岩石的应力-应变曲线为非直线关系时,岩石的变形模量为一变量,即不同应力段上的模量不同,通常有以下几种。

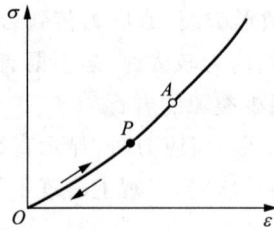

图 3-3 岩石弹性恢复能力示意图

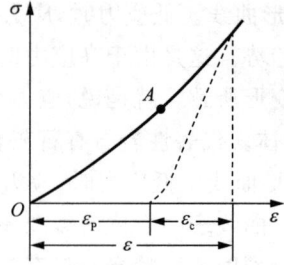

图 3-4 岩石弹塑性变形示意图

(1) 初始模量(E_i)指曲线原点处的切线斜率(图 3-5a)。

(2) 切线模量(E_t)指曲线上仍为点处切线的斜率,一般取中部直线段的斜率(图 3-5b),即

$$E_t = \frac{\sigma_2 - \sigma_1}{\varepsilon_2 - \varepsilon_1} \tag{3-8}$$

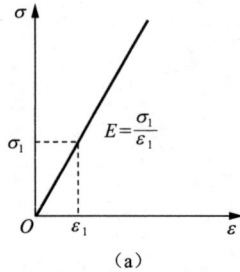

(a)

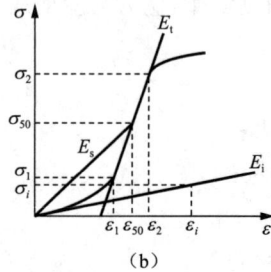

(b)

图 3-5 岩石变形模量确定

(3) 割线模量(E_s)指曲线上某点与原点连线的斜率,通常取最大应力 50% 处的点与原点连线的斜率(图 3-5b),即

$$E_s = \frac{\sigma_{50}}{\varepsilon_{50}} \tag{3-9}$$

泊松比 μ 指单轴压缩条件下,横向应变与轴向应变之比,即

$$\mu = \left| \frac{\varepsilon_{横向}}{\varepsilon_{轴向}} \right| \tag{3-10}$$

若改变加载方式,采用反复循环加-卸载,可得到如图 3-6 所示的应力-应变曲线。当进行加-卸载试验后,岩石的应力-应变曲线将围成一个环,通常将它称为回滞环。回滞环的形成反映岩石在加-卸载试验过程中,消耗于裂隙的扩展和部分闭合的裂隙面之间的摩擦所做的功。因此,随着卸载点的应力增大,所需的能量也将随之增大,进而在应力-应变曲线上表现出回滞环面积的增大。此外,由加-卸载曲线可知,整个加-卸载过程中岩石的变形特性影响并不大。尤其是再加载后的曲线似乎始终沿着原应力-应变曲线的轨迹发展。通常将这样的特性称为"岩石记忆"。

2) 岩石在三轴压缩应力条件下的变形特征

在 $\sigma_2 = \sigma_3$ 的条件下,即经常所说的常规三轴的试验条件下,可得到如图 3-7 所示的变形曲线,横坐标代表轴向应变,纵坐标代表偏应力。由于侧向的压力相同,岩石的变形特征仅

受到围压的影响。三轴试验条件下岩石的变形特性具有以下几条规律：① 随着围压的增加，岩石的屈服应力将随之提高；② 岩石的弹性模量整体变化不大，有随围压增大而增大的趋势；③ 随着围压的增加，峰值应力所对应的应变值有所增大，岩石的变形特性明显地表现出由低围压下脆性特性向高围压下塑性特性转变的规律。

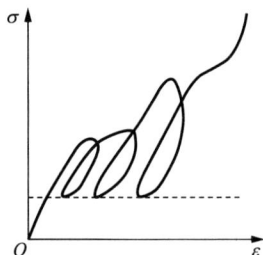

图 3-6　岩石在反复加载和卸载时的应力-应变曲线　　图 3-7　岩石在三轴压缩下的应力-应变曲线

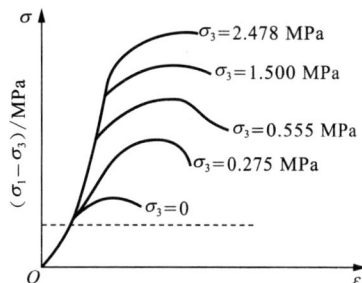

3）岩石变形特性指标及其测定方法

岩石的变形特性常用变形模量和泊松比表示。变形模量和泊松比除可在室内试验先得到的应力-应变关系，然后根据式(3-7)~式(3-10)确定外，也可在现场直接测定，现场测定一般能较好地反映岩石的变形特性。

在现场测定变形模量有两种方法，即静力法和动力法。

（1）静力法。

① 千斤顶法：利用千斤顶在平巷中的岩石上施加压力，引起岩石变形，测出这一变形，然后根据压力与变形的关系，计算变形模量。

② 狭缝法：在平巷的洞壁上掏槽缝，放入扁千斤顶加压，原理同千斤顶法。

③ 水压法：在钻孔内用水泵对一定长度内的孔壁施加水压力，引起岩石变形，可计算出岩石的变形模量。

（2）动力法。

动力法有地震法、声波法，其原理基本相同。根据波动理论，在均质各向同性无限体中传播的弹性波速由式(3-11)确定。

$$\begin{cases} V_p = \sqrt{\dfrac{E_d}{\rho} \cdot \dfrac{1-\mu}{(1+\mu)(1-2\mu)}} \\ V_s = \sqrt{\dfrac{E_d}{\rho} \cdot \dfrac{1}{2(1+\mu)}} \end{cases} \tag{3-11}$$

于是可得

$$E_d = \rho V_p^2 \cdot \frac{(1+\mu)(1-2\mu)}{1-\mu} = 2\rho V_s^2 (1+\mu) \tag{3-12}$$

$$\mu = \left[\frac{1}{2} \left(\frac{V_p}{V_s} \right)^2 - 1 \right] \Big/ \left[\left(\frac{V_p}{V_s} \right)^2 - 1 \right] \tag{3-13}$$

$$G = \rho V_s^2 \tag{3-14}$$

式中　E_d——动态弹性模量，kN/m^2；

　　　V_p——纵波波速，m/s；

V_s——横波波速,m/s;

μ——泊松比;

ρ——岩石密度,kg/m^3;

G——剪切模量,kN/m^2。

地震波法与声波法不同之处为仪器装备和所能测定的岩体范围存在差异。它们都是利用震源产生弹性波,测定波在岩石中的传播速度,然后按照弹性理论公式算出变形模量和泊松比。声波法可用于工程岩体的测试,地震波法可进行较大范围岩体的测试。

动力法和静力法比较,前者简便,效率高,不但在各种露头上可以进行试验,而且在钻孔中也能进行。静力法目前还不能大量利用钻孔进行试验。但动力法所利用的是弹性波,不能完全反映出岩石的细裂隙情况和岩石的非弹性变形情况。因此,动力法与室内、现场静力法相比所测得的变形模量值较大(表 3-9)。如何将两类方法配合起来,找出两者之间的相互关系,以便更好地完成工程建筑岩基的试验研究工作,是当前一项急需解决的任务。

表 3-9 某地砂岩动力法变形模量与静力法变形模量对比

岩石风化情况	静力法 E_s/(10^6 kN·m^{-2})	动力法 E_d/(10^6 kN·m^{-2})	E_d/E_s
半风化	1.62	5.8	3.58
微风化	10.60	23.5	2.26
新 鲜	28.40	40.0	1.41

为了找出动力试验成果 E_d 和静力试验成果 E_s 之间的关系,武汉水电学院曾根据部分野外试验结果得出静力和动力试验成果的相关关系式

$$E_d = 1.28E_s + 1.41 \qquad (3-15)$$

随着资料的积累,可望得到更好的反映实际情况的两者之间的关系式。

4) 岩石变形影响因素的分析

必须指出岩石的变形模量及泊松比并非是一个常数。首先,因为岩石是各向异性的;其次,变形特性取决于作用在岩石上力的大小及作用时间的长短,因此,影响岩石变形特性指标的因素是多方面的。这些因素包括:① 属于岩石本身的因素,例如结构、构造等;② 属于试验时岩石状态的因素,如岩石的湿度等;③ 属于试验条件的因素,如时间长短、应力大小及加荷方式等。

岩石结构、构造的影响,主要是指岩层层面及裂隙等对岩石变形的影响。层理的影响主要表现为各向异性。对于岩石的弹性模量,一般总是平行层理的 $E_{//}$ 大于垂直层理的 $E_{\perp}$。载荷单调增加时(即在试验过程中,载荷一直增加,中间不停顿,也不卸荷),垂直层理的弹性模量总是趋向增加,而平行层理的弹性模量则相反,趋于减少。为了反映岩石结构的影响,将比值 $E_{//}/E_{\perp}$ 称为各向异性系数,用以说明岩体的各向异性。

微裂隙对岩石的变形有很大的影响。岩石初始阶段的变形主要是微裂隙的闭合,即张开裂隙的变形,且与裂隙的产状、性质及充填物质有关。

岩石状态对变形模量的影响也很大,例如,风化岩比新鲜岩石变形模量小得多;岩石含水率的增加,会使变形模量减小,例如,某工程垂直层理的高压饱水试样与烘干样变形模量之比为 0.55,而平行层理的变形模量,其比值为 0.71。

　　试验方法对岩石变形模量的影响,明显地表现在静力法和动力法所得结果的差异上。如前所述,一般动力法所得 E 值比静力法的 E 值要大 1～2 倍,风化岩则相差更大。两种方法的主要差别是静力法反映的岩体范围小,动力法反映的岩体范围大,可以包括宽度较大的裂隙。动力法为冲击力,应力小,作用的时间很短(约 0.01 s),而静力法的载荷常达岩石极限强度的 25%～100%,作用的时间长(数分钟内测出)。目前,实际工程中一般以静力法所得 E 值作为主要设计选值依据,而以动力法结果作参考。

　　此外,加荷速度和试验应力的大小对变形模量也是有影响的。E 值随加荷速度的增加而增大,试验压力大时,所得 E 值要小一些。关于所加应力大小对岩石变形(弹性)模量值的影响从表 3-10 上可清楚地看到。

表 3-10　试验应力与岩石变形模量关系

项　目	试验压力/(10^5 Pa)			
	5	10	15	20
全变形 1/1 000 mm	33	66	127	178
弹性变形 1/1 000 mm	37	35	62.3	85.6
弹性模量 E_1/$(10^6 \text{ kN} \cdot \text{m}^{-2})$	9.85	9.23	7.62	6.85
弹性模量 E_2/$(10^6 \text{ kN} \cdot \text{m}^{-2})$	17.97	17.11	14.72	14.11

　　岩体动态弹性模量和泊松比一般比值见表 3-11。

表 3-11　岩体动态弹性模量和泊松比一般比值

岩石名称	特　征	动态弹性模量/$(10^6 \text{ kN} \cdot \text{m}^{-2})$	泊松比
花岗岩	新鲜,未风化	33.0～65.0	0.20～0.33
	半风化	7.0～21.8	0.18～033
	全风化	1.0～11.0	0.35～0.40
石英闪长岩	新　鲜	55.0～88.0	0.28～0.33
	微风化	38.0～64.0	0.24～0.28
	半风化	4.5～11.0	0.23～0.33
流纹斑岩	新鲜,平行流纹	4.4～23.2	>0.25
	新鲜,垂直流纹	3.48～4.02	>0.25
玢岩	新　鲜	34.7～39.7	0.28～0.29
	半风化	3.5～20.0	0.24～0.40
	全风化	2.4	0.39
安山岩	新　鲜	12.3～19.1	0.28～0.33
	半风化	3.6～9.7	0.26～0.44
白云质灰岩	新鲜,微风化	35.9～64.0	0.21～0.34
	半风化	15.5～27.8	0.18～0.38
	全风化	9.3	0.37

续表

岩石名称	特 征	动态弹性模量/(10^6 kN·m^{-2})	泊松比
花岗片麻岩	—	8.0~18.0	0.30~0.40
	风化,结构松散	0.60~5.10	0.23~0.36
片麻岩	新鲜,微风化	22.0~35.4	0.24~0.25
	片理发育	11.5~15.0	0.33
	全风化	0.30~0.85	0.46
角闪片麻岩	—	2.0~30.0	0.20~0.34
角闪石英片麻岩	—	34.4~43.4	0.22~0.34
云母片麻岩	新鲜,微风化	8.6~11.8	0.40
	半风化	1.48~2.33	0.43
	全风化	0.04~1.10	0.46~0.47
玄武岩	新鲜	34.0~38.0	0.25~0.30
	半风化	6.1~7.6	0.27~0.33
	全风化	2.6	0.27
砂岩	新鲜	20.6~44.0	0.18~0.28
	半风化,全风化	1.1~4.5	0.27~0.36
	裂隙发育	12.5~19.5	0.26~0.40
黏土岩	—	9.08~36.9	0.15~0.37
页岩	砂质,裂隙发育	0.81~7.14	0.17~0.36
	岩体破碎	0.51~2.50	0.24~0.45
	碳质	3.2~15.0	0.38~0.43
石灰岩	新鲜,弱风化	25.8~54.8	0.20~0.39
	半风化	9.0~28.0	0.21~0.41
	全风化	1.48~7.30	0.27~0.35
硅质灰岩	新鲜,微风化	24.8~68.0	0.18~0.33
	半风化	3.8~22.8	0.21~0.38
	全风化	1.0~1.75	0.31~0.46
泥质灰岩	新鲜,弱风化	8.6—52.5	0.18~0.39
	半风化	13.1~24.8	022~0.37
	全风化	7.2	0.29
板岩	—	12.6~23.2	0.27~0.33
	硅质	3.7~9.7	0.25~0.36
	泥质	5.0~5.5	0.25~0.29
角闪片岩	新鲜,致密坚硬	45.0~65.0	0.18~0.26
	节理发育	9.8~11.6	0.29~0.31

岩石名称	特　征	动态弹性模量/(10^6 kN・m^{-2})	泊松比
石英角闪片岩	中等风化	34	0.29
云母石英片岩	新　鲜	66.0～89.0	0.13～0.25
	微风化	45.0～51.0	0.22～0.29
	中等风化	33.0	0.25
石英岩	节理发育	18.9～23.4	0.21～0.26
千枚状石英岩	微风化	17.0	0.22
	半风化,节理发育	9.0～13.0	0.22～0.30
	全风化	0.50～0.80	0.32～0.33
大理岩	新鲜,坚硬	47.2～66.9	0.23～0.35
	半风化,节理发育	14.4～35.0	0.23～0.35

3.4.2　岩石的强度

岩石抵抗外荷作用而不损坏的能力称为强度。外荷作用于岩石时,主要由组成岩石的矿物颗粒及矿物颗粒间的刚性连接来承受。岩石在外力作用下遭到破坏时的强度常称为极限强度。按照外荷的作用方式,把岩石的力学强度分为抗压强度、抗剪强度、抗拉强度、抗弯曲强度等。

1) 抗压强度

岩石的抗压强度包括单轴抗压强度和三轴抗压强度。单轴抗压强度就是在单向压力作用下使试样破坏的最大压应力;三轴抗压强度是岩石在三向压力作用下能抵抗的最大轴向应力。因此,三轴抗压强度受围压的影响很大,一般随围压的增大而增大。这里仅讨论岩石的单轴抗压强度。

岩石的抗压强度多在室内测定,将一定尺寸的试样放在试验机上加压,逐渐增加垂直压力,至岩石开始破坏为止。按下式计算岩石的抗压强度 σ_c 为

$$\sigma_c = \frac{P}{A} \tag{3-16}$$

式中　σ_c——岩石的单轴抗压强度,MPa;

P——试样破坏时的轴向载荷,MN;

A——试样受力面积,m^2。

测定岩石抗压强度的试样有圆柱形及正立方形两种。圆柱形即钻孔岩芯,圆柱高和直径应保持 2:1 的比值,标准试样直径或边长为 5 cm,高度为 10 cm。一般做三个试样,取其平均值。一些未风化岩石极限抗压强度的近似值列于表 3-12 中。

表 3-12　岩石抗压强度(室内试件)

岩　石		单轴抗压强度/MPa	岩　石		单轴抗压强度/MPa
砂岩(新鲜、坚实)		160～180	片状砂岩	⊥	80
砂岩(软弱、破碎)		5～10		//	130
长石砂岩		248～192		⊥	50～110
石英砂岩		68～103		//	70～140
粗粒砂岩	⊥	142～173	泥灰岩		4～18
	//	119～137	大理岩		81～108
中粒砂岩	⊥	147～206	石英岩		225～360
	//	117～216	斑岩		136～240
细粒砂岩	⊥	134～221	玄武岩		190～266
	//	138～241	花岗岩		78～242
粉砂岩	⊥	55～115	石灰岩		14～170
	//	34～105	有层理的砂岩	⊥	109～137
软页岩		20		//	98
煤质页岩	⊥	25～58	黏土质页岩(黏土胶结的)	⊥	34
	//	40～80		//	24
黑页岩	⊥	66	黏土质页岩(碳酸盐类胶结的)	⊥	61
	//	128		//	46
带状页岩		6～8			
黑泥页岩		25～30			

注:符号"⊥"为垂直层理或垂直方向;"//"为平行层理或水平方向。

建筑物基础传送给地基的荷重,一般都小于 2 MPa。因此,颗粒间具有刚性连接的岩石,其抗压强度在绝大多数情况下是完全可以满足工程要求的。由于单轴抗压强度的测定极为方便,并由它引出了不少求其他指标的经验近似公式,所以作为岩石的力学特性指标,抗压强度被广泛采用。影响岩石抗压强度的主要因素有以下几点:

(1)岩石的结构构造。岩石的矿物成分、颗粒大小、胶结程度,特别是岩石的层理、片理构造对岩石的强度影响很大。岩石强度具有各向异性特征,同种岩石,一般垂直层理的岩石抗压强度大于平行层理的岩石强度;结晶岩石强度小于非结晶岩石强度;细结晶岩石强度大于粗结晶岩石强度。

(2)裂隙和风化作用。新鲜花岗岩强度可以超过 100 MPa,风化后则可降低到 4 MPa或更低。南京地区白垩系红层强度可达 50 MPa,但经构造破碎和风化作用后,可降为1.6 MPa。通过声波测试,也可以明显地看出构造裂隙及风化作用对岩体强度的影响。例如,某工程钻孔声波测试,硅质白云质灰岩弹性波速 V_p 为 5 130 m/s,而其构造破碎带则降为 1 860 m/s;灰岩 V_p 为 3 560～5 630 m/s,破碎带则为 2 860 m/s。断层、软弱夹层、风化岩等易于变形,波动能量易于被吸收,弹性波在这些大小不等的结构面上容易产生折射、反射以及在一定条件下绕射,这就使利用弹性波的传播来判断岩体的强度有了可靠的物理基础,展示了良好的发展前景。

（3）试验条件。饱和试件强度小于天然状态或干燥试件强度,加荷速率增加（具有动力特性）,试件抗压强度增加。试件尺寸大小对岩石抗压强度的影响也是很明显的,一般在相同试验条件下,抗压强度值随试件尺寸增大而减小,因此最好采用标准试样。但岩石愈不均匀,试件尺寸就应愈大,以保证能准确反映岩体强度特性。因此,试验在向着现场大试件的方向发展。国外有人对煤立方体试件做试验,发现试样尺寸大于 1.5 m 以后,煤试件强度实际保持不变,即边长 10 m 的煤块与边长 1.5 m 的煤块具有同等强度。另外,岩石所处的应力状态不同,强度也不同。

2）抗剪强度

岩石抵抗剪切破坏的最大剪应力称为抗剪强度。岩石的抗剪强度决定着建（构）筑物的稳定性。由于剪切情况不同,有三种强度,即抗剪强度、抗切强度和摩擦强度。

（1）抗剪强度:在一定压力下,岩石剪断时剪破面上的最大剪应力（图 3-8a）。压应力与抗剪强度的关系如图 3-9 所示,可用下式表示

$$\tau = c + \sigma \tan \varphi \tag{3-17}$$

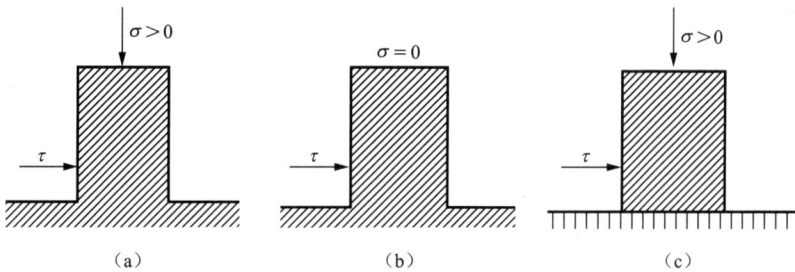

图 3-8　剪切强度示意图

岩石的抗剪强度试验可在室内及现场进行,对于大型水工建筑物,以现场试验为主,现场做完抗剪断试验后,多利用剪断面进行摩擦试验,通过试验确定抗剪断参数 f（$f = \tan \varphi$）、c 值。

（2）抗切强度:岩石的抗切强度是指在没有垂直压应力作用下,岩石剪断时破裂面上的最大剪应力（图 3-8b）。其表示式为 $\tau = c$,即岩石的抗切强度为岩石的纯黏聚力。因此,试验求出的 c 值比抗剪断试验的 c 值准确。

（3）摩擦强度:岩石与岩石沿其之间结构面的摩擦力。测定方法是将试样块体放在另一试样块体上,在法向荷重作用下施加剪力,以测定两块岩石接触面上的摩擦力。如图（图3-8c）所示,因为两块岩石是分离的,所以黏聚力为 0,摩擦力即抗剪强度,随法向应力的增加而增加（图 3-10）,其关系式为

$$\tau = \sigma \tan \varphi \tag{3-18}$$

由于垂直于剪切面的法向应力为给定值,所以摩擦系数 f 及黏聚力 c 是决定岩石抗剪强度的实质性指标。在计算水工建筑物的抗滑稳定性时,岩石的摩擦系数是一个决定性指标。在水坝设计中,坝体断面主要取决于抗滑稳定性的要求,例如,某坝按技术设计阶段的计算,摩擦系数如果相差 0.01,混凝土工程量即相差 2×10^4 m^3。由此可见,正确地确定摩擦系数,既可保证建筑物的抗滑稳定性,又能降低工程造价,缩短工期和节约劳动力。

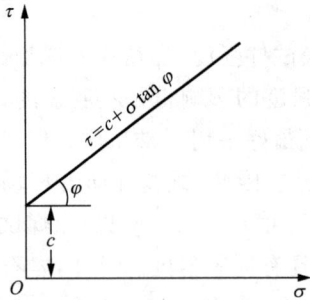

图 3-9 抗剪强度与法向应力关系

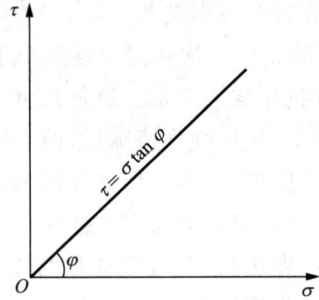

图 3-10 摩擦强度与法向应力关系

由于岩体抗剪试验涉及因素较多,因此,很难列出一标准的岩石抗剪指标。这里引述国内某些工程岩体原位抗剪强度的一些资料,以做参考(表 3-13)。

表 3-13 某些工程岩体原位抗剪强度

工程名称和地点	试验对象	地质特征	抗剪断参数	
			f	$c/(10^{-1}\ \text{MPa})$
三斗坪	黑云母石英闪长岩	微风化带	0.6~1.2	3~10
葛洲坝	混凝土/砂岩	弱风化	0.91	0.7
葛洲坝	混凝土/粉砂岩	黏土质粉砂岩	1.4	3.0
五强溪	混凝土/砂岩	较硬细砂岩	1.13	10.4
新安江	砂岩	微风化	0.6	3.0
乌江渡	碳质页岩	微风化	0.94	5.5
大冶铁矿	大理岩	条带状	0.45	40

3) 抗拉强度和抗弯曲强度

岩石抵抗单向拉伸破坏的能力称为岩石的抗拉强度。岩石抵抗折断的能力为抗弯曲强度。测定抗拉强度与抗弯曲强度的试验方法比较复杂,而广义强度(抗拉、抗弯、抗剪等)均可以表示为抗压强度的函数。由表 3-14 根据几种主要岩石抗拉、抗弯曲强度与抗压强度的近似比例,可以求出抗拉、抗弯曲强度。

表 3-14 其他受力状态下的强度与抗压强度比例关系

岩石名称	不同受力状态下的强度与抗压强度的比值		
	拉 伸	弯 曲	抗 切
花岗岩	0.02~0.04	0.08	0.09
砂 岩	0.02~0.05	0.06~0.2	0.1~0.12
石灰岩	0.04~0.1	0.08~0.1	0.15

一般抗拉强度平均为抗压强度的 5%~10%,抗弯强度为抗压强度的 7%~15%,抗拉强度常见值见表 3-15。

表 3-15　岩石抗拉强度参考值

岩石名称	抗拉强度/(10^{-1} MPa)	岩石名称	抗拉强度/(10^{-1} MPa)
辉绿岩	22～32	砂　岩	16～23
花岗岩	0.2～10	致密岩石	3～5
玄武岩	7.7	石灰岩	0.5～1.5
大理岩	5～9		

3.5　岩石的强度理论

3.5.1　岩石的破坏形式

由前所述，破坏是变形发展到一定阶段导致材料改组的一种现象。其机制主要指岩体破坏的力学过程。岩石经历变形过程达到破坏，可表现为不同方式，就其破坏机制可划分为剪切破坏、张性(或拉断)破坏，按剪切面的特征可将剪切破坏划分为切断岩石的剪断破坏、沿已有结构面发展的剪切滑动破坏和沿密集交错的面发生错动的塑性破坏三种情况。

根据破坏前变形的大小，一般有以下几种。

(1) 脆性破坏。岩石在载荷作用下没有明显的变形就突然破坏。在大多数情况下，岩石表现为脆性破坏。岩层受压的张裂和 X 型剪切破裂均属于这种脆性破坏形式。

(2) 岩体软弱面的剪切破坏。岩体中存在层理、节理、裂隙或断层时，在载荷作用下，当这些结构面上的剪应力超过其抗剪强度时，岩体即发生软弱面剪切破坏。

(3) 塑性破坏。岩石受力后，破坏之前的变形较大，没有明显的屈服点，表现出很大的塑性，称为塑性破坏。如坑道软弱岩石的径缩和底板隆起等。

岩石的三轴试验表明，岩石破坏形式与围压的大小有明显关系(图 3-11)。在负围压或低围压条件下，岩样表现为拉断破坏(图 3-11a)。随围压增高则转化为剪断破坏(图 3-11b)，而当围压升高到一定值以后，则表现为塑性破坏(图 3-11c)。

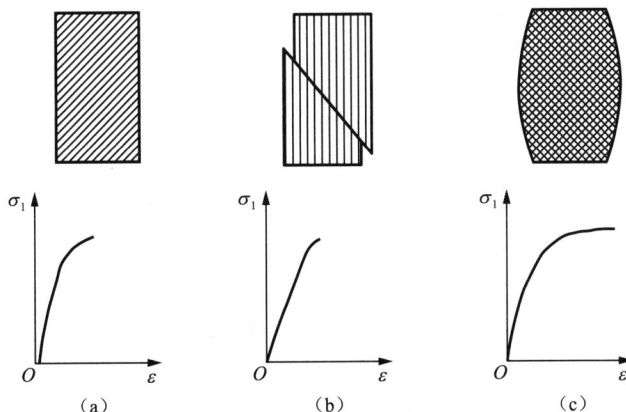

图 3-11　岩石的三向应力状态下的破坏方式

3.5.2 岩石破坏机制

(1) 拉断破坏机制分为拉应力下的拉断与压应力下的拉断。

拉应力下岩石的拉断破坏过程十分短暂,表现为脆性破坏,这是因为在岩石中分布有与拉应力方向近于正交的微裂隙,其两端产生拉应力集中(图 3-12),裂隙两端一旦破坏,裂隙向两端扩展,导致两端的切向拉应力集中程度随之增高,导致岩石被迅速拉断。

压应力条件下的拉断过程中,根据格里菲斯理论,切向拉应力最集中的部位位于与压应力方向夹角 β 为 $30°\sim45°$ 的裂隙的端部(图 3-13),因而破裂首先在这些方位有利的裂隙端部出现,随之扩展成分支裂隙。其初始方向与原有裂隙长轴方向间夹角约等于 2β,最后逐渐转向与最大主压应力方向平行。随破裂发展,裂隙壁面上切向拉应力集中程度也随之降低,当分支裂隙转为平行于最大主应力方向后即自动停止扩展,故此阶段属于微破裂稳定发展阶段。

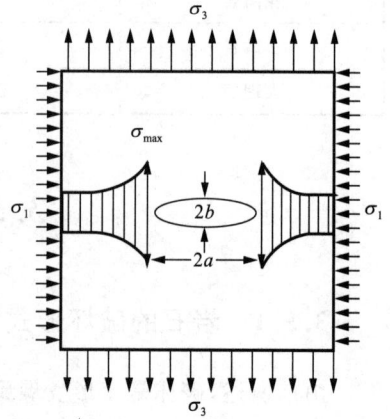

图 3-12　裂痕两端拉应力集中

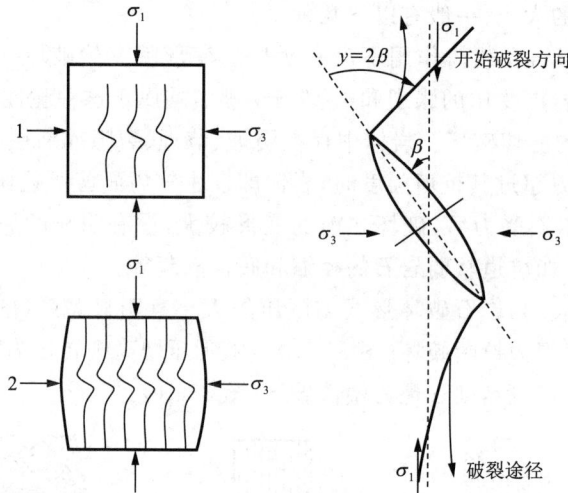

图 3-13　压应力条件下岩石的拉断破坏

随压应力的进一步增高,已出现的分支裂隙进一步扩展,其他方向稍有不利的裂隙端部也将产生分支裂隙。岩体中出现一系列与最大主应力方向平行的裂隙,这些裂隙可表现为具有一定的等距特征,是岩体板裂化的主要形成机制之一。

(2) 完整岩石剪切变形机制分为完整岩石沿潜在剪切面的破坏和完整岩石单剪破坏。根据格里菲斯理论,完整岩石中总会有随机分布的微观裂隙或裂纹存在,因而岩石在剪断过程中,潜在的剪切面往往是追踪这些断续分布的裂隙发展而成。破坏过程可分为三个阶段:① 在稳定破裂阶段,与前述压应力下的拉断破坏过程类型一致,这些裂隙的生长法向转向与最大主应力方向平行时,即停止增长;② 进入不稳定破裂阶段,一方面上述裂隙继续扩展,同时由于沿微裂隙的滑移,滑移前侧端部由于主压应力向裂隙方向的偏转,可造成与之相垂直的法向压碎带;③ 随着剪切位移的发展,微裂隙端部剪应力集中程度不断增高,使剪应力更加集中于其他的未被剪断的岩石,这种破裂一旦发生,就会累进性地加速发展,一旦贯通,岩石即被剪断。

3.5.3　强度理论

岩石强度理论是研究岩石在各种应力状态下的强度准则的理论。岩石中任一点的应力、应变增长到某一极限时,该点就要发生破坏。用以表征岩石破坏条件的应力状态与岩石强度参数之间的函数关系,称为强度准则或破坏判据。一般可表示为极限应力状态下的主应力之间的关系方程,即 $\sigma_1 = f(\sigma_2, \sigma_3)$,或者表示为处于极限平衡状态截面上的剪应力和法向应力的关系,$\tau = f(\sigma)$。

由于工程中岩石发生破坏时一般以剪切破坏居多,所以这里仅介绍当岩石发生剪切破坏时的破坏判据。目前被大家公认,在岩石工程领域被广泛应用的是莫尔-库仑强度准则。

莫尔-库仑强度准则认为,固体内任一点发生剪切破坏时,破坏面上的剪应力等于或大于本身的抗剪强度和作用于该面上由法向应力引起的摩擦力之和,即

$$\tau = c + \sigma \tan \varphi \tag{3-19}$$

按照这一理论,岩石的强度包络线为一条斜直线,破坏面与最小主平面的夹角 α 恒等于 $45° - \varphi/2$(图 3-14)。这一结论可用于解释岩体中的正断层多陡倾,而逆断层的倾角多小于 $45°$ 的地质现象。

根据图 3-14 可得

$$\sin \varphi = \frac{(\sigma_1 - \sigma_3)/2}{(\sigma_1 + \sigma_3)/2 + c \tan \varphi} \tag{3-20}$$

$$\sigma_1 = \frac{1 + \sin \varphi}{1 - \sin \varphi}\sigma_3 + 2c\sqrt{\frac{1 + \sin \varphi}{1 - \sin \varphi}} \tag{3-21}$$

或

$$\sigma_1 = \sigma_3 \tan^2(45° + \varphi/2) + 2c\tan(45° + \varphi/2) \tag{3-22}$$

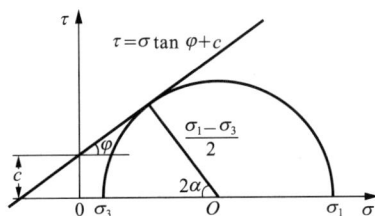

图 3-14　莫尔-库仑强度包络线

3.6　岩石的流变

山体重力倾倒变形、巷道的收敛使人们直观地感到岩石也具有流变特性。这一问题在国际上是 1979 年国际岩石力学学会在瑞士召开的第四届大会时才正式作为专门问题提出来。流变表示时间因素对变形的影响,在外部条件不变的条件下,岩石变形或应力随时间而

变化的特性叫流变,其类型主要包括蠕变和松弛。蠕变是指岩石在恒载作用下,变形随时间逐渐增大的性质;松弛是指在应变保持不变的条件下,应力随时间的增长而减小的特性。这里主要讨论蠕变问题。

岩石的蠕变曲线(正应变与时间 t 的关系曲线)有两种形式。第一种蠕变曲线的特点表现为,在开始阶段蠕变变形增长较快,以后则趋于稳定。稳定以后的形变量大约比初始变形增加 $20\%\sim30\%$,大部分胶结岩石具有这种特性(图 3-15a)。第二种蠕变曲线的特点表现为蠕变变形随时间无限增加,最终因实际变形过大,导致岩石的破坏,常称为典型蠕变曲线,这种蠕变曲线可划分为三个特性阶段(图 3-15b)。

(1) AB 阶段,被称为初始蠕变阶段。

在施加外载荷并当外载荷维持一定的时间后,岩石应变率随时间逐渐减小,蠕变曲线呈下凹形,并向直线状态过渡。在此阶段,若卸去外载荷,则最先恢复的是岩石的瞬时应变,如图中的 PQ 段;之后,随着时间的增加,其剩余应变亦能逐渐地恢复,如图中的 QR 段。QR 段曲线的存在,说明岩石具有随时间的增长应变逐渐恢复的特性,这一特性被称为弹性后效。

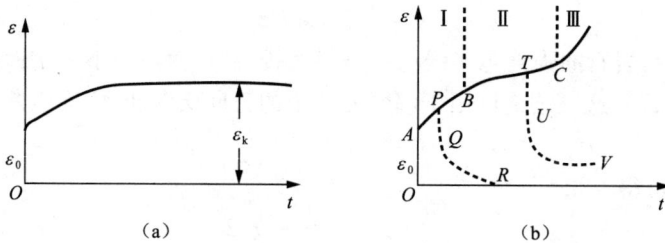

图 3-15 岩石蠕变曲线

(2) BC 阶段,被称为稳定蠕变阶段。

这一阶段最明显的特点是应变与时间的关系近似呈直线,应变率为一常数。若在第二阶段也将外载荷卸去,则同样会出现与第一阶段卸载时一样的现象,部分应变将逐渐恢复,弹性后效仍然存在,但是此时的应变已无法全部恢复,存在着部分不能恢复的永久变形。

(3) C 点以后阶段,被称为加速蠕变。

当应变达到 C 点后,岩石将进入加速蠕变阶段。C 点为一拐点,之后岩石的应变率剧烈增加,整个曲线呈上凹形,经过短暂时间后试件将发生破坏。

蠕变变形量和初始应力的大小有很大关系,如图 3-16 所示,初始应力愈大,蠕变变形量也愈大。对于剪应变或剪切变形,$\varepsilon\text{-}t$ 蠕变曲线也可划分相似的三个特性阶段。

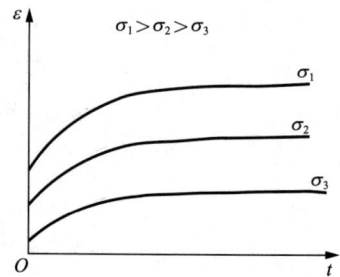

图 3-16 岩石蠕变与初始应力关系

岩石的蠕变造成了岩石的附加变形。当应力超过某一定值时,岩石的总变形量达到一定程度后折向上方,导致岩石遭到破坏,这个临界应力值就是长期强度。

如图 3-17 所示,当 $\sigma_1=5\sim15$ MPa 时,岩石开始产生瞬时变形,但只产生蠕变而不破坏,当 σ_1 为 $20\sim25$ MPa 时,岩石出现加速变形,直至破坏。它表明 σ_1 为 $5\sim25$ MPa 时一定有一个使岩样从不破坏到破坏的临界应力值存在。图中 $\sigma_1 = 15$ MPa 就是这样的临界应力值(蠕变极限应力),此临界应力远小于峰值应力,一般将此临界应力作为岩石的长期强度。对于剪切试验也有类似情况。

可见,流变特性研究对评价大型水工建筑物的永久安全具有重要意义。

我国某大型水电工地测得混凝土与黏土质粉砂岩的抗剪长期强度约为抗剪峰值强度的67%,显然,不同岩石的抗剪长期强度与峰值强度的比例关系是不尽相同的。

对岩石进行剪切流变试验发现,剪应力在屈服极限以下时,流变曲线由不稳定过渡到稳定状态,如图 3-18 中的 a 线所示。剪应力超过屈服值时,则可能发生流变破坏,因此进行流变试验时,作出 $\tau\text{-}u$ 关系曲线以决定屈服值是否重要。

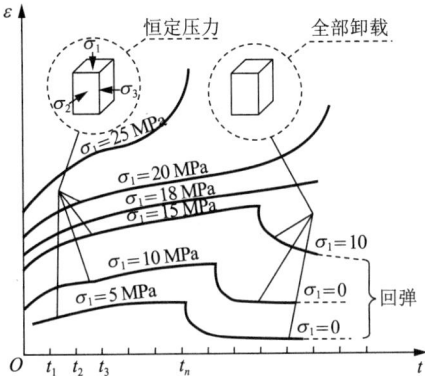

图 3-17　不同压力下岩石的蠕变特性　　　图 3-18　剪切流变试验剪应力-位移关系曲线

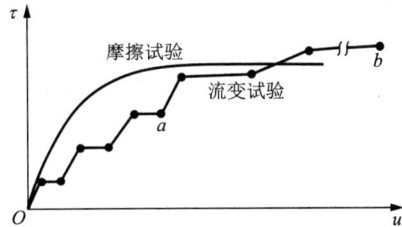

岩石流变是由于在应力作用下,岩石中的微观和宏观结构的滑移、位错和形变而引起的,它遵循时间而变化的规律。国际上许多工程发生变形破坏都与流变有关。但这一问题十分复杂,为了确定其关系并用之分析解决实际问题,力学家常把岩石介质理想地简化为各种基本模型及组合模型,以确定其结构方程。

最简单的结构流变模型如图 3-19 所示。

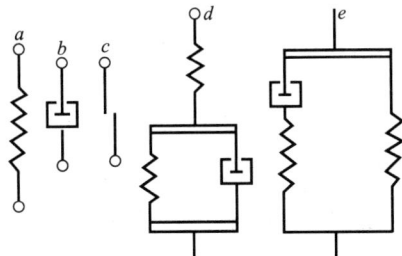

a—弹性模型(胡克体);b—黏性模型(牛顿体);c—塑性体模型;d,e—弹黏性体模型。

图 3-19　最简单的结构流变模型

用不同的组合模型描述岩石随时间的变形规律在岩石力学界论著颇多,然而,其实际应用价值还有待进一步深入研究。

第 4 章

地质构造

构造地质学是地质学的一门分支学科,其研究对象是地壳或岩石圈的地质构造。所谓地质构造是指组成地壳的岩层和岩体在内、外动力地质作用下发生变形而形成的诸如褶皱、节理、断层、劈理以及其他各种面状和线状构造等。构造地质学主要研究由内动力地质作用所形成的各种地质构造的形态、产状、规模、形成条件、形成机制,分布和组合规律及其演化历史,并进而探讨产生地质构造的地壳运动的方式、规律和动力来源。凡构造地质复杂而多样、多变的地方,必然是风景优美的地方,可以成为地质公园。

4.1 岩层产状与地层接触关系

4.1.1 构造运动与地质构造

构造运动是一种机械运动,涉及的范围包括地壳及上地幔上部即岩石圈。按运动方向可分为水平运动和垂直运动。水平方向的构造运动使岩块相互分离裂开或是相向聚汇,发生挤压、弯曲或剪切、错开。垂直方向的构造运动则使相邻块体做差异性上升或下降。

原始沉积物多是水平或近于水平的层状堆积物,经固结成岩作用形成坚硬岩层。当它未受构造运动作用,或在大范围内受到垂直方向构造运动影响时,沉积岩层基本上呈水平状态在相当范围内连续分布,这种岩层称为水平岩层。经过水平方向构造运动作用后,岩层由水平状态变为倾斜状态,称倾斜岩层。倾斜岩层往往是褶皱的一翼、断层的一盘(图 4-1),是不均匀抬升或沉降所致。

构造运动使岩层发生变形和变位,形成的产物称为地质构造。常见的地质构造有褶皱、断层和节理。断层和节理又统称断裂构造。

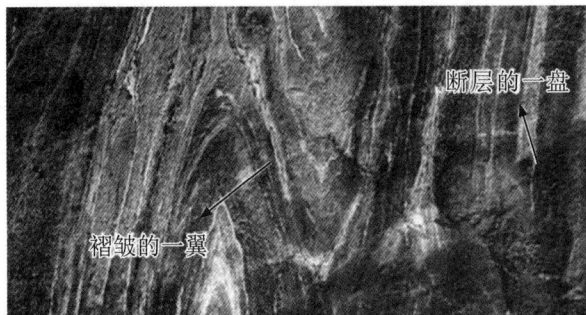

图 4-1　倾斜岩层

4.1.2　岩层产状

岩层的产状是指岩层面在三维空间中的方位,由走向与倾斜(包括倾向与倾角)来确定,称为岩层产状三要素。

(1)走向:层面与水平面交线的延伸方向,走向线就是层面上的水平线(图 4-2)。

(2)倾向:层面上与走向垂直并指向下方的直线,它的水平投影方向为倾向。

(3)倾角:层面与水平面的交角。其中沿倾向测量得到的最大交角称为真倾角。岩层层面在其他方向上的夹角皆为视倾角。视倾角恒小于真倾角。

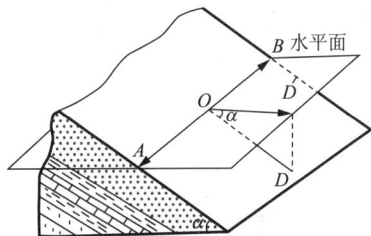

AOB—走向线;OD—倾斜线;α—倾角;OD′—倾斜线的水平投影,箭头方向为倾向。

图 4-2　岩层走向

4.1.3　岩层露头线特征

露头是一些暴露在地表的岩石。它们通常在山谷、河谷、陡崖以及山腰和山顶这些位置出现。未经过人工作用而自然暴露的露头称为天然露头,经人为作用暴露在路边、采石场和开挖基坑中的露头称为人工露头。通过观察露头发现,岩层除水平状态和倾斜状态外,还有直立状态。

露头线是指岩层层面(或断层面、节理面等)与地面的交线。它的形态取决于岩层的产状和地面起伏即地形状况。水平岩层、直立岩层和倾斜岩层露头线的分布特征是不相同的(图 4-3)。

水平岩层露头线与地形等高线平行重合,但不相交(图 4-3Ⅰ)。直立岩层露头线呈直线延伸,不受地形影响,其延伸方向即岩层走向(图 4-3Ⅱ)。倾斜岩层露头线呈"V"字形形态(图 4-3Ⅲ)。但"V"字形的弧顶朝向、两侧张开或闭合程度皆受岩层倾向与地形坡向、倾角

与坡角的制约。倾斜岩层走向与山脊或沟谷延伸方向垂直时,露头线"V"字形有三种分布规律:

Ⅰ—水平岩层;Ⅱ—直立岩层;Ⅲ—倾斜岩层。

图 4-3 岩层露头线及其水平投影(右为平面图,图中数字表示等高线高度)

(1)岩层倾向与地面坡向相反时,在沟谷处"V"字形露头线弧顶尖端指向沟谷上游(图4-4)。

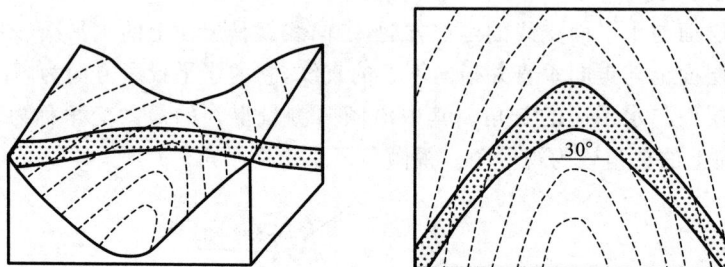

(左为立体图,右为地质图)

图 4-4 岩层倾向与地面坡向相反

(2)岩层倾向与地面坡向相同,但当岩层倾角大于地面坡角时,在沟谷处观察露头线,"V"字形露头线尖端指向河谷下游(图 4-5)。

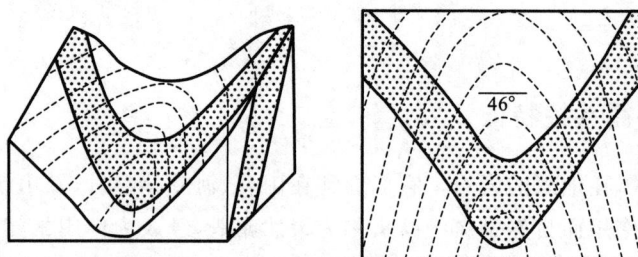

(右为立体图,左为地质图)

图 4-5 岩层倾向与地面坡向一致

(3)岩层倾向与地面坡向相同,但当岩层倾角小于地面坡角时,在沟谷处观察,"V"字形露头线尖端指向沟谷上游,其弧形紧闭程度超过地形等高线的弯曲程度(图 4-6a)。而图 4-6(b)所反映的是一种特殊情况,即岩层倾向与倾角分别与地面坡向与坡角相同时出现的情况。

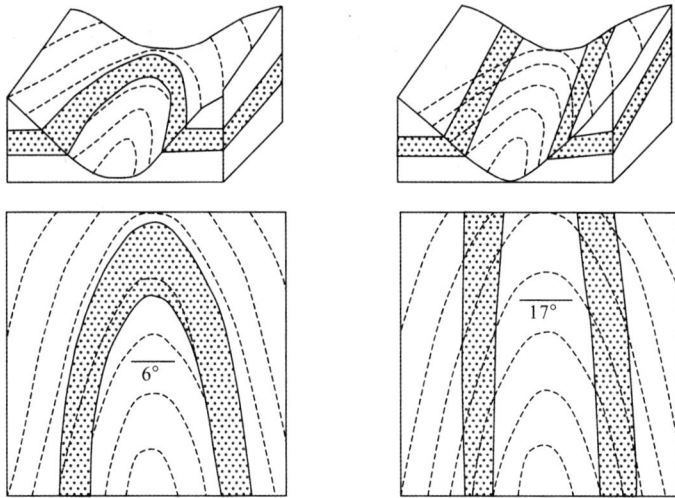

（a）岩层倾角小于地面坡角　　　　　（b）岩层倾角与地面坡角相同

（上图为立体图，下图为地质图）

图 4-6　岩层倾向与地面坡向一致时，倾斜岩层出露界线的形态

4.1.4　地层接触关系

在地质历史发展演化的各个阶段，构造运动贯穿始终，由于构造运动的性质不同或所形成的地质构造特征不同，往往造成新老地层之间具有不同的相互接触关系。地层接触关系是构造运动最明显的综合表现。

概括起来，地层（或岩石）的接触关系有以下几种：

（1）整合接触，表现为相邻的新、老地层产状一致，时代连续。它是在构造运动处于持续下降或持续上升的背景下发生连续沉积而形成的（图 4-7a）。

（2）假整合接触（平行不整合接触），表现为新、老地层产状平行一致而地层时代不连续。其间缺失了某些地层，标志着这期间地壳曾一度上升。上升时遭受风化剥蚀，形成具有一定程度起伏的剥蚀面（图 4-7b）。

（3）不整合接触（角度不整合接触，图 4-7c），表现为新、老地层产状不一致以角度相交，地层时代不连续，反映其间曾发生过剧烈的构造运动，致使老地层产生褶皱、断层，地壳上升遭受风化剥蚀，形成剥蚀面。而后地壳下降至水面以下接受沉积，形成新地层。

（4）侵入体的沉积接触表现为侵入体被沉积岩层直接覆盖，二者间有风化剥蚀面存在（图 4-7d）。

（5）侵入接触是侵入体与被侵入围岩间的接触关系。侵入接触的主要标志是，侵入体边缘有捕虏体，侵入体与围岩接触带有接触变质现象，侵入体与其围岩的接触界线多呈不规则状（图 4-7e）。

（6）断层接触，即地层与地层之间或地层与岩体之间，其接触面本身为断层面（图 4-7f）。

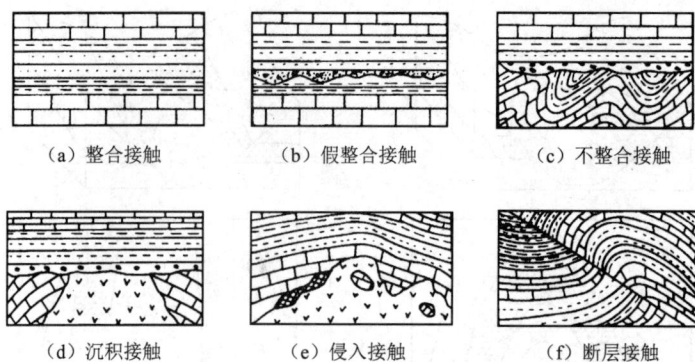

(a) 整合接触　　　　(b) 假整合接触　　　　(c) 不整合接触

(d) 沉积接触　　　　(e) 侵入接触　　　　(f) 断层接触

图 4-7　地层接触关系

4.2　节　理

岩石受力后发生形变,当作用力超过岩石的强度时,岩石的连续完整性遭到破坏而发生破裂,形成断裂构造。断裂构造包括节理和断层,岩石破裂后,沿破裂面无明显位移者称为节理,有明显位移滑动者称为断层。相对而言,断层的规模一般比较大。

节理就是岩石中的裂隙(裂缝),它较断层更为普遍。节理规模大小不一,细微的节理肉眼不能识别,一般常见的为几十厘米至几米,长的可延伸达几百米,甚至上千米。节理张开程度不一,有的是闭合的。节理面可以是平坦光滑的,也可以是十分粗糙的。

岩石中节理的发育是不均匀的。影响节理发育的因素很多,主要取决于构造变形的强度、岩石形成时代、力学性质、岩层的厚度及所处的构造部位。例如,在岩石变形较强的部位,节理发育较为密集。同一个地区,形成时代较老的岩石中节理发育较好,而形成时代新的岩石中节理发育较差。岩石具有较大的脆性而厚度又较小时,节理易发育。在断层带附近以及褶皱轴部,往往节理较发育。

节理的空间位置依节理面的走向、倾向及倾角而定。节理常常有规律地成群出现,相同成因且相互平行的节理称为一个节理组,在成因上有联系的几个节理组构成节理系。

4.2.1　节理的类型

按节理的成因,节理包括原生节理和次生节理两大类。

原生节理是指在成岩过程中形成的节理。例如,沉积岩中的泥裂,火山熔岩冷凝收缩形成的柱状节理,岩浆侵入过程中由于流动作用及冷凝收缩产生的各种原生节理等。

次生节理是指岩石成岩后形成的节理,包括非构造节理和构造节理。非构造节理是指岩石由风化作用、崩塌、滑坡、冰川及人工爆破等外动力地质作用下所产生的裂隙。非构造节理常分布在地表浅部的岩土层中,延伸不长,形态不规则,多为张开的张节理。构造节理是地壳构造运动的产物,常与褶皱、断层相伴出现并在成因和产状上有一定的联系,是广泛存在的一种节理。构造节理按其形成的力学性质,分成张节理和剪节理两类:

(1) 张节理是在张应力作用下形成的。其方向垂直于主张应力(σ_3),而平行于主压应力

（σ_1）（图 4-8）。张节理多数是张开的，节理面粗糙不平，面上不具擦痕。发育在粗碎屑岩中的张节理往往绕砾石和粗砂粒而过，并不切穿颗粒。张节理一般发育稀疏、节理间距大，沿走向延伸不远即消失，但在附近不远处又会断续出现，并有分支复合现象。

（2）剪节理是由剪应力作用而形成的。由图 4-8 可知，剪节理常成对出现，称为共轭剪节理（图 4-9），两共轭剪节理面的交线与中间主应力面平行一致，两面锐交角等分线常为最大主应力作用方向。节理面两侧岩块有微小位移，节理面上常可见擦痕。节理面平直光滑，并常紧闭。砾岩和砂岩中的剪节理往往平整地切割砾石和粗砾粒。剪节理沿走向和倾向延伸较远，产状稳定。一般发育密集，即节理间距小。

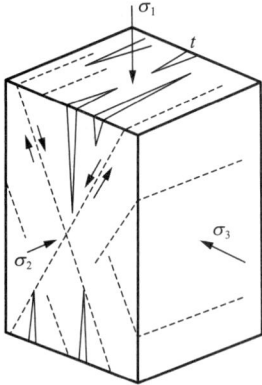

图 4-8　剪节理（虚线）及张节理 t 与 σ_1，
σ_2，σ_3 的关系（$\sigma_1 > \sigma_2 > \sigma_3$）

图 4-9　山东诸城白垩系砂岩中发育的两组
共轭剪节理

根据节理与所在岩层或其他构造的几何关系进行如下分类。

（1）按节理与所在岩层产状要素的关系（图 4-10）分类：
走向节理，节理走向与所在岩层走向大致平行；
倾向节理，节理走向与所在岩层走向大致垂直；
斜向节理，节理走向与所在岩层走向斜交；
顺层节理，节理面大致平行于岩层面。

（2）按节理与褶皱枢纽方向的关系（图 4-11）分类：
纵节理，二者大致平行；横节理，二者大致垂直；斜节理，二者斜交。

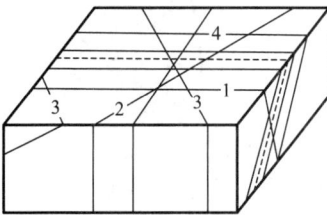

1—走向节理；2—倾向节理；3—斜向节理；4—顺层节理。
图 4-10　岩层产状关系

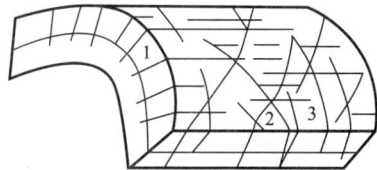

1—纵节理；2—斜节理；3—横节理。
图 4-11　褶皱轴向关系

4.2.2　节理的观测与统计

对节理性质、分布规律、形态产状进行观测与统计的目的是研究和评价岩体稳定性。观测点一般选择在构造特征清楚、发育良好的露头上,为了便于大量观测,露头面积最好不小于 10 m^2。

节理野外观测的内容:

(1)观察地层岩性及地质构造,测量地层产状以及确定测点所在构造部位。所选定观测点的数目依地质构造复杂程度而定,构造越复杂,测点数目越多。

(2)观察节理性质及发育规律,首先区别非构造节理与构造节理,然后根据力学性质区分其是张节理还是剪节理。

(3)测量与登记,包括测量节理的产状、粗糙度、节理密度,观察节理充填物和测量节理壁距以及测量节理的持续性。节理粗糙度一般分成平直、波状、阶梯状三种形态,并进一步有光滑、平滑、粗糙三种分级。节理密度(线密度)是指在垂直于节理走向方向 1 m 距离内节理的数目(条数/m),线密度的倒数即节理的平均间距,二者都是评价岩体质量的重要指标。节理的充填物一般有泥土、方解石脉、石英脉和长英质岩脉。除泥土外,其余充填物一般对节理裂隙起胶结作用,有利于它的稳定。泥土遇水软化起润滑作用,不利于稳定。因此还要同时观察统计含水状态(干、湿、滴水、流水)和裂隙张开程度,后者对估计地下水涌水量是重要参数。节理持续性是指节理裂隙的延伸程度。一般情况下,<1 m 及 1~3 m 为差,3~10 m 为中等,10~30 m 及≥30 m 为好及很好。持续性越好对工程影响越小。

室内资料整理与统计常用的方法是制作节理玫瑰图,主要有两类:

(1)节理走向玫瑰图用节理的走向编制。如图 4-12 所示,在一半圆上分画 0°~90°和 0°~270°的方位。把所测得的节理走向按每 5°或 10°分组并统计每一组内节理数和平均走向。按各组平均走向,自圆心沿半径以一定长度代表每一组节理的个数,然后用折线相连,即得节理走向玫瑰图。

(2)节理倾向玫瑰图用节理倾向编制。把所测得的节理倾向按 5°或 10°间隔进行分组,统计每组节理平均倾向和个数。在注有方位角的圆周图(图 4-12)上,以节理个数为半径,按各组平均倾向定出各组的点,用折线连结各点即得节理倾向玫瑰图。用节理统计资料的各组平均倾向和平均倾角作图,圆半径长度代表平均倾角,可得节理倾角玫瑰图(图 4-13)。

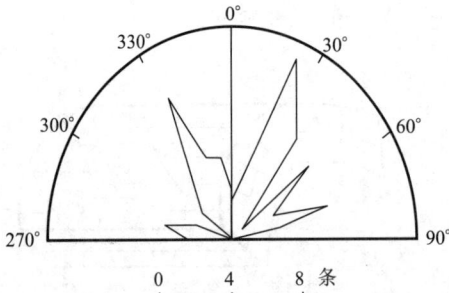

图 4-12 节理走向玫瑰图

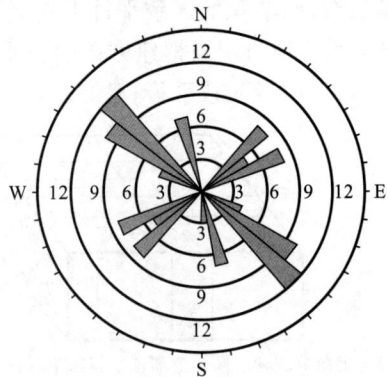

图 4-13 节理倾向、倾角玫瑰图

4.2.3 节理对工程的影响

节理是一种发育广泛的裂隙。节理将岩层切割成块体,这对岩体强度和稳定性有很大影响,节理间距越小,岩石破碎程度越高,岩体承载力将明显降低。岩层中发育的节理裂隙是地下水的通道,同时也会对风化作用起着加速进行的效应。随着岩石风化程度增强和水对岩石的浸泡软化,岩块质地变软、强度降低。

4.3 褶 皱

岩层受力而发生弯曲变形称为褶皱(图 4-14)。

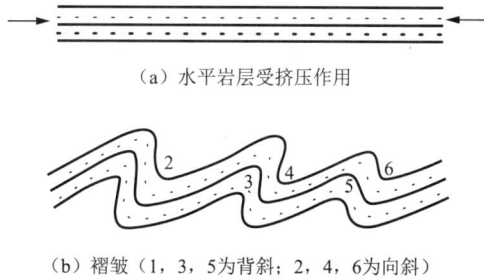

(a) 水平岩层受挤压作用

(b) 褶皱(1,3,5 为背斜;2,4,6 为向斜)

图 4-14 褶皱形成原因

4.3.1 褶皱基本要素

为了正确描述和研究褶皱,首先要弄清楚褶皱的各个组成部分(褶皱要素)及其相互关系。褶皱的要素主要有(图 4-15):

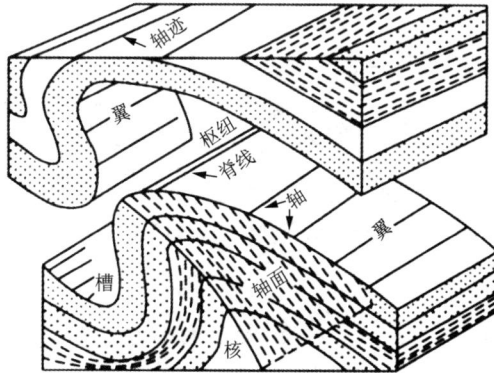

图 4-15 褶皱要素示意图

(1) 核部。核部泛指褶皱中心部分的地层。当剥蚀后,常把出露在地面的褶皱中心部分的地层,简称核。

(2) 翼部。翼部指褶皱核部两侧的地层,简称翼。

(3) 转折端,指从一翼向另一翼过渡的部分。在横剖面上,转折端常呈弧线形。但有时也可以是一个点或直线(如尖棱褶皱和箱状褶皱)。

(4) 褶轴,又称褶皱轴线或轴。对圆柱状褶皱而言,是指一条平行其自身移动能描绘出褶皱面(S)弯曲形态的直线,该直线称为褶轴。

（5）枢纽，指在褶皱的各个横剖面上，同一褶皱面的各最大弯曲点的连线。枢纽可以是直线，也可以是曲线；可以是水平线，也可以是倾斜线。

（6）轴面，是一个褶皱内各相邻褶皱面上的枢纽连成的面，故又称枢纽面。轴面也可看成是翼间角的平分面，或者是大致平分褶皱两翼的对称面。轴面可以是平面，也可以是曲面。

（7）轴迹，它是轴面与地面或任一平面的交线。

（8）翼间角，是指正交剖面上两翼间的内夹角（图4-16）。圆弧形褶皱的翼间角是指通过两翼上两个拐点的切线之间的夹角（图4-16b）。

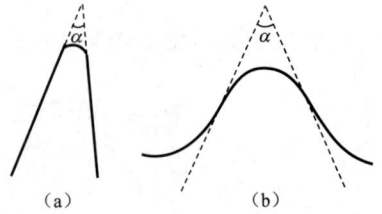

图 4-16 翼间角

（9）脊、脊线、高点、脊面和槽、槽线、槽面。背斜或背形的同一褶皱面的各横剖面上的最高点为脊，它们的连线称为脊线（图4-15）。脊线上最高点表示褶皱隆起部位，称为高点；向斜或背斜的同一褶皱面的各横剖面上的最低点为槽，它们的连线称为槽线。若干相邻褶皱面上的脊线或槽线连成的面，分别称为脊面和槽面。寻找和开发油、气矿藏及地下水时，确定褶皱的脊和槽的位置具有重要意义。

（10）脊迹和槽迹。脊面或槽面与地面或任意平面的交线。

4.3.2 褶皱类型

褶皱有两种基本形态：背斜和向斜。背斜是两翼岩层以核部为中心向两侧倾斜，形态上是岩层向上弯曲。向斜是两翼岩层向核部倾斜，形态上是岩层向下弯曲的褶皱。背斜核部出露的岩层时代较老，而翼部时代较新；向斜核部岩层时代较新，翼部时代较老。相邻向斜和背斜共用一个翼部（图4-17）。

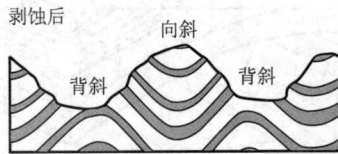

图 4-17 遭受剥蚀的背斜与向斜

（1）根据轴面产状分类。

直立褶皱：轴面近于直立，两翼倾向相反，倾角大小近于相等（图4-18a）。

斜歪褶皱：轴面倾斜，两翼岩层倾斜方向相反，倾角大小不等（图4-18b）。

倒转褶皱：轴面倾斜，两翼岩层向同一方向倾斜，倾角大小不等。其中一翼岩层为正常层序，另一翼岩层倒转（图4-18c）。

平卧褶皱：轴面近于水平，一翼岩层为正常层序，另一翼岩层为倒转层序（图4-18d）。

翻卷褶皱：轴面为一曲面（图4-18e）。

（2）根据横剖面形态分类。

扇形褶皱：在横剖面上呈扇形展开，两翼岩层产状有可能同时倒转（图4-19a）。

箱形褶皱：在横剖面上呈箱形，顶、底部岩层平缓而两翼岩层产状近于直立（图4-19b）。

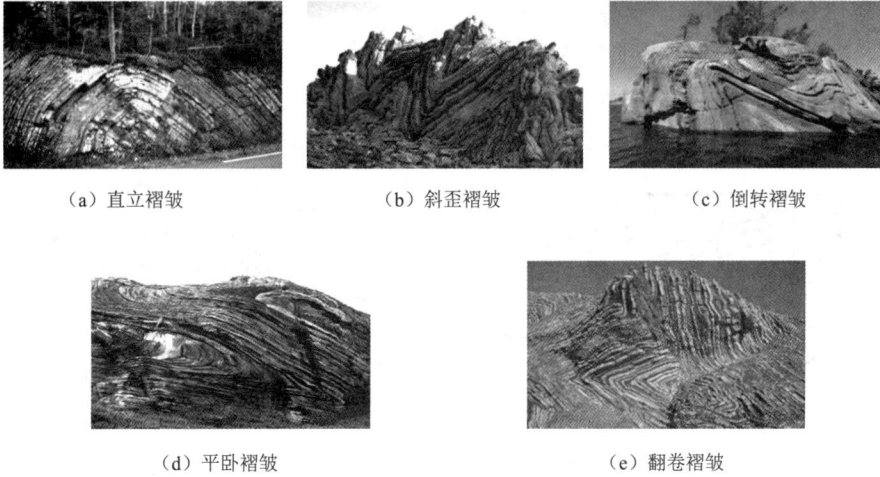

（a）直立褶皱　　　（b）斜歪褶皱　　　（c）倒转褶皱

（d）平卧褶皱　　　（e）翻卷褶皱

图 4-18　根据轴面产状褶皱分类的褶皱类型

单斜:岩层向一个方向由倾斜渐变为平缓(图 4-19c)。

（a）扇形褶皱　　　（b）箱形褶皱　　　（c）单斜

图 4-19　按横剖面形态分类的褶皱类型

(3) 根据枢纽产状分类。

水平褶皱:枢纽近于水平,两翼岩层走向平行一致(图 4-20a,4-20c)。

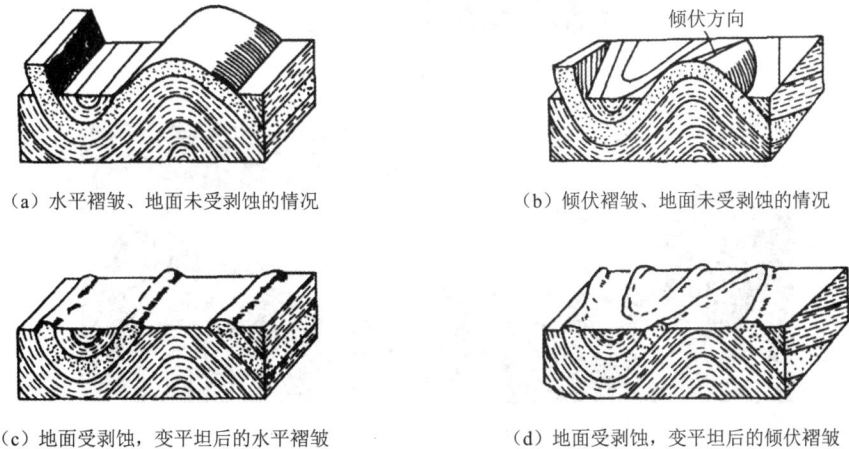

（a）水平褶皱、地面未受剥蚀的情况　　　（b）倾伏褶皱、地面未受剥蚀的情况

（c）地面受剥蚀,变平坦后的水平褶皱　　　（d）地面受剥蚀,变平坦后的倾伏褶皱

图 4-20　按枢纽产状的褶皱类型

倾伏褶皱:枢纽倾伏,两翼岩层走向呈弧形相交。对背斜而言,弧形的尖端指向枢纽倾伏方向;而向斜则不同,弧形的开口方向指向枢纽的倾伏方向(图 4-20b,4-20d)。

（4）根据褶皱的平面形态分类。

线状褶皱：褶皱的长宽比大于 10∶1（图 4-21a）。

短轴褶皱：褶皱的长宽比为 3∶1～10∶1（图 4-21b）。

穹窿与构造盆地：长宽比小于 3∶1 的背斜为穹窿、向斜为构造盆地。

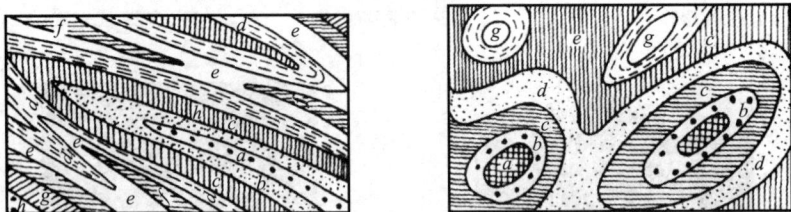

（a）线状褶皱 　　　　　　（b）左侧为穹窿与构造盆地，右侧为短轴褶皱

a,b,c,d,e,f,g,h—自老至新的地层顺序的代号。

图 4-21　褶皱平面形态的分类

（5）复背斜与复向斜，它们是褶皱的组合形式。不同大小级别的褶皱往往组合成巨大的复背斜和复向斜，即规模大的背斜、向斜的两翼被次一级的褶皱复杂化。图 4-22 所示为复背斜，图 4-23 所示为复向斜。

图 4-22　湖北汤池峡复背斜剖面图

图 4-23　河南嵩山五指岭复向斜剖面图

4.3.3　褶皱的野外识别

野外观察时，首先判断褶皱存在与否，并区别背斜与向斜，然后确定它的形态特征。依据岩石地层和生物地层特征，查明和确立调查区地质年代从老至新的地层层序是首要的工

作。然后,沿垂直地层走向进行观察,褶皱存在的标志是在沿倾斜方向上相同年代的地层呈对称式重复出现。就背斜而言,核部岩层较两侧岩层时代老;而向斜则核部岩层较两侧岩层时代新。同时,进一步比较两翼岩层倾向及倾角,根据前述的分类标志确定褶皱的形态分类名称。有时在横剖面上可直接看到岩层弯曲变形形成背斜和向斜。图 4-24 所示的是一个背斜,一翼倒转,两翼部可见到由于层间滑动形成的次一级小褶曲。

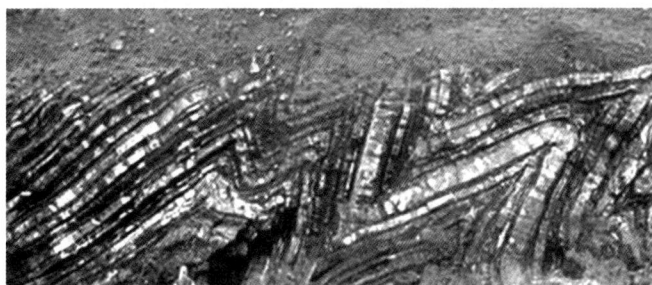

图 4-24　桂林甲山倒转褶皱及其中的从属褶皱

除了观察横剖面特点外,还需了解褶皱枢纽是否倾伏,并确定其倾伏方向。沿同一时代岩层走向进行追索,如果两翼岩层走向相互平行,表明枢纽水平。如果两翼岩层走向呈弧形圈闭合围,表明其枢纽倾伏。根据弧形尖端指向或弧形开口方向以及转折部位实际测量的方法可确定枢纽倾伏方向。从地形上看,岩石变形之初,背斜相对地势高成山,向斜地势低成谷。这时地形是地质构造的直接反映。然而经过较长时间的剥蚀后,背斜核部因裂隙发育易遭受风化剥蚀往往成沟谷或低地。向斜核部紧闭,不易遭受风化剥蚀,最后相对成山。背斜成谷、向斜成山称为地形倒置现象(图 4-25)。

图 4-25　背斜成古、向斜成山

4.3.4　褶皱形成时代

褶皱形成时代一般通过分析区域性角度不整合来确定。如果不整合面以下的地层均褶皱,而其上的地层未褶皱,褶皱运动发生于不整合面下伏的最新地层沉积之后和上覆最老地层沉积之前。如果不整合面上、下地层均褶皱,但褶皱方式、形态又都互不相同,则至少发生过两次褶皱运动。从图 4-26 中看出,该地区有两个角度不整合面于三套不同形态的褶皱地层之间,说明该地区发生过三次褶皱运动:第一次为元古代(Pt)地层形成之后,震旦纪(Z)地层沉积之前;第二次为奥陶纪(O)地层沉积之后,侏罗纪(J)地层沉积之前;第三次为侏罗纪之后。

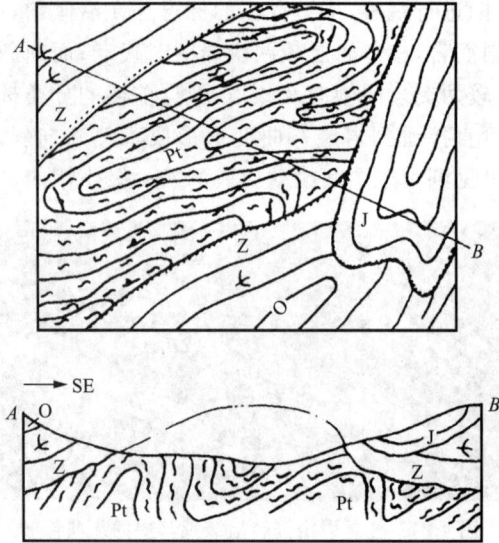

图 4-26　不整合面上下均为褶皱的地层

4.3.5　褶皱构造的工程地质评价

褶皱的核部是岩层强烈变形的部位,一般在背斜的顶部和向斜的底部发育有拉张裂隙,图 4-27 所示为一背斜核部裂隙发育情况,将图倒置即向斜的情况。这些裂隙把岩层切割成块状。在变形强烈时,沿褶皱核部常有断层发生,造成岩石破碎或形成构造角砾岩带。此外,地下水多聚积在向斜核部,背斜核部的裂隙也往往是地下水富集和流动的通道。由于岩层构造变形和地下水的影响,所以公路、隧道工程或桥梁工程在褶皱核部容易遇到工程地质问题,如裂隙和滑块。

褶皱的翼部不同于核部,存在另一类工程地质问题。在褶皱两翼的倾斜岩层容易造成顺层滑动,特别是当岩层倾向与临空面坡向一致,且岩层倾角小于坡角时,或当岩层中有软弱夹层,如有云母片岩、滑石片岩等软弱岩层存在时应慎重对待。

褶皱构造的规模、形态、形成条件和形成过程各不相同,而工程所在地往往仅是褶皱构造的局部部位。对比和了解褶皱构造的整体乃至区域特征,对于选址、选线及防止地质灾害是十分重要的。谷德振等从构造变形作用是造成地质体工程地质特性弱化过程的基本理论出发,总结出不同构造受力作用下形成具有不同的工程地质特性的褶皱(并伴随断裂)类型,简述如下:

(1) 复式流动褶皱出现在变质岩系中,形成于高温、高压条件下,褶皱不协调。流动褶皱在抬升到地表后,温度下降而发生固化和脆化,因其经胶结闭合,所以工程地质特性良好(图 4-27a)。

(2) 线性挤压紧闭褶皱在褶皱构造带内岩层受强烈挤压,形变剧烈,褶皱闭拢,岩层陡立,甚至倒转,并伴有断层发生(图 4-27b),易造成工程地质问题。

(3) 复式挤压褶皱在强烈挤压力多次作用下形成复式褶皱,褶皱形态复杂,呈现局部塑性流动,伴随有多种类型的断层,形成米字形断裂组合(图 4-27c)。

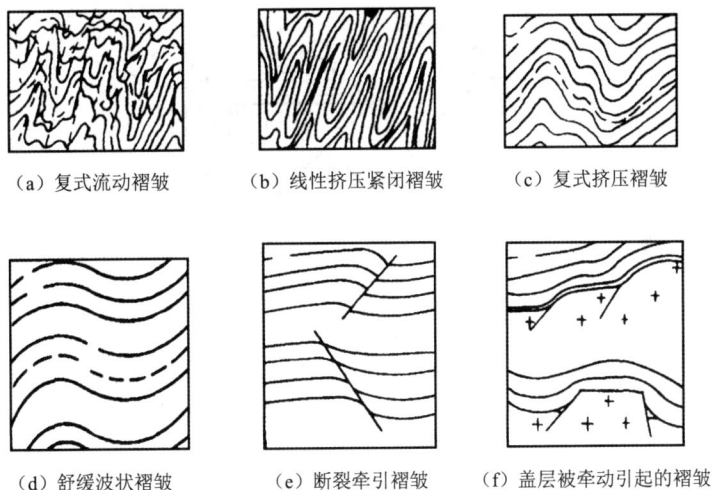

（a）复式流动褶皱　　（b）线性挤压紧闭褶皱　　（c）复式挤压褶皱

（d）舒缓波状褶皱　　（e）断裂牵引褶皱　　（f）盖层被牵动引起的褶皱

图 4-27　不同受力条件的褶皱类型

（4）舒缓波状褶皱褶曲岩层厚度变化小,褶皱平缓（图 4-27d）。工程地质性质随褶皱不同部位而有所不同,但一般不会出现非常困难的工程地质问题。

（5）断裂牵引褶皱的分布比较局限,但在此局部地段有时会造成强烈的构造变形,应变量大,导致岩石破碎（图 4-27e）,其工程地质条件差。

（6）盖层被牵动引起的褶皱下部基底断裂活动牵动到上部盖层而引起褶皱。这种褶皱比较平缓,局部可能发育成断层和可能引起顺层滑动（图 4-27f）。

4.4　断　层

岩层受力发生破裂,破裂面两侧岩块沿断裂面发生明显的位移,这种断裂构造称为断层。断层是地壳中最重要的一种地质构造,分布广泛,形态和类型多样,规模有大有小,大断层可延长数百、数千千米,小的要在显微镜下观察。

4.4.1　断层要素

断层的各个组成部分称为断层要素。断层要素包括断层面、断层线、断层盘等。

断层面是指相邻两岩块断开或沿其滑动的破裂面（图 4-28）,它的空间位置由其走向、倾向、倾角决定。断层面可以是平面,也可以是弯曲面。断层面还常常表现为具有一定宽度的破裂带,并可以由许多破裂面组成,称为断层带。断层带宽度不一,自几米至数百米。一般断层规模越大,形成的断层带越宽。

断层面与地面或其他面的交线称为断层线,断层线的分布规律与地层露头线相同。

断层盘是指断层面两侧相对移动的岩块（图 4-28 中的 1,2）。断层盘有上、下之分,也有上升盘（又称仰侧）与下降盘（又称俯侧）之分。当断层面直立或断层性质不明时,以方位表示断层盘,例如断层走向为东西方向,则可分出北盘与南盘。

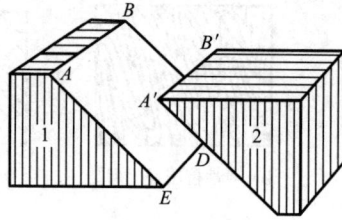

ABDE—断层面;*AA′*—滑距;1—下盘断层(图中为仰侧);2—上断层盘(图中为俯侧)。

图 4-28 断层的要素

未发生断裂前属同一层的岩层称为相当层。断层发生后,相当层沿断层面移动的距离称为断距。错断前的一点在错动后分成的两个对应点之间的实际距离称为滑距(图 4-28 中的 *AA′*)。

4.4.2 断层的类型

(1) 按断层两盘相对运动,断层有许多种分类方法,按两盘相对位移方向可分为:

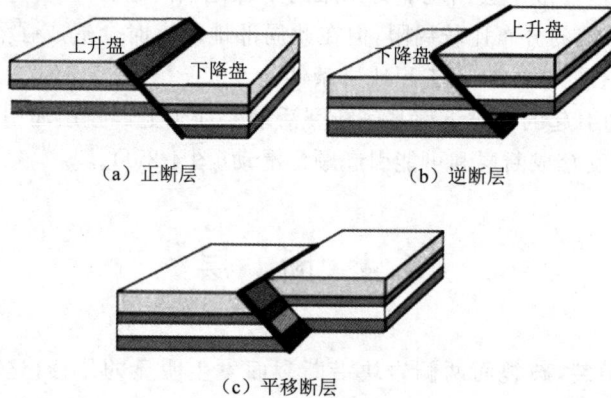

(a) 正断层   (b) 逆断层

(c) 平移断层

图 4-29 断层类型

① 正断层是沿断层面倾斜线方向,上盘相对下降,下盘相对上升的断层(图 4-29a),这种断层一般是在水平方向引张力作用或重力作用下形成的。一般断层面倾角较陡,往往大于 45°或在 60°以上。近年研究证实,某些断层面陡立的大型正断层,向地下深处产状逐渐变缓,在地壳受水平方向引张力作用的地区,伸展构造发育。正断层向深处变缓呈犁状(图 4-30),若干个高角度正断层在深处联合成一个规模巨大的低角度正断层。最后,由于断层滑动造成上部浅层次年轻地层以断层直接覆盖在深层次古老岩层之上。这种犁状正断层称为剥离断层。

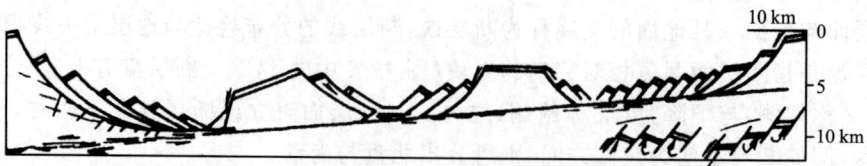

图 4-30 伸展构造及相伴产生的正断层(据马杏垣,1984)

② 逆断层一般是在两侧受到近于水平的挤压力作用下
形成的,上盘相对上升或下盘相对下降(图 4-29b)。由于其
形成的力学条件与褶皱近似,所以多与褶皱伴生。倾角大
于 45°的称为高角度逆断层,常与正断层发育在一起,被归
属为高角度断层一类。倾角小于 45°的低角度逆断层,称为
逆冲断层或逆掩断层(图 4-31)。规模巨大,同时上盘沿波
状起伏的低角度断层面作远距离推移(数千米至数十千米)
的逆掩断层,称为推覆构造(图 4-32),推覆构造多出现在地
壳强烈活动的地区。例如欧洲阿尔卑斯山区的格拉鲁斯推
覆构造(图 4-32a),其上盘推覆距离达 40 km。四川彭县地
区(图 4-32b),河南嵩山、西藏喜马拉雅山等地区都发育有
推覆构造。

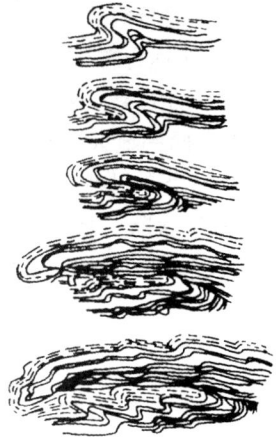

图 4-31　逆掩断层及其形成过程

(a) 阿尔卑斯山格拉鲁斯推覆构造 (据J. Oberholzer)

(b) 四川彭县推覆构造 (据西川二区测队)

图 4-32　推覆构造剖面图

③ 平移断层是断层两盘沿断层走向方向发生位移的断层(图 4-29c)。其倾角通常很
陡,近于直立。根据断层两盘相对位移方向,又可进一步区分为右行(或右旋)和左行(或左
旋)平移断层。当垂直断层走向观察断层时,对盘向右手方滑动(顺时针方向)者为右行平移
断层;对盘向左手方滑动(逆时针方向滑动)者为左行平移断层。

大型平移断层称为走向滑动断层,或简称走滑断层。它们规模巨大,延伸长达数百千米
甚至数千千米。例如北美西部圣安德列斯走滑断层,其走向北北西,延伸约 2 000 km,右行
平移距离达 500 km,从白垩纪至今仍在活动,形成世界著名的地震活动带。

断层两盘相对移动并非单一地上、下或者沿水平方向进行,而经常出现沿断层面做斜向

滑动。这时的断层兼具有正(逆)及平移性质。斜向滑动断层根据位移特点分出主次,采取复合命名,如称为左(右)行—正(逆)—平移断层或平移—正(逆)断层。复合命名中在后面的一种运动方式是主要的。

(2)在同一地区、同一应力的作用下往往形成有规则的排列组合,尽管产状不尽相同,皆可组成一个断层系。断层常见的组合形式有以下几种:

① 阶梯状断层是由若干条产状大致相同的正断层平行排列而成(图 4-33)。阶梯状断层一般发育在上升地块的边缘。

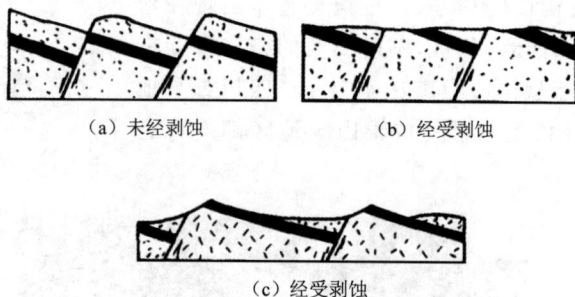

(a)未经剥蚀   (b)经受剥蚀

(c)经受剥蚀

图 4-33 阶梯状断层

② 地堑与地垒是由走向大致相同、倾向相反、性质相同的两条或数条断层组成的。如图 4-34(a)所示,断层中间有一个共同的下降盆,称为地堑;如图 4-34(b)所示,断层中间有一个共同的上升盘,称为地垒。两侧断层一般是正断层,但也可以是逆断层,地垒常呈断块隆起的山地,如江西的庐山;地堑在地貌上呈狭长的谷地、盆地与湖泊,如我国的汾渭地堑、世界上著名的莱茵地堑、贝加尔湖地堑等。

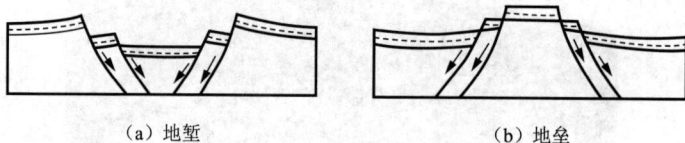

(a)地堑   (b)地垒

图 4-34 地堑和地垒

③ 叠瓦构造是一系列产状大致相同平行排列的逆断层的组合形式(图 4-35)。各断层的上盘依次逆冲形成像建筑叠瓦状。叠瓦构造中各断层面的倾角向下变缓,在深处有时收敛成一条主干大断层。

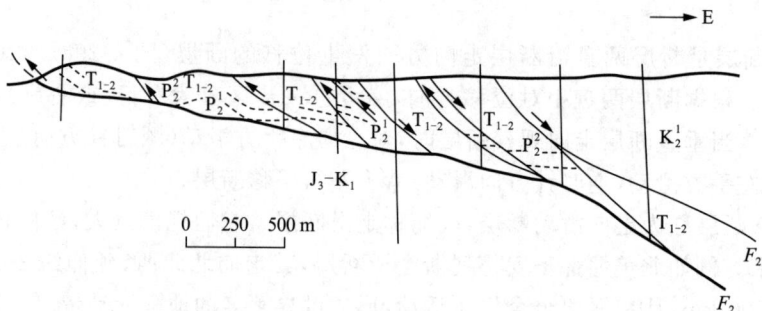

图 4-35 江苏茅山南段花山剖面

（3）按断层与所在岩层产状关系分类（图 4-36）。

① 走向断层（纵断层）：断层走向与岩层走向平行。

② 倾向断层（横断层）：断层走向与岩层走向垂直。

③ 斜向断层（斜断层）：断层走向与岩层走向斜交。

④ 顺层断层：断层面与岩层层理基本一致。

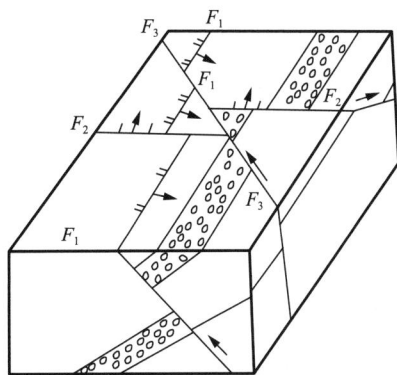

F_1—走向断层；F_2—倾向断层；F_3—斜向断层。

图 4-36 断层引起的构造不连续现象

4.4.3 断层存在标志

大部分断层在形成后遭受外力地质作用剥蚀和被松散沉积物覆盖，认识它们比较困难，因此需要依据一些标志来判断和证实断层的存在。判断断层存在的标志主要是地层和构造方面的依据，其次是地貌、水文等方面。

（1）地质体不连续岩层、岩体、岩脉、变质岩的片理等沿走向突然中断而出现不连续现象，说明可能有断层存在（图 4-36）。

（2）断层面（带）的构造特征：

① 镜面、擦痕与阶步。断层面表现为平滑而光亮的表面称镜面。其上常覆有数毫米厚的铁质、碳质或钙质薄膜，称为动力膜；其成分与两盘岩石有关。断层面上出现平行且均匀细密排列的沟纹称为擦痕。镜面和擦痕都是断层两盘岩块相对错动时在断层面上因摩擦和碎屑刻画而留下的痕迹。阶步是指断层面上与擦痕垂直的

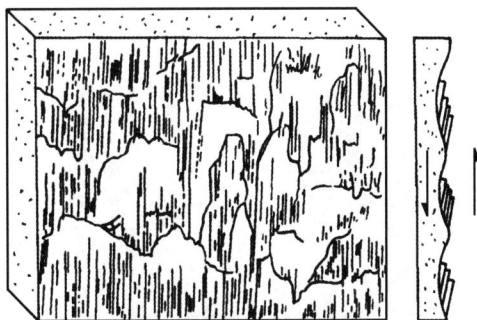

（擦痕和阶步由方解石纤维状晶体构成，陡坎面向对盘滑动方向）

图 4-37 北京西山奥陶系石灰岩断层面上的擦痕和阶步

微小陡坎（图 4-37）。其是由于顺擦痕方向局部阻力的差异或因断层间歇性运动的顿挫而形成。阶步又分正阶步与反阶步（图 4-38），它们可指示断层两盘动向。

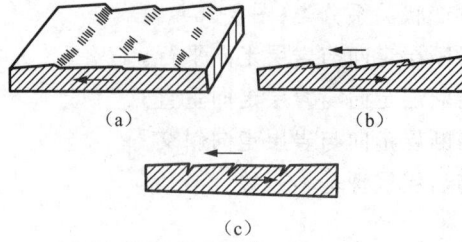

图 4-38　阶步(a)与反阶步(b),(c)箭头指示两盘的动向

②牵引构造。牵引构造是断层两盘相对运动时,断层附近岩层因受断层面摩擦力拖曳发生弧形弯曲的现象。牵引褶皱弧形弯曲突出的方向一般指示本盘的相对运动方向(图 4-39)。

图 4-39　断层带中的牵引褶皱及其指示的两盘滑动方向

③断层岩。断层岩是断层带中因断层动力作用被破碎、研磨,有时甚至发生重结晶作用而形成的岩石,主要有断层角砾岩、碎裂岩及糜棱岩等。

断层角砾岩由断层两盘岩石的碎块组成,由磨碎的岩屑、岩粉及地下水带来的钙质、硅质、铁质胶结。发育在正断层的断层带中时,角砾棱角分明、杂乱无章,称为张性角砾岩(图4-40a),而在较大的逆断层、平移断层和低角度正断层中,由于断层上覆压力大、位移量也较大,角砾经揉搓、碾滚,称为压碎角砾岩或断层磨砾岩(图 4-40b)。

碎裂岩是比断层角砾岩破碎程度高、碎块更细小的构造岩,若其中残留有较大的碎块,则称为碎斑岩;若被研磨成泥状,其单颗粒不易分辨而又未固结者称为断层泥。糜棱岩是一种具层纹构造的细粒岩石,外观颇似硅质岩。它主要是在较高的温度、压力及低应变速率条件下,由矿物晶体发生塑性变形而形成的构造岩。它不出现在脆性破裂构造的断层中,它是韧性剪切带(韧性断层)中的典型构造岩。

(a) 断层角砾岩　　　　　　　　(b) 断层磨砾岩

图 4-40　断层中典型构造岩

(3)地貌和水文等标志。断层两盘差异性升降运动,常形成陡立的峭壁,称断层崖。断层崖沿断层线分布时形成明显的线性构造。若断层崖后来受到与崖面垂直方向的流水切割、侵蚀,往往形成沿断层走向分布的一系列三角形陡崖,称为三角面山(图 4-41)。串珠状分布的湖泊、洼地和带状分布的泉水等都是可能有断层存在的标志。

图 4-41　河南偃师五佛山断层形成的断层三角面

4.4.4　断层形成时代

确定断层形成时代视具体地质情况可采用不同方法,但其基本原则是:断层发生的年代晚于被断最新地层的年代,早于以不整合覆盖在断层之上的最老地层的年代。图 4-42 所示断层的形成年代应为二叠纪与三叠纪之交。断层形成时代是评价其对工程稳定性影响的重要指标。

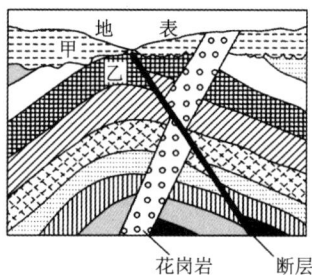

图 4-42　断层形成年代在二叠纪(P)与三叠纪之交(剖面图)

4.4.5　断层的工程地质评价

岩层(岩体)被不同方向、不同性质、不同时代的断裂构造切割,如果发育有层理、片理,则情况更复杂。因此,岩体被认为是不连续体。不连续面是断层、节理、层面等,又称结构面。

作为不连续面的断层是影响岩体稳定性的重要因素,这是因为断层带岩层破碎强度低。另外,断层对地下水、风化作用等外力地质作用往往起控制作用。断层对工程建设十分不利。特别是在道路工程建设中,选择线路、桥址和隧道位置时,应尽可能避开断层破碎带。断层发育对修建隧道最为不利。当隧道轴线与断层走向平行时,应尽量避开断层破碎带;而当隧道轴线与断层走向垂直时,为避免和减少危害,应预先考虑支护和加固措施。由于开挖隧道代价较高,为缩短其长度,往往将隧道选择在山体比较狭窄的鞍部通过。从地质角度考虑,这种部位往往是断层破碎带或软弱岩层发育部位,岩体稳定性差,属地质条件不利地段。此外,沿河各地段进行公路选线时也要特别注意与断层构造的关系,当线路与断层走向平行或交角较小时,路基开挖易引起边坡发生坍塌,影响公路施工和使用。

选择桥址时要注意查明桥基部位有无断层存在。一般当临山侧边坡发育有倾向基坑的断层时,易发生严重坍塌,甚至危及邻近工程基础的稳定性。

在岩石边坡稳定性评价方面,我国学者罗国煜提出的优势面分析理论与方法颇具代表性。简述如下:优势面是对岩体稳定性起控制作用的结构面。在岩石边坡变形破坏中,优势面构成岩体变形的边界且优势面组合控制岩体破坏模式,是一种导滑构造。这样,确定优势面就成为建立破坏模型进行定量评价和确立各项具体处理措施的关键。

优势面根据以下指标确定:

(1) 时间优势指标,它将断裂构造区分为老、新、活三类。老断裂是指 J-K(燕山期)及其更老时代产生的而近期无明显活动的断裂构造。新断裂是新生代(喜山期)形成的,它是新构造运动的产物。活断层是影响到全新世(QJ)的断裂。新、老、活断裂对区域工程地质条件和地基稳定性往往起控制作用。老断裂构造结构面多胶结闭合,而新断裂和活断层形成时代新,胶结不好,易导水富水,很可能是边坡的优势面。

(2) 性质优势指标,例如断裂构造等结构面的性质、充填物性质、粗糙度、张开度等。

(3) 数量优势指标,例如节理裂隙观测统计后所作玫瑰图得出的就是数量优势面。

(4) 产状优势指标,它与边坡同向,且倾角小于坡角,易产生临空滑动。根据这些资料进一步确定岩坡破坏模式,进行定量评价。

第5章

新构造运动

5.1 新构造

"新构造"一词最早于 1937 年由舒尔茨提出,1948 年奥勃鲁切夫正式提出"新构造学"。从新第三纪(中新世开始)以来发生的地壳运动称为新构造运动,相应的时代称为新构造时期。新构造运动是引起第四纪自然环境变化的另一个重要因素,这一内力作用也引起一系列环境效应,并影响地壳稳定性。新构造运动有水平运动(板块运动)、垂直运动、断裂活动、火山活动和地震等。我国新构造运动研究始于 20 世纪 50 年代初期,1956 年中国科学院组织了第一次新构造运动座谈会,1957 年中国第四纪研究委员会第一届学术会议专门讨论了新构造运动及编制中国新构造运动图的问题(图 5-1)。

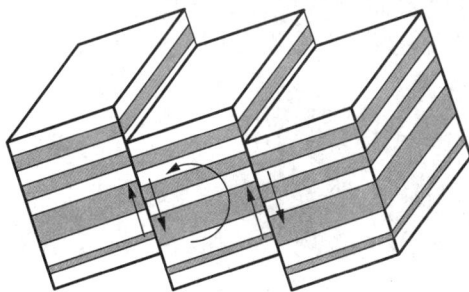

图 5-1 构造运动示意图

对"新构造运动"概念的理解和表述一直存有不同的看法,其中较大争议主要为新构造期及新构造运动发生的时限,归纳起来,大致有以下几种观点:① 第四纪时期发生的构造运动为新构造运动;② 新近纪和第四纪前半期发生的构造运动属于新构造运动;③ 古近纪开始至现代的构造运动均为新构造运动;④ 我国李祥根等认为中国新构造运动始于 340 万年前;⑤ 新构造运动无时间限制,只要是造成现代地形基本特点的构造运动都应称为新构造运动。

根据近期研究进展,本书认为把发生于新近纪以来的构造运动称为新构造运动较为合适。我国喜马拉雅造山带在中新世末期已全部回返。台湾地槽从上新世末到更新世初期也基本结束了地槽的发育历史。天山、祁连山、秦岭等已趋于稳定的地区,在新近纪到第四纪初期又重新活动,垂直差异运动表现得十分强烈。分布于我国东部及中部的古近纪红色盆地,在新近纪以后大部分都转变为上升的遭受剥蚀的山岳或丘陵。新近纪以来,我国东部产生了一些新断陷及上叠坳陷盆地,如渭河地堑与黄河、淮河平原等。自中新世与上新世以来,我国东部还发生了大规模的基性岩浆喷发。因而有必要将这一时期的构造运动从阿尔卑斯构造旋回或喜马拉雅构造旋回中单独划分出来。在新近纪以前,我国大陆地形的基本面貌是广阔的夷平地形,而新近纪开始到第四纪的构造运动使这些地形抬高,遭受破坏,形成了我国中部具有夷平面的山地和高原(内蒙古、华北、鄂湘黔等地)以及西部的山脉及深陷的山间盆地。以上事实说明,新生代以来,特别是中新世以来,地球应力状态和动力状态发生了急剧的变化,一系列新的构造动力系统开始发挥作用,造成地幔物质的重新分配,引起地壳岩石圈结构发生变动,大地水准面变形,新的不同等级的地质构造形成,使过去古老而稳定的构造重新活动,从而产生新的地质构造和形态构造,反映地球构造演化进入一个新的阶段——新构造阶段。

由新构造运动形成的地质构造称为新构造。

与新构造运动有相近含义的术语还有:

① 近代构造运动。不同学者对其出现的时间有不同理解,但多数人认为全新世以来的构造运动称为近代构造运动。

② 现代构造运动。它是有人类历史记载以来的构造运动。这种运动主要是通过仪器测定,但也有部分使用地质地貌法。由于它与人类的生产、生活和生命关系十分密切,从而引起了研究者们的高度重视(图 5-2)。

图 5-2 新构造运动后形成的地貌

③ 挽近地壳运动。1955 年,我国著名地质学家李四光教授提出"挽近地壳运动"(neoid crustal movement)一词。按他在 1958 年所给的定义:"在地质记录不完全的地区,要确定构造运动发生的时期及其持续的时间往往有很大的困难。任意主观的断定难免铸成错误,引起混乱。因此,概括地标示时期的名词是有一定效用的。'挽近'一词和苏联学者所倡导的新构造运动在时间上大致相等。"从以上定义看,挽近地壳运动的含义与新构造运动的含义大致相当。

新构造的重要表现之一是活动构造。关于活动构造的定义及形成时限问题与新构造一样,观点颇多,过去认为现今正在活动的或断续活动的新构造称为活动构造,但目前一般认为是指晚第四纪(晚第四纪指距今 12 万—10 万年以来的时段)以来有活动的构造。

活动构造主要类型有活动褶皱、活动断层、活动断块、活动盆地等,其中以活动断层最为重要。

5.2　表现形式

新生代以来地壳运动十分强烈,水平和垂直运动规模巨大。如新阿尔卑斯运动或喜马拉雅运动使特提斯海(古地中海)消失,出现地中海及两岸的山系和亚洲南部的喜马拉雅山;环太平洋沿岸岛弧,美洲西部边缘(科迪勒拉—安第斯山脉)都是新生代造山运动的结果。这时期的构造运动不仅改变了海陆轮廓,奠定了现代地貌形态,还影响现代地球上气候带分布。

新构造运动与新阿尔卑斯运动是有区别的,前者指新第三纪或第四纪以来的构造运动,后者指第三纪以来的构造运动。新构造运动对人类的活动有直接影响,人类往往可直接观察到。

新构造运动是地质历史上最新的一个构造旋回,青藏高原大规模抬升,形成举世瞩目的世界屋脊。研究表明,新构造运动表现的大幅度抬升,实际上是大规模水平运动引起的。洋脊地带,岩石圈板块做背离运动,使板块增长;海沟处,板块做敛合运动,大洋板块俯冲消亡,大陆板块被压缩抬升,形成年轻山系;转换断层带上,板块发生剪切活动。

新构造运动与古构造运动如加里东运动原则上相类似,但前者有特别之处。首先新构造运动是晚近地质时代的地壳运动,时间极其短暂;其二,新构造运动对现今地貌形成起明显控制作用;其三,它具有独特的综合研究方法。

新构造运动具有与古构造运动相同的一些表现形式,如地层(岩石及堆积物)的变形、变位、第四纪沉积物厚度变化、岩浆活动、地震活动、变质作用等。但由于新构造运动发生的时代较新,有些仍在进行之中,因此它们具有地形、地貌、地球物理、地球化学异常等方面的表现,可以进行直接观测、监测和研究。其主要表现有以下几个方面。

5.2.1　褶皱和断裂

由于新构造运动的水平挤压作用,新构造期产生的褶皱表现在两个方面:一是古构造期的褶皱进一步产生褶皱而形成叠加褶皱(图 5-3);二是上新世、早更新世或古近—新近纪松散沉积和尚未完全固结的地层产生褶皱。新构造期形成的褶皱构造规模、数量和强烈程度均不及古近纪以前的古构造,一般只形成小褶曲或穹形背斜隆起。中国西部由于受印度板块向北的挤压作用,使中国大陆刚性块体的周边形成的新构造褶皱轴向多呈北西向—近东西向,而中国东部尤其是在台湾岛附近,受太平洋板块和菲律宾海板块的西向运动,形成北北东—南北轴向褶皱(图 5-4)。

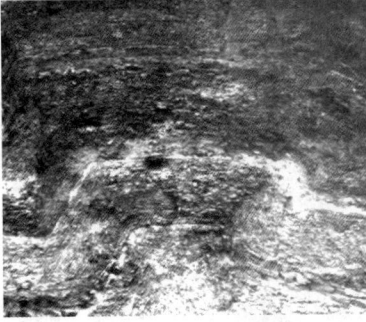

图 5-3　叠加褶皱

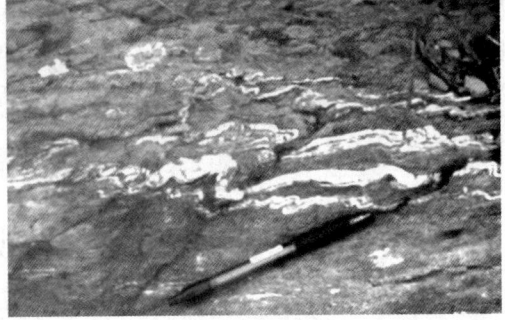

图 5-4　轴向褶皱

新构造运动产生的断裂包括节理和断层。新构造运动产生的节理(裂隙)主要分布在新近系或第四系中,地表也偶有出现,但规模较小。新构造运动产生的断层为脆性破裂(图5-5),多为老断层的重新活动及产生在新近系—第四系中的新断层。我国新构造时期断层,西部地区主要是大型走滑断层,而东部地区则以正断层为主。

图 5-5　脆性破裂带

5.2.2　地貌标志

新构造运动的主要特征之一就是具有地貌标志。新构造运动的直接地貌标志即新构造地貌,它是新构造运动直接作用的结果,如断层崖、断块山、新近纪以来形成的断陷盆地等。在活动的走滑断层带往往形成特有的地貌组合,如线性谷(或槽地)、断层陡坎、断陷塘、阻塞脊等。新构造运动的间接地貌标志,即主要与水系有关的地貌发育过程所表现的新构造运动,如反映新构造间歇性抬升运动的地貌有多级夷平面、多级河流(海、湖)阶地、多层溶洞等;同一地貌形态的变形变位,如洪积扇和阶地的变形变位、水系扭曲与错断、水系的同步转弯、汇流和分叉点的线状分布及洪积扇顶点的线状排列等。

5.2.3　沉积物标志

新近纪以来沉积物的分布、成因类型、岩相及厚度都受到新构造运动的控制,因此,新近纪以来的沉积物在很多方面记录了新构造运动的历史。

1) 沉积物的分布与新构造运动

新构造运动决定着现代地形的基本轮廓。新近纪及第四纪堆积物大都分布于现在地形

的低洼处,如海盆、湖盆、平原及山间盆地,而这些地区大部分都是新构造运动的下降地区
(图 5-6)。因此厚度较大的、面积较广的新近系—第四系分布区代表着新构造运动以沉降为
主;而与新近纪—第四纪堆积区相邻的物源剥蚀区则是新构造运动的相对抬升区。

图 5-6　火焰状沉积构造

2) 沉积物成因类型和岩相与新构造运动

沉积物的成因类型和岩相受一定的自然地理环境的控制,如强烈抬升的高原和山岳地
区,地形切割强,坡度大,因此常形成重力堆积物、山岳冰川堆积物和洪积物等;而在沉降运
动的平原和盆地区,则以湖沼沉积物和冲积物等最为发育。新构造运动的特点反映在沉积
物的岩相结构上,如在平原区河流冲积层中,一个河床相与河漫滩组合,是地壳一段稳定时
期的产物,如果出现多个河床相与河漫滩组合的叠加,则反映新构造运动的间歇性沉降;而
巨厚的河床相(几十米至几百米)则代表了地壳的连续性下降。又如,在山前洪积物中,如果
扇顶相和扇形相的界限不断向平原方向移动,则代表山地上升或盆地相对在不断下降
(图 5-7)。

图 5-7　上白垩统浊积岩

3) 沉积物的厚度与新构造运动

沉积物的厚度取决于堆积区与其物源区(剥蚀区)的相对高差和两者之间的距离,高差

越大,距离愈近,其沉积厚度也就越大。地形的高差是受新构造运动控制的,因此新近纪—第四纪沉积物的堆积速度与厚度,一定程度上代表新构造运动的速度与幅度。当堆积区与物源区之间由倾向堆积区的正断层分割,且该断层为活断层时,沉积物的堆积速度最快,其厚度也最大,如我国东部的汾渭断陷盆地,新近纪以来的沉积物厚度达2 000余米。

在利用沉积物的厚度和夷平面高度研究新构造运动时,应注意以下两个方面:① 利用松散沉积物厚度估算地壳下降幅度时要考虑沉积物压缩量和地壳均衡补偿;② 利用夷平面高度估算地壳上升幅度时要考虑地壳剥蚀量和均衡补偿。

5.2.4 温 泉

温泉是地下热水流出地表的自然露头。新构造时期的应力作用,尤其在现代构造应力作用下,地下承压热水通过尚未胶结的正在活动着的新构造断裂带溢出地表,形成温泉或沸泉。温泉和热水带的规律性分布是新构造运动的活动类型之一或新构造热水活动的重要标志(图5-8),人们常通过温泉或沸泉出露点的带状分布规律判别断裂(层)或隐伏活动断裂(层)的活动性或其存在。研究表明,地震、温泉及活动断裂,它们在空间分布上具有一致性。

中国西部喜马拉雅板块汇聚构造带是地中海—喜马拉雅地热带的一部分,中国台湾岛弧构造带是西太平洋地热带的一部分。这两条地热带被称之为板缘高温地热带,也是沸泉和高温泉密集分布带。中国台湾处于环太平洋地震带上,位于欧亚和太平洋两大板块之间,即火山活动相当发达的地形之一,因此造就了台湾的三大火山系统——大屯火山系(基隆火山、龟山岛)、东部海岸山脉以及澎湖群岛区。但大多数火山皆为死火山,由于地底深处尚有未冷却的火山岩浆继续流窜,地热也致使台湾的温泉分布及活动相当活跃,因此火山区域内往往可以发现温泉与喷气孔。火山型温泉的硫化物需遇热才会大量溶解于水中,形成"硫酸泉"(石膏泉,俗称为硫黄泉)与"盐酸泉"。

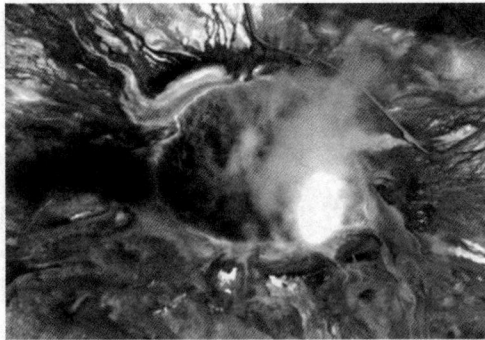

图 5-8　大稜镜温泉

5.2.5 变质作用

岩石在基本上处于固体状态下,受到温度、压力及化学活动性流体的作用,发生矿物成分、化学成分、岩石结构与构造变化的地质作用,称为变质作用。经历变质作用后形成的岩石称为变质岩。变质岩形成后还可经历新的变质作用过程,有的变质岩是多次变质作用的产物。

变质作用绝大多数与地壳演化进程中地球内部的热流变化、构造应力或负荷压力等密切有关,少数是由陨石冲击月球和地球的表面岩石所产生。变质作用是在岩石基本上保持固体状态下进行的。地表的风化作用和其他外生作用引起岩石的变化,不属于变质作用。

促使沉积物转变成为沉积岩的成岩作用,通常也是在地下一定深度和一定的温度、压力等条件下进行的,它与变质作用有相似之处,但成岩作用所要求的深度、压力和温度都较小,在作用的过程中物质发生的变化不十分明显;而变质作用所要求的温度与压力较高、深度较大,在作用过程中原岩变化显著。一般来说,成岩作用的温度小于 150～200 ℃,围压低于 100～200 MPa;而变质作用则要高于这一数值。因此,可以说成岩作用与变质作用具有过渡关系。变质作用虽与温度有重要关系,但温度并未使原岩熔融,即原岩基本上在固态下发生变质,一旦温度高到使原岩熔融,那么,就进入岩浆作用的范畴,因此变质作用与岩浆作用从发展上来看也是有联系的。对于大多数岩石来说,变质作用的高温界限大致为 700～900 ℃。

在地壳形成发展过程中,早先形成的岩石,包括岩浆岩、沉积岩和先形成的变质岩,为了适应新的地质环境和物理化学条件的变化,在固态情况下发生矿物成分、结构构造的重新组合,甚至包括化学成分的改变,这个变化过程称为变质作用。当然,由于变质作用形成的岩石就称为变质岩。变质作用的分类方法不完全一样,有的侧重于地质特点,有的侧重于物理化学条件,有的侧重于矿物组合和变形作用所产生的结构构造特点。合理的分类应是一个综合分类,既要考虑变质作用形成时的大地构造环境,又要以反映热流变化的变质相和变质相系为基础。根据变质岩系产出的地质位置、规模和变质相系,同时考虑大多数人的习惯分法,可把变质作用分为局部性的和区域性的两大类别。

温度往往是引起岩石变质的主导因素。它可以提供变质作用所需的能量,使岩石中矿物的原子、离子或分子具有较强的活动性,促使一系列的化学反应和结晶作用得以进行;同时温度增高还可使矿物的溶解度加大,使更多的矿物成分进入岩石空隙中的流体内,增强了流体的渗透性、扩散性及化学活动性,促进了变质作用的过程。变质作用的温度范围可由 150～200 ℃升到 700～900 ℃。

导致岩石温度升高的主要原因有:① 岩浆的侵入作用使其围岩温度升高;② 当地壳浅部的岩石进入更深部时,由于地热增温使原岩的温度升高;③ 由深部热流上升所带来的热量使岩石的温度升高;④ 岩石遭受机械挤压或破裂错动时由机械能转化的热量使岩石的温度升高,这种热量一般较小或较局限。

压力也是变质作用的重要因素,根据压力的性质可分为静压力和动压力。静压力又称围压,是由上覆岩石的重量引起的压力。它具有均向性,并且随着深度增加而增大。静压力的作用在于使岩石压缩,使矿物中原子、分子或离子间的距离缩小,促使矿物内部结构改变,形成密度大、体积小的新矿物。如红柱石是在压力较低的环境下形成的,当静压力增大时,它可以转变为化学成分相同,但分子体积较小的蓝晶石。

动压力是由构造运动所产生的定向压力。由于动压力只存在于一定的方向上,因而使得岩石在不同方向上产生了压力差。这种压力差在变质作用中有着十分重要的意义。它可以引起矿物的压溶作用,即在平行动压力方向上溶解较强,物质迁移到垂直动压力方向上沉淀,导致原岩发生矿物的重新分异与聚集,造成矿物定向排列;也可以使原岩破碎或产生变形,从而改造了原岩的结构与构造。

　　化学活动性流体是指在变质作用过程中存在于岩石空隙中的一种具有很大的挥发性和活动性的流体。这种流体的组分以 H_2O 及 CO_2 为主,并包含其他多种易挥发物质及其溶解的矿物成分。在地下温度、压力较高的条件下,这种流体常呈不稳定的气液混合状态存在,因而具有较强的物理化学活动性,在变质过程中起着十分重要的作用。

　　化学活动性流体可以促使矿物组分的溶解和迁移,引起原岩物质成分的变化。而且,这种流体作为固体与固体之间发生化学反应的媒介具有极重要的意义,因为固体之间的化学反应涉及物质组分的交换,如果没有流体媒介,这种反应是极其缓慢的;同时,流体本身也积极参与了变质作用的各种化学反应;此外,流体的存在还会大大降低岩石的重熔温度,使变质作用的高温界限变低。

　　化学活动性流体具有多种来源。其中包括岩石空隙中原已存在的孔隙水、变质过程中从矿物结构中析出的 H_2O 及 CO_2 等挥发性物质、从岩浆中分离出的挥发性组分以及从地下深处分异上升的深部热液等。

　　时间是变质作用很重要的影响因素,有些变质作用看起来不易发生,但是在长时间变质因素持续作用下却可以进行。特别是变质结构的生成、岩石的塑性变形,都是很慢的过程。

　　必须指出,上述各种变质作用因素常常是互相配合、共同改造岩石的。但是,在不同的情况下起主要作用的因素会有所不同,因而变质作用也相应地显示出不同的特征。

　　在温度、压力及化学活动性流体的作用下,原岩可发生物质成分和结构、构造的变化。但是,这一变化是如何得以完成的呢?了解变质作用的方式有助于我们了解变质作用的过程。变质作用的方式极其复杂多样,其主要的方式有以下几种:

　　(1)重结晶作用是指岩石在固态下,同种矿物经过有限的颗粒溶解、组分迁移,然后又重新结晶成粗大颗粒的作用,在这一过程中并未形成新矿物。最典型的例子是隐晶质的石灰岩经重结晶作用后变成颗粒粗大的大理岩(主要矿物成分均为方解石)。重结晶作用在成岩作用中已经出现,但在变质作用中则表现得更加强烈和普遍。重结晶作用对原岩的改造主要是使其粒度加大、颗粒相对大小均一化、颗粒外形变得较规则(图5-9)。

　　(2)变质结晶作用是指在变质作用的温度、压力范围内,在原岩总体化学成分基本保持不变的情况下(挥发分除外),原有矿物或矿物组合转变为新的矿物或矿物组合的作用。由于这种变化过程多数情况下涉及岩石中各种组分的重新组合,并以化学反应的方式完成,故又称为重组合作用或变质反应。变质结晶作用的主要特点是有新矿物的形成和原矿物的消失,并且在反应前后岩石的总体化学成分基本不变。

　　(3)交代作用是指在变质过程中化学活动性流体与固体岩石之间发生的物质置换或交换作用,其结果不仅形成新矿物,而且岩石的总体化学成分发生改变。交代作用的特点是:在固态下进行;交代前后岩石的总体积基本保持不变;原矿物的溶解和新矿物的形成几乎同时进行;交代作用是在开放系统中进行的,反应前后岩石的总体化学成分发生改变。交代作用在变质过程中是比较普遍的,凡有化学活动性流体参加的情况下,总会有不同程度的交代作用发生。

　　新构造期变质作用分布局限,主要分布在板块边界带,我国主要分布在台湾地区及喜马拉雅地区。前者由于太平洋板块和中国大陆板块相撞,使台湾大南澳片岩基底和其上覆的古近—新近纪盖层发生渐进型变质作用,可划分为大南澳变质岩带、中央山脉变质岩带及海岸山脉变质岩带三条北北东走向的变质岩带;后者在喜马拉雅形成主边界冲断层,于断面发育部位的新近系中有变质作用,变质程度由南向北逐渐增强。

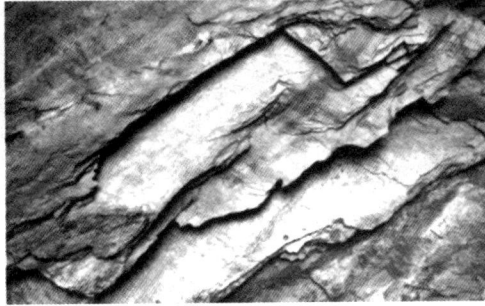

图 5-9　因变质作用形成的岩石

5.3　新构造类型

5.3.1　隆起构造

隆起构造是由新构造上升运动所形成的构造,隆起构造内部的差异性很小,但通常核部上升幅度最大,边部常有断裂伴生。中国在中新生代陆内构造,岩浆活化的复合大陆构造背景下发育了特有的地质构造特征,例如岩浆核杂岩。大规模的隆起和拆离构造在同一区域先后发育,显示韧脆性变形叠加特征(图 5-10)。据其规模,可分为大区域隆起构造、大面积隆起构造及局部隆起构造等。大区域隆起构造的直径达数百至数千千米,如青藏高原、云贵高原等。大面积隆起构造的直径可达数百千米至数十千米,如南岭、三峡、太行山—军都山隆起构造等。局部隆起规模较小,直径一般数万米,如四川甘孜地区的锣锅梁子、雪门坎隆起等(图 5-11)。

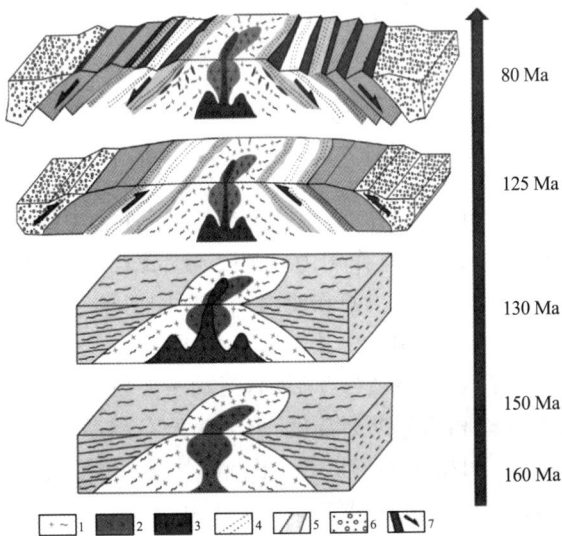

图 5-10　岩浆核杂岩隆起—拆离构造示意图(据吕古贤等,2016 修改)

图 5-11 四川甘孜锣锅梁子隆起构造模块图

5.3.2 坳陷构造

坳陷构造是新构造下降运动形成的构造形式(图 5-12)。这一类构造主要通过分析平原(或盆地)新近纪—第四纪沉积物厚度等值线或被上述地层掩埋的古地形面起伏来识别。根据大多数平原(或盆地)沉积物厚度变化,这类构造的边部有时两边伴生断裂,有时一侧发育断裂,或者被一系列断裂控制,垂直断裂方向上沉积厚度变化大,基底起伏平,有的沿断裂一侧沉积很厚。根据平原(或盆地)基底断裂及其控制的新沉积物厚度变化,可分出一系列次级凹凸构造。

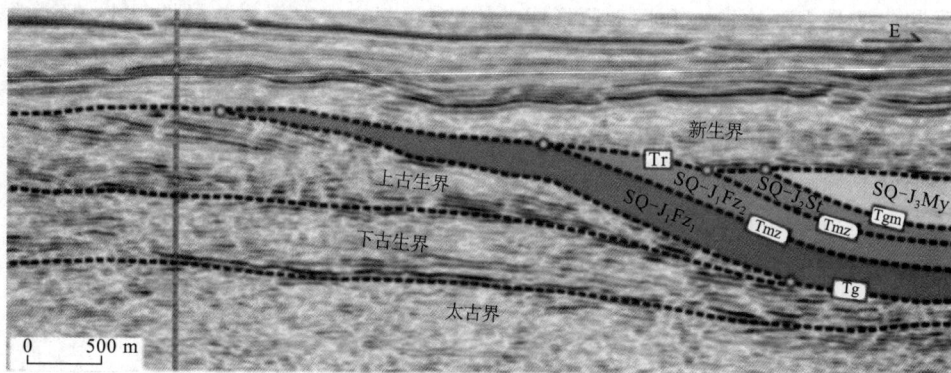

图 5-12 济阳坳陷义和庄凸起东部燕山期层序地层格架

5.3.3 断块构造

由于地球内部热力和重力所引起的膨胀和收缩,加之外部天体的影响,地球自转变速和极轴摆动产生挤压与拉张的水平构造作用力,并由此造成岩石圈的断块构造特点。沿着断块的断面产生错动,同时沿着断块的顶面和底面产生层间滑动,浅层构造受深部断块的这种运动所控制,而深层构造又受浅层构造的影响。断块是指边界完全或部分由断裂围限的地壳单元块体。在断块运动时,它们整体参与活动,运动主要发生在边界(断裂)上,而断块(块体)内部变形微弱。按其规模和边界断裂深度,可分为岩石圈断块、地壳断块、基底断块及盖层断块等,也可按地名命名,如川滇菱形断块、川青断块等。新构造(活动构造)的重要表现之一就是断块的差异活动,其活动的主要方式是以(活动)断裂带为边界的断块之间产生明显或大规模的差异升、降运动或平移(走滑)运动,从而形成盆、岭相间的地貌——构造形态等(图 5-13)。

图 5-13　断块构造示意图

5.4　活动断层

5.4.1　活动断层的概念及研究意义

新构造的重要表现之一是活动断层,又称活断层。它是与人类活动关系最为密切的活动构造。但活动断层的概念争议较大,其焦点在于活动断层活动的时间上限问题。有的主张把第四纪以来活动过的断层都叫活动断层,有的主张限定在晚更新世之内,有的主张限于最近 35 ka(按 ^{14}C 确定的绝对年龄的可靠上限)之内,也有的主张只限于全新世之内。时间差距较大。然而,大家研究的重点是一致的,都注重研究从第四纪以来反复活动着,与地震活动紧密相关的,今后可能继续活动的断层。从工程使用的时间尺度和断层活动资料的准确性考虑,时间上限不宜过长与过短。时间上限过长,则活动断层太多,不利于工程建设;由时间上限过短,则会遗漏很多活动断层,对工程也有影响。因此,应结合工程类型及其重要程度,给予活动断层以明确的含义。

美国原子能委员会等机构从历史性和现实性观点出发,将活动断层分为两类。一类是狭义的,称为"活动断层",其概念是全新世(10 ka)以来活动的断层,并且未来仍有可能活动,由该活动断层可以找到地质的、历史考古的、地震活动的、地球物理的以及大地测量的诸多证据,它对现代工程实践和地震预报等有着最直接和密切的关系。另一类是广义的,称为"能动断层",其含义是:① 在过去 35 ka 内至少有过一次活动的证据,或在过去 0.5 Ma 内有反复活动的证据;② 与之有联系的断层;③ 沿该断裂带仪器记录到微震活动。美国的这个概念后来被不少国家参考使用。

目前一般认为晚第四纪(晚第四纪指距今 100～120 ka 以来的时段)以来有活动的断层叫活动断层。

活断层研究具有十分重要的意义。随着国民经济建设的发展,大型工程设施愈来愈多,如超高建筑、大型桥梁、隧道、大型水库、核电站、高速公路、地下铁道、国际机场、重要广播电视发射台、重要通信枢纽、大型化工厂等。为确保工程的安全,活断层对工程的影响和破坏作用是不可忽视的。活断层对工程设施的破坏作用主要表现在三个方面:① 由于断层重新活动发生地震引起的破坏;② 由于断层缓慢蠕动造成地表破裂和位移;③ 由于断层活动引

起的地质灾害,如滑坡、崩塌等(图 5-14)。因此,在进行工程可行性研究前,务必引起工程主
管决策人和设计人员的高度重视,以减少或避免活断层给工程安全带来的隐患。

图 5-14　活动断层擦痕

5.4.2　活动断层标志

1)地质标志

(1)新地层(沉积物)错断标志。

最新沉积物(地层)错开是活动断层最可靠的地质特征。一般来说,只要见到第四纪晚
期的沉积物被错断,无论是老断层的复活或新断层的出现,均可鉴别为活动断层(图 5-15)。
鉴别时需注意与滑坡产生的地层错断相区别。

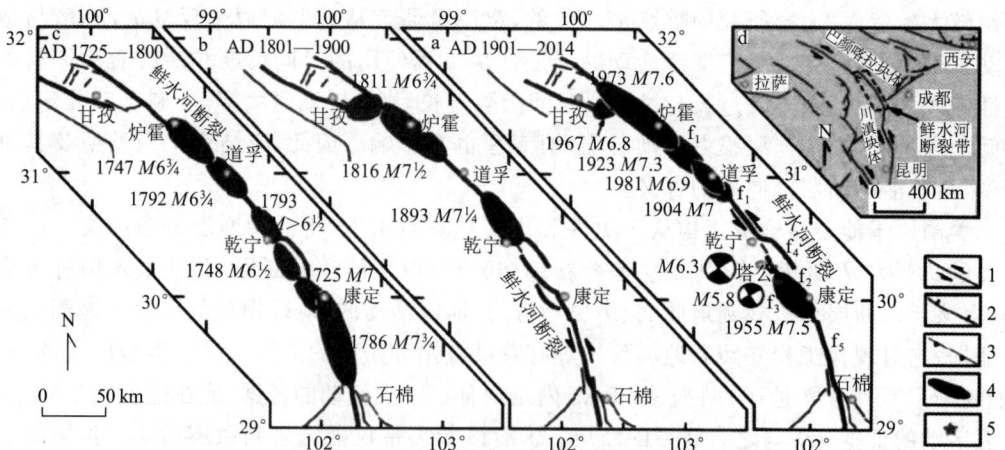

图 5-15　四川鲜水河活动断裂(四川石棉县)

(2)断层岩特征标志。

活动断层破碎带通常由松散物质组成,而老断层的破碎带均有不同程度的胶结。未胶
结和胶结极差的疏松构造岩、断层泥的存在可作为判别活动断层的地质标志。绝大多数强
震震中分布于活动断层带内。世界上破坏性地震所产生的地表新断层与原来存在的断层走
向一致或完全重合。在许多活动断层上都发现了古地震及其重要现象,重复的时间在几百
年至上万年。大多数强震的极震区和等震线的延长方向与当地断层走向一致。由震源力学

分析得出,震源错动面产生状态大部分与地表断层一致。

2) 地貌标志

活动断层产生的地貌标志多种多样(图 5-16),如断层崖、水系、山脊、阶地、洪积扇等错断;断层破碎带形成的断层沟槽、坡中谷等线性地貌;串珠状或斜列式盆地或沼泽、湖泊的分布;密集的台阶式陡坎、线形脊、闸门山、断塞塘、地震沟;干旱地区的一线绿洲、沼泽、沙丘等出现,它们往往指示活断层的存在。

图 5-16　活动断层地貌

3) 地质灾害标志

山崩、滑坡、倒石堆沿断裂带呈明显的带状分布,但应注意区别重力作用的地质灾害。地壳形变观测:许多地震在临震前,震区的地壳形变增大,可以是平时的几倍到几十倍,如测量断层两侧的相对垂直升降或水平位移的参数,是地震的重要标志。

4) 地球物理标志

重力和磁力正负异常的分界线和梯级带,尤其是排除了地貌、岩性所引起的异常,即由于压强差所反映出的重力均衡异常梯级带,以及地震波探测剖面中所反映的断距明显的(常以千米计)深部界面的存在。

5) 地球化学标志

地球化学测量反映的水化学异常及冷泉、温泉、承压泉、汽泉等呈线状排列;同位素异常成带分布,很多气体,如 CO_2,H_2,He,Ne,Ar,Rn,Hg,As,Sb,Bi,B 等的含量一般都会偏高。

6) 地震活动性标志

断层带内有现代强震,或历史上有破坏性地震,或发现有晚更新世以来的古地震遗迹,或现代小震沿断层密集成带分布。诱发或产生地震的活动断层称震源断层或发震断层。地震在地面产生的各种变形形迹叫地震遗迹。研究古地震及现代地震遗迹,对研究活动断层的位置、规模、产状、运动方式等具有十分重要的意义。地震时在地表产生的破裂叫地震断层,也有人称地震地表破裂(带)、地表断层等。大地震的地震遗迹主要有地震断层、地裂缝、构造楔、崩积楔、地震沟、地震鼓包、地震滑坡、地震崩塌、碎石林及沙土液化(沙脉)等(图 5-17)。

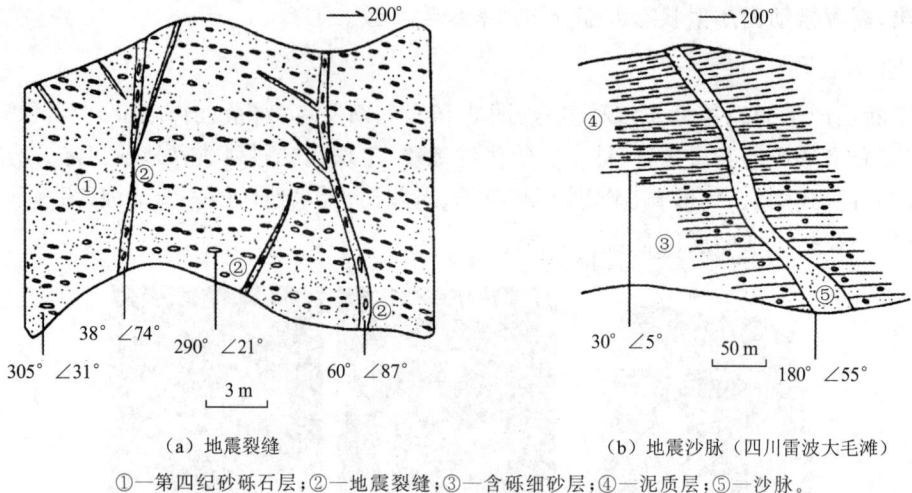

（a）地震裂缝　　　　　　　（b）地震沙脉（四川雷波大毛滩）
①—第四纪砂砾石层；②—地震裂缝；③—含砾细砂层；④—泥质层；⑤—沙脉。

图 5-17　四川雷波翼子坝断层古地震遗迹

5.4.3　活动断层分类

活动断层是晚第四纪以来有活动的断层。活动断层现今仍在活动或近代地质时期曾有过活动，将来还可能重新活动。断层类型很多，规模差别极大，形成机制和构造背景各异，因此，研究的内容、方法和手段各不相同。但是断层研究的首要环节是识别断层和确定断层的存在。虽然断层可以通过分析和解译航卫片、物探图、地质图和有关资料得以确定或推定，但识别和确定断层存在的主要方式是进行野外观测。活动断层可以根据滑动速率、运动方向或运动行为进行分类。

滑动速率（v）指活动断层两盘块体在包含发生数次地震时段内的年平均位移值，单位为 mm/a。据滑动速率活动断层可分为：

强烈活动断层，$v \geqslant 10$ mm/a；

中等活动断层，1.0 mm/a $\leqslant v \leqslant 10$ mm/a；

弱活动断层，0.1 mm/a $\leqslant v \leqslant 1$ mm/a。

活动断层也可分为 AA，A，B，C 四级：

AA 级活动断层，$v \geqslant 10$ mm/a；

A 级活动断层，5.0 mm/a $\leqslant v \leqslant 10$ mm/a；

B 级活动断层，1.0 mm/a $\leqslant v \leqslant 5$ mm/a；

C 级活动断层，0.1 mm/a $\leqslant v \leqslant 1$ mm/a。

活动断层根据运动方向分为正、逆、平移活动断层。

活动断层根据活动行为分为黏滑型和蠕滑型活动断层。前者以地震方式产生间歇性地突然滑动，称为地震断层或黏滑型断层；后者特征是沿断层面两侧岩层连续缓慢地滑动，称为蠕变型断层或蠕滑型断层。一般认为，黏滑型断层的围岩强度高、断裂带锁固能力强、能不断积累应变能，当应力达到围岩强度极限后产生突然滑动，迅速而强烈地释放应变能，造成大的地震，因此沿这种断层往往有周期性地震活动。蠕滑型断层主要发育在围岩强度低、断裂带内含有软弱充填物或孔隙液压和地温的高异常带内，断裂锁固能力弱，不能积累较大的应变能,在受力过程中易于发生持续而缓慢的滑动。断层活动一般无地震发生,有时可伴有小震。

5.4.4　活动断层研究

1) 活动断层调查

针对活动断层存在的标志,应用地质、地貌、地震、物探化探及遥感等方法调查、发现活动断层。如果线状或面状地质体在平面上或剖面上突然中断、错开,不再连续,说明有断层存在。为了确定断层的存在和测定错开的距离,在野外应尽可能查明错断的对应部分。构造强化是断层可能存在的重要依据。构造强化现象包括:岩层产状的急变和变陡;突然出现狭窄的节理化、劈理化带;小褶皱剧增以及挤压破碎和各种擦痕等现象。构造透镜体是断层作用引起构造强化的一种现象。断层带内或断层面两侧岩石碎裂成大小不一的透镜状角砾块体,长径一般为数十厘米至二三米。构造透镜体有时单个出现,有时成群产出。构造透镜体一般是挤压作用产出的两组共轭剪节理把岩石切割成菱形块体后,其棱角被磨去形成的。它包含透镜体长轴和中轴的平面,或与断层面平行,或与断层面成小角度相交。在断层带中或断层两侧,有时见到一系列复杂紧闭的等斜小褶皱组成的揉褶带。揉褶带一般产于较弱薄层中,小褶皱轴面有时向一方倾斜,有时陡立,但总的产状常常与断层面斜交,所交锐角一般指示对盘运动方向。断层岩的发育和较广泛产出也是断层存在的良好判据。

2) 断层活动年龄的测定

活动断层活动年代的测定对活动断层研究至关重要,只有测出活动年代,才能推算出断层的平均滑移速率、重复活动的周期及预测未来事件等。断层的活动性也经常用断层最后一次活动的时代去衡量,即年代越新,活动性越大,年代越老,活动性越低。断层的活动年代包括相对年代和绝对年代,前者最直观、最可靠,其测定方法就是切割律。如果活动断层上覆有未变形的覆盖层,则断层的活动时代为下伏被错断地层时代之后、上覆未变形地层时代之前(图 5-18)。后者通过测定与断层活动有关的沉积物的年代、断层地貌形态或直接测定断层面充填物的方法加以确定。与断层活动有关的沉积物是多种多样的,故年代确定的方法也很多,如 ^{14}C 法、铀系法、K—Ar 法、裂变径迹法、古地磁法、热释光法(TL)、电子自旋共振法(ESR)、电子显微镜测定石英颗粒表面形态及沉积速率估算等。

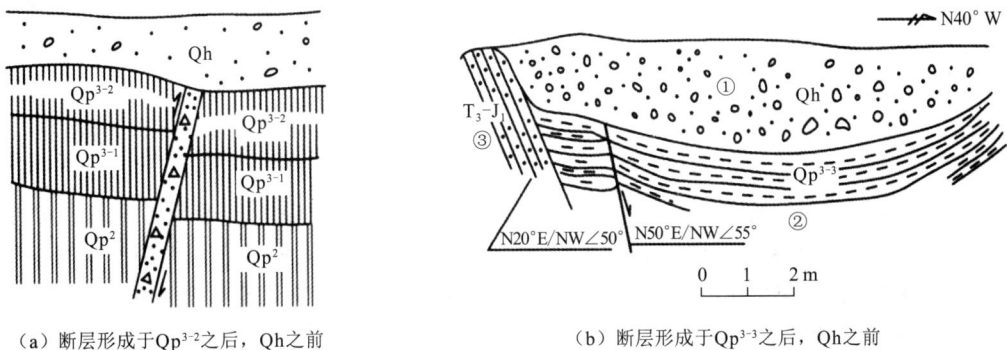

(a) 断层形成于 $Qp^{3\text{-}2}$ 之后,Qh 之前　　　　(b) 断层形成于 $Qp^{3\text{-}3}$ 之后,Qh 之前

图 5-18　应用切割律确定断层活动时期

3）活动断层活动方式

活动断层活动方式有黏滑与蠕滑。

（1）黏滑型活断层。

具有下列特征之一的活断层，可确定为黏滑型活断层：

① 具有周期性中强以上地震发生的活断层；

② 地形变量具周期突变并与地震相对应的活断层；

③ 断层带上从变形形迹的切错关系判断有多次活动，且各次变形量不一的活断层；

④ 断层带的结构表现为破裂、碎裂化，长石、石英矿物较多，破裂面较集中的活断层；

⑤ 根据断层带物质显微结构分析，断层泥中有切砾微断裂、直线擦痕或平行状擦痕；石英碎砾具有撞击坑、撞击锥等各种撞击楔入现象、直线状擦痕、摩擦糙面等现象的活断层。

（2）蠕滑型活断层。

具有下列特征之一的活断层，可确定为蠕滑型活断层：

① 具匀速变形，其累计变形与时间关系曲线呈正弦状上升的活断层；

② 断层横剖面表现为连续变形的活断层；

③ 断层带内有矿物双晶化、错位、重结晶等现象，黏土矿物含量达 30% 以上，并具膨胀性矿物的活断层；

④ 根据断层带物质微观结构分析，断层泥中有微断裂、弧形或匀状擦痕；石英碎砾中见追踪破裂、裂而不破和酥裂、研磨面、研磨坑以及擦面平滑的弧形、丁状、匀状擦痕等现象的活断层。

4）活动断层分段性

活动断裂的分段是地震危险性研究的重要环节。一条断层由于其活动特点（时间、强度、性质、活动方式等）的差异，可以划分出不同的段落，这就是所谓断层活动的分段性。丁国瑜指出："活断层的分段性是由于强震破裂状况所反映出的一种断层活动习性，活断层的分段应该是断层上最大震级地震的破裂分段。"对于这一点来说有时地表断层的几何结构分段和地震破裂分段是不相同的。因此活断层的分段既需要考虑地震破裂情况，又需要考虑断裂的几何结构特征。

5）活动断层滑（错）动速率

活动断层滑（错）动速率指活动断层两盘块体在包含发生数次地震时段内的年平均位移值（单位为 mm/a）。活断层的错动速率一般是通过重复精密地形测量和研究第四纪沉积物年代及其错位量而获得的。通过重复精密地形测量可以精确地测定活断层不同地段的现今错动速率。而由第四纪沉积物年代及其错位量的研究只能确定活断层在最新地质时期内的平均错动速率。

据统计，我国活断层的平均错动速率各地差异甚大。西部地区大部分活断层垂直平均错动速率 0.5～1.6 mm/a；水平平均错动速率，新疆地区 8～18 mm/a，青藏高原周围 2～9 mm/a，青藏高原内部 3.5～10 mm/a。东部地区大部分活断层垂直平均错动速率，华北平原 0.2 mm/a，银川地堑、汾渭地堑分别为 2.3 mm/a 和 1.8 mm/a，鄂尔多斯周围 3～5 mm/a，华南 0.4～2 mm/a，台湾 6～12 mm/a。活断层的错动速率是不均匀的，临震前往往加速，地震后又逐渐减缓。

6）活动断层错动周期

发震断层两次突然错动之间的时间间隔即活断层的错动周期。活断层发生大地震的重复周期往往长达数百年至数千年,有的已超出地震记录的时间。为此,要加强古地震的研究,利用古地震保存在近代沉积物中的地质证据及地貌记录来判定断层错动的次数和年代。活动断层的错动周期主要取决于断层周围地壳应变速率和断层面锁固段的强度。一般情况是:应变速率愈小,锁固段强度愈大,则错动周期愈长。这就是说,地震强度愈大的活断层,其错动周期愈长。因此,刚发生过大地震的地段应该是安全的。

第6章

地应力场

6.1 地壳中的天然地应力场

地壳中天然存在着应力状态,简称地应力,它是指未经人类活动天然情况下的地应力状态。与人类工程活动引起的应力变化相比,地应力又称为初应力或原始应力。地应力场包括重力场、温度应力场、水压力场、气压力场和构造应力场。地应力场是在漫长的地质历史中形成的。

6.1.1 自重应力场

自重应力场是由岩土介质自身的重力作用产生的,如图 6-1 所示。由于自重应力场的半空间特征只能产生竖向变形,不能产生侧向变形和剪切变形,所以各面上均无切应力,此时面上的法向应力即主应力。

$$\sigma_1 = \gamma Z \qquad (6-1)$$

$$\sigma_2 = \sigma_3 = K_0 \sigma_1 \qquad (6-2)$$

式中　　γ——地层的天然重度,kN/m^3,假定地层物质是均匀、连续、各向同性、完全弹性的介质;

　　　　Z——研究点 O 处的深度,m;

　　　　K_0——静止侧压力系数。

图 6-1 自重应力场

一般情况下,主要在地壳表层的第四纪地层中,自重应力场具有 $\sigma_1 > \sigma_2 = \sigma_3$,$\tau = 0$ 的特征,此时 $K_0 \leqslant 1.0$,当地层为弹性介质时,$K_0 = \dfrac{\mu}{1-\mu}$,μ 为泊松比。当地层为各向异性,且 $\sigma_2 \neq \sigma_3$,地层显著超固结时,则 $K_0 > 1.0$,这要和当地的地质历史及岩性结合起来进行分析。

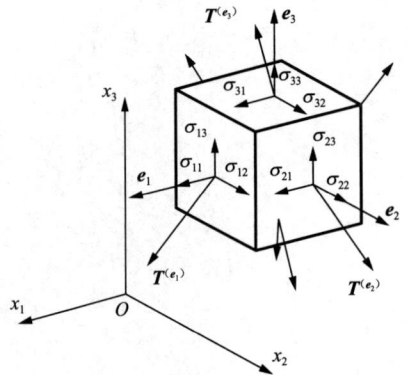

6.1.2　温度应力场

温度应力场是指地层的温度明显高于地表大气温度引起的应力场。它是由地温梯度、地幔物质热对流、岩浆活动及冷却、构造运动中产生的热能产生的,深层采矿、石油开采、地热发电等都应重视温度应力场。冻结应力是温度应力,也是地应力。

6.1.3　水压力和气压力场

地下水的存在及运动引起的应力称为渗流应力或渗流场。

在能源工程(煤炭、石油、天然气)中,还必须注意有利的和不利的气压力研究。

水压力和气压力都属于流体力学专题。

6.1.4　构造应力场

构适应力是地质构造运动(也称地壳运动),如褶皱和断裂带内储存的应力。在工程中使用"地应力"这个术语时,常常指的就是这种构造应力。在岩体工程中,对构造应力应特别重视,很多事故与这种构造应力的表现和突然释放有关。

地球处在运动之中,是一种复杂的运动(图 6-2)。地球转动速度有时快,有时慢,运动和作用力、作用效果是密切联系着的,运动需要力源,而地球转动速度的变化对地壳产生很大的作用力,产生地壳运动,形成各种各样的地质构造,如造山运动、造陆运动、褶皱和断裂构造等。从构造形迹可以追索力的作用,从力的作用可以追索地壳运动方向和特征,一定形式的构造体系反映一定的地应力作用方式(图 6-3)。

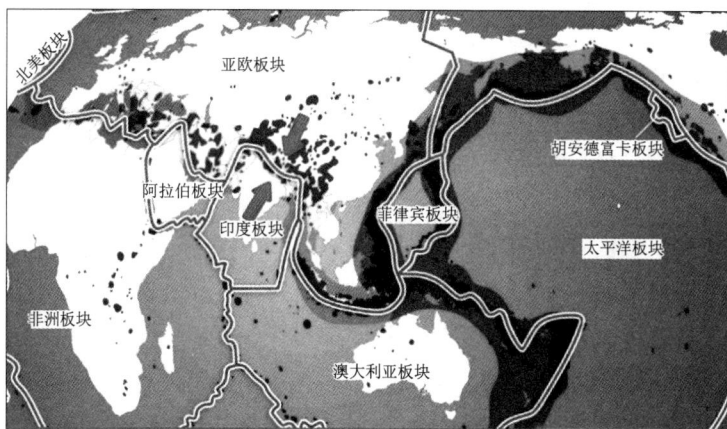

图 6-2　各大板块图

应该指出:地球岩石圈、地壳并不是一个完整的整体。根据大陆漂移学说和板块构造理论分析可知,地壳分为若干个大小不同的板块,在地壳运动中,相邻板块之间也会发生相对运动,如分离、挤压、碰撞,由此产生很大的构造运动应力,形成构造运动,如垂直运动、水平运动、复合运动等。按地质年代构造运动有旧有新,按规模有大有小,按形式多种多样。

由地壳运动的不平衡性造成的构造应力(能量),一部分消耗在地质构造运动过程中(包括建造和改造两大方面);另一部分在漫长的地质历史中,在一定条件下得以释放,如地形地貌蚀变;再一部分残留在岩层或岩体中,也可能处于封闭状态,因此有人把构造应力称为残余(剩余)应力,这一部分应力在一定条件下还会有所表现,如产生一定的构造活动,也有人把这一部分应力称为活动的构造应力。

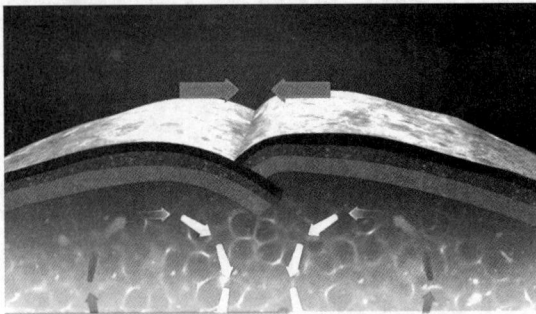

图 6-3　板块运动示意图

在地壳的不同区域,上述三部分并不是同时存在的。某处的构造应力(剩余的、活动的)若不断积累,当达到一定程度时,可能使岩层产生褶曲,或者一旦超过岩体的弹性强度,就会发生突然断裂,积累的构造应力突然释放,便产生断层,同时产生强大的震动,这就是构造地震。

通常,构造应力被封存在某些区域,在人类工程活动中进行开挖,使它逐步成为临空面而暴露时,局部封存的构造应力可能就会突然释放,表现出强大的作用力,这叫岩爆,它在煤矿中很突出,对工程很不利,会产生大规模破坏。

构造应力场按形态及规模可分为:① 构造体系的构造应力场,规模很大,影响一个区域,可能孕育地震。② 构造形迹的构造应力场,如一个背斜、一个向斜、一个中小断层,影响范围小些。

构造应力场按形成的时间可分为:① 古构造应力场;② 新构造应力场;③ 近期或目前还在活动的构造应力场,工程中尤其要注意它。

6.2　地应力场的形成

地应力场的形成是一个复杂的地质历史过程,大致有以下几个方面。

6.2.1　重力作用

重力作用如图 6-1 所示。岩土物质的自重不仅会引起竖直应力,还会引起侧向应力。竖直应力用式(6-1)计算,侧向应力用式(6-2)计算。对于大多数岩土物质,$K_0 = 0.2 \sim 0.7$,对于软黏土,$K_0 \approx 1.0$ 即接近静水压力状态。对于岩石和一部分土体,很多情况下 $K_0 > 1.0$,这种情况的形成是复杂的,要通过实测和地质历史来分析。

6.2.2　地形地貌的影响

这种影响主要在地下较浅层有显著表现。影响大小和山体走向、地形轮廓有关,如高原区、山梁区、沟谷坡地、孤立山头等。在地下浅部,常有地应力的变异区,即分布特征、规律不明显、不确定,甚至规律紊乱。在山区深切河谷的地方,地下浅部地应力变异区以下又可存在应力集中区和应力松弛区。在西部水电站建设确定坝址时,要特别注意这一点,很容易出事故。

6.2.3 地质构造运动、板块运动的强度、方向、序次及影响

经构造运动,岩石岩体内会产生节理裂隙、岩浆侵入、岩脉、褶皱带、断层带、剪切带、不整合面,岩体也会出现非均匀性,出现隆起、凹陷、挤压、碰撞、掀起、错动、空穴等变形,这些对地应力会有显著的影响,会有应变能-应力的封存、储存、释放,发生岩爆,总之地应力强度、方向都会发生明显变化。一个地区,一种地貌形态在地质历史上除了某一次构造运动的强度、方向及影响之外,还有一个多次构造运动的序次问题。后一次构造运动对于前次的构造运动有个互相叠加、互相作用的问题。弄清这个构造运动的序次及互相作用以及结果是地质力学的主要任务之一。一个地区经历多次构造运动,才有今天的结果,互相作用,有应力释放,有应力积累,有建造,有改造,今天的地质情况是历史上地质作用累积的结果,今天的情况和历史上的多次变动是互相深入、互相关联的,也是对立的统一关系。

6.2.4 岩性的影响

岩石种类不同,岩性不同,它们的刚度、变形特征不同。沉积岩的层理情况不同,弹性、弹塑性性能不同,变形比较大时,既会消耗能量,又能储存能量,如正长岩和玄武岩,砂岩、页岩、凝灰岩,它们的岩性不同,它们的地应力也不同,包括强度和方向。

6.2.5 风化和剥蚀的条件和程度

风化和剥蚀是普遍存在的一种外力地质作用,它可以使岩石崩解、破碎、变质,又可改变岩层的覆盖厚度,能使地应力释放,使地应力作用方向改变。产生风化、剥蚀的自然力很多,如风力、气体、流水和水力、冰川、热能和陡坡重力、环境变化、大型超大型的人类工程活动等(图 6-4)。应力释放时,竖直应力易释放,水平应力释放不大容易,因此出现许多地区静止侧压力系数 $K_0 > 1.0$ 的情况。

图 6-4 海蚀平台

6.3　地壳中构造应力状态的基本特征

地壳中的构造应力分布是有一定规律的,各处地应力(构造应力)的方向、大小、性质等,取决于运动外力的大小、作用方式、边界条件以及外力作用区域内的岩石、岩体力学性质等。上述这些总起来称为构造应力场特征。

6.3.1　构造应力的分区性

构造运动的分区性决定了构造应力的分区特点,包括方向及大小。例如,中国西部20 世纪以来持续受近 SN 方向的挤压作用,西北地区地应力的最大主压应力方向为 NNE,中国东部地区的地应力场总体上是近 EW 方向的挤压作用。

华北地区以太行山为界,以东区域最大主压应力为近 EW 方向,以西区域最大主压应力为近 SN 及 NW 方向。

以秦岭纬向构造带为界,北方的华北、东北地区的最大主压应力为 NEE,近 EW 方向。在秦岭和阴山之间区域的构造应力状态随构造部位而不同,如河西走廊的最大主压应力为 NE 方向,渭河谷地为 SN 方向,山西中部为 NW 方向。秦岭纬向构造带以南,南方的华南地区最大主压应力以 NWW 方向为主,还有 NW 方向。

在不同的地质历史时期,构造运动的主要影响区域不同;在同一个地质历史时期,不同区域构造应力的活动强度也不同。例如,20 世纪以来,我国东部总的来说构造应力活动强度小,华北地区的构造应力活动比较强,我国西部的构造应力活动强度明显大于东部,因此我国西部地震多,强度大,震级也高,规模也大,断层活动明显。

应该指出:区域构造应力场的特征可以延伸到大型工程场地,但在实际工作中不能将区域构造应力状态直接用于工程场地,必须进行现场实测,才能作为处理工程问题的依据。

6.3.2　构造应力的大小及表现方式

为了分析地壳上部任何一点应力的作用方式,Vening-Meinez 采用了一种简便的方法。在地球中,采用球体坐标从地壳上层取一单元体,以地心为原点,设所取的单元体的六个面均为主平面(图 6-5)。

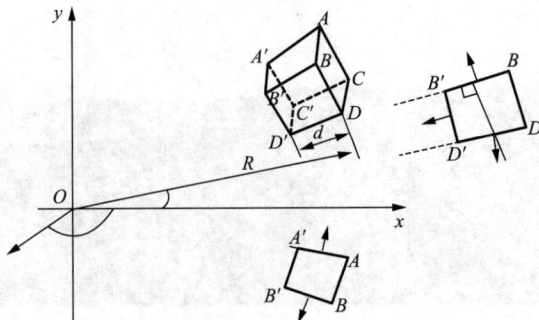

图 6-5　Vening-Meinez 模型

哈盖特(G. Herget)根据大量的地应力实测资料于 20 世纪 70 年代得出统计关系式为

$$\sigma_v = [(19.0 \pm 12.6) + (0.266 \pm 0.028)Z] \times 10^2 \tag{6-3}$$

$$\sigma_{h,aV} = (\sigma_{h,max} + \sigma_{h,min})/2 = [(83.0 \pm 5.0) + (0.407 \pm 0.023)Z] \times 10^2 \tag{6-4}$$

式中　Z——测量深度,m,$Z \leqslant 800$ m 适用;

　　　σ_v——竖向主应力,kPa;

　　　$\sigma_{h,aV}$——水平方向平均主应力,kPa;

　　　$\sigma_{h,max}$——水平方向最大主应力,kPa;

　　　$\sigma_{h,min}$——水平方向最小主应力,kPa。

根据中国的构造应力实测资料得出的统计关系式为

$$\sigma_{h,max} = [(45 \pm 25) + 0.49Z] \times 10^2 \tag{6-5}$$

$$\sigma_{h,min} = [(15 \pm 10) + 0.30Z] \times 10^2 \tag{6-6}$$

式中　Z——深度,m,$Z \leqslant 500$ m 适用;

　　　$\sigma_{h,max}$——水平方向最大主应力,kPa;

　　　$\sigma_{h,min}$——水平方向最小主应力,kPa。

根据我国 $Z \leqslant 500$ m 范围内的实测资料,水平方向的应力表现出明显的各向异性,大致规律如下

$$\sigma_{h,min}/\sigma_v = 150/Z + 1.4 \tag{6-7}$$

$$\sigma_{h,min}/\sigma_v = 128/Z + 0.5 \tag{6-8}$$

式中　σ_v——竖向主应力,kPa。

6.3.3　构造应力随深度变化的特点

(1)最大水平应力的方向沿深度存在局部变化,浅部的情况要复杂一些。在我国,地应力水平主应力方向沿深度变化不大。在一个广阔的区域内,最大水平主应力的方向沿深度是相对稳定的,并和区域控制构造线方向垂直(图 6-6)。

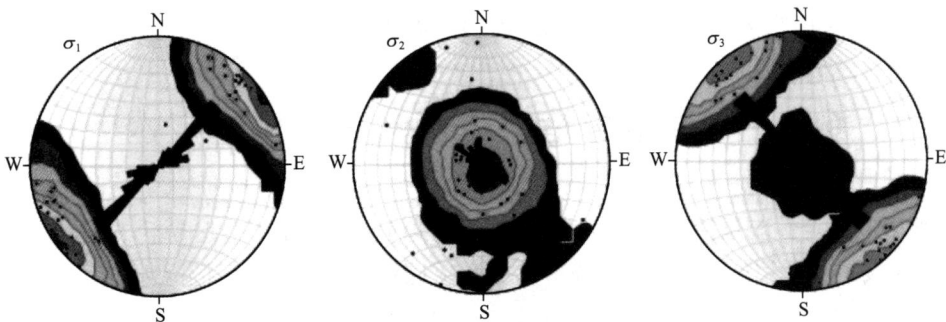

图 6-6　主应力轴投影分布图

(2)水平主应力的大小随深度的变化关系比较复杂。在深度 $Z \leqslant (100 \sim 150)$ m 的范围内,线性规律比较明显,深度再增大时,规律不明显。在唐山地区进行的地应力测量也证明了这一点。

(3)垂直主应力 σ_v 随深度呈线性增大。在深度 $Z \leqslant 1\,000$ m 的范围内,按 $\sigma_v = \lambda Z$ 计算,

一般来说,误差不大。当深度 $Z>1\,000$ m 时,按照 $\sigma_v=\lambda Z$ 计算结果,误差就很大,数值也很分散。

（4）地应力的三个主应力 $\sigma_{h,max}$,$\sigma_{h,min}$,σ_v 之间的关系随深度有明显的变化。例如,$\sigma_{h,av}=K$ 这个比值（为水平方向平均主应力）,在地表浅层即深度 $Z\leqslant(100\sim150)$ m 处,这个值很分散,通常 $K>1.0$,甚至远大于 1.0;再往深处,在深度 $Z\leqslant500$ m 的范围内,虽然仍有 $K>1.0$ 的结果,但 K 的具体数值较浅层明显减小;当深度 $Z>500$ m 时,则 $K<1.0$。

6.3.4　构造应力的时、空变化特点

由构造运动形成初始地应力场之后,随着时间的推移,很多因素将引起应力变化。例如:① 后来的构造运动叠加和干扰;② 地形、地貌受到侵蚀、剥蚀作用引起的应力释放;③ 新的沉积作用的影响;④ 岩体裂隙产生的应力释放;⑤ 岩性的塑性变形及流变特性的影响;⑥ 地震、火山爆发引起的影响;⑦ 地下水、温度等环境变化引起的影响;⑧ 工程开挖和工程事故（如岩爆）产生的应力释放。由上可知,构造应力的测量不是一劳永逸的,地震监测的一个重要方面就是监测构造应力（地应力）的变化。例如,河北省邢台地区隆尧县茅山测点,1966 年 10 月的测量结果是:测量深度 8～10 m,石灰岩地层,最大水平主压应力 $\sigma_{h,max}=$ 7.7 MPa,方向为 N54°W;最小水平主压应力 $\sigma_{h,min}=4.2$ MPa。同一个测点,到 1976 年 6 月再测量时,情况变化为 $\sigma_{h,max}=3.2$ MPa,方向为 N87°E,已近 EW 方向,$\sigma_{h,min}=2.1$ MPa,可见变化很明显。

再以我国东部分布在山东、安徽境内著名的郯庐断裂上构造应力作用为例,说明构造应力随时间的变化。郯庐断裂在侏罗纪末受到近 SN 方向的挤压、近 EW 方向的张力作用,使断裂带下沉又接受白垩纪的沉积。白垩纪之后又受到近 EW 方向的挤压作用,使以前的地层发生褶皱并产生逆冲断层。早第三纪末直到第四纪早更新世,受到张力作用,产生了NNE 方向的断层。第四纪中更新世以来,又受到 NEE 方向近 EW 方向的强烈挤压作用,老断裂带上出现了许多逆、冲断层,如白垩纪地层逆冲到晚更新世及全新世地层之上。郯庐断裂成为我国东部的一条地震活动带。

构造应力随空间的变化,就是指它的分区性和沿深度的变化。

6.4　地壳中构造应力活动与区域稳定性

所谓区域稳定性应包括两个方面:一是区域性地壳变形,新构造运动状态;二是地震和火山。实际上,这两个方面均说明区域不稳定,它们都和地应力（主要指构造应力）有关。

6.4.1　构造应力的形成和积累地区

在地壳运动中必然产生地壳的变形。大规模的强烈褶皱运动称为造山运动;广大地区长期缓慢的隆起运动称为造陆运动。各种断裂活动、各种构造形迹,都是地壳运动的结果,对地壳都有建造和改造。这些地壳的运动及变形,都是内力地质作用或内力地质作用的结果。同时,其中蕴集了能量,一些地区还积聚了很大的能量。老的断裂、褶皱构造中也能继

续积聚很大的能量。这就是构造应力的形成和积累过程。

晚第三纪、第四纪的褶皱运动,在我国西部有很好的发育。西部的褶皱构造多以背斜形式出露,卷入的地层主要是晚第三纪到第四纪中更新世,向斜部分多被晚更新世及全新世沉积覆盖。在塔里木盆地、准噶尔盆地周围褶皱强烈,背斜成山,两翼不对称,南坡缓,北坡陡。在柴达木盆地周围褶皱平缓,两侧对称。在这些褶皱带中大多存在走向断层。新疆及青藏高原北部主要受天山构造带的影响,构造应力呈 SN 向挤压。宁夏中部经过甘肃和四川交界带至四川和云南中、东部地区,在这个构造带上虽有构造体系的复合作用,但径向构造活动占主导地位,因此地应力呈 EW 向挤压。在我国大陆东部,构造活动比较复杂,地应力作用也比较复杂,有的地方呈 EW 向挤压,有的地方呈近 SN 向挤压。

岩石圈、地壳的构造可以分为若干个大、小板块,板块之间的碰撞、挤压、推动、错动、掀起、剪切等也产生强大的构造应力,如欧亚板块与非洲板块碰撞、挤压形成了阿尔卑斯山,欧亚板块与印度洋板块碰撞、挤压形成了喜马拉雅山,这些地区构造活动强烈,还有火山活动。巨大的 SN 方向的挤压力形成了深断裂,逆、冲断层,褶皱,形成了青藏高原上近 EW 方向的山脉及山间盆地。

我国的台湾省位于亚洲大陆东部边缘和太平洋板块的接触带上。新生代以来,构造活动十分强烈,升降运动、水平挤压、火山活动都很明显,强烈的挤压褶皱、逆掩、逆冲断层分布很广。构造应力(主压应力)的方向以 NWW 占主导,其次是 NEE 及近 SN 方向,都是以水平压应力为主。

由于构造运动的叠加,构造应力也受到干扰,产生叠加并延续。

6.4.2 构造应力的释放和地壳断裂地区

构造运动产生了构造应力。如地壳内存在剧烈的构造运动,则短期内将产生很大的构造应力;如有缓慢的构造运动,则构造应力还可以继续积累,地壳继续变形。当构造应力超过岩石强度时,岩石就会断裂,有时断而不震即只有微小的相对位移,而不产生明显震动;有时在地壳深部引起断裂和震动,但未引起地壳表层的断裂;只有当构造应力超过了岩石强度,大规模岩体又突然断裂,瞬间释放巨大能量时,才引起地壳的强烈震动,这就是地震。原有的断层产生新的活动断裂也会引起地震,在构造地震中,这种情况占多数。能引起地震的断层称为发震断层。由此可知,地震的发生、分布、活动水平、断裂方式及地震时的地壳变形等都和构造运动有关,也都和构造应力有关。当地震发生时,构造应力得以释放,在地震发生后,构造应力的大小和方向可能发生变化,以后又有可能形成构造应力的重新积累,从而显示出地震活动的阶段性。如北京市顺义区一个测点,1976 年测定:应力为 3.6 MPa,方向 N83°W;1977 年再测时,应力为 2.2 MPa,方向为 N75°W。

在中国大陆,20 世纪共发生 6 级及 6 级以上地震 300 多次,在西部就有 250 多次,占 83%,而东部地震又主要集中在华北,因此西部的构造活动强度大,构造应力也大,地震释放能量也大。

在断裂带的端点、拐点,尤其在断裂带的交汇处最易发生地震。

断裂可能形成大裂谷,例如,东非大裂谷、美国科罗拉多大裂谷、俄罗斯的贝加尔大裂谷、中国的攀西大裂谷和雅鲁藏布江大裂谷、秘鲁的科尔卡大裂谷等都属于大断裂形成的。

断裂也可能形成断块山和断陷谷,二者之间呈阶梯状地形地貌,例如,太行山和华北平原之间,贺兰山和银川平原之间,秦岭和渭河平原之间,大青山和河套平原之间等。

应该指出,构造应力释放的方式很多,有一些构造应力的释放方式不引起地壳断裂,不影响区域稳定。

6.4.3 中国西部的地应力场

1) 地应力特点

(1) 地应力方向。

以贺兰山、六盘山、龙门山(四川)、大凉山、滇中东部一线为界,这是一条中国东、西部分界的重力异常带,该带以西以 SN 方向的挤压作用为主,该带及其以东以 EW 方向的挤压作用为主。

地应力的分区现象是中国西部,尤其西南地区地应力场的主要特点。西南地区地应力主压应力轴向是呈 SSE 方向的川滇断裂(龙门山—锦屏山—玉龙山断裂)。沿该断裂北纬30°以南,四川的构造应力场比云南更为复杂,主要表现在地应力场的方向上,断裂的东、西两侧,地应力方向明显不同。沿该断裂带在北纬 30°以北,又以鲜水河断裂为界,以东、以西,地应力方向表现出明显的转折。

(2) 地应力大小。

中国西部的水平地应力明显大于垂直地应力,前者是后者的若干倍,因此强大的水平地应力控制着中国西部的地震活动,包括分布及强度。对于西南地区著名的鲜水河断裂,地应力实测表明:占主导的水平主压应力轴的仰角很小,占 80%,西昌的地应力测试资料也证明了这一点。西北地区的新疆富蕴 1931 年发生 $M=8.0$ 级的地震,断裂两侧的水平位移达14.6~20.0 m,垂直位移才 1.0~3.6 m。

(3) 地应力状态。

地质力学的重要工作就是由构造现象推断力的互相作用方式,推断地壳运动的方式和方向,这也是反分析法。由上述地壳运动(构造运动)特征可以推断出地应力的状态,即地应力各分量之间的关系,如 $\sigma_{h,max} > \sigma_{h,min} > \sigma_v$,在甘肃的金昌市(金川)和青海的拉西瓦等地的地应力测量也证明了这一点,这种地应力状态以逆、冲断层为主。西南地区许多地方以$\sigma_{h,max} > \sigma_{h,min} > \sigma_v$ 为主,构造现象以走滑(平推)断裂为主,也有异常地区,如川北的平武县、川滇断裂边界上的剪切滑移性质。

中国西部的地应力场除了上述特征之外,还受局部地质构造和地形条件的强烈影响,导致地应力的大小和方向复杂多变,如川南的安宁河断裂(安宁河是长江上游金沙江的支流)。

2) 青藏高原的隆起及地应力

自晚第三纪以来,喜马拉雅运动表现出来,这是地质史上的一件大事,它对区域稳定、地形地貌、气候、自然环境产生了极为广泛而深刻的影响,甚至是控制作用(图 6-7)。由于印度洋板块和欧亚板块的碰撞、挤压,印度洋板块向北俯冲作用形成了中国西部的大山系,如唐古拉山、昆仑山、祁连山,对天山区地质构造也有影响。青藏高原的隆起、增厚、缩短也是板块运动的结果。从青藏高原上亚东(西藏南端,东经 89°,北纬 27.8°)—格尔木地质剖面看,青藏高原的地应力 SN 方向挤压,形成许多 NWW 近 EW 的褶皱构造带及倾向北的逆冲断层,南、北坡度不对称。在青海的一些地下工程事故和岩洞体变形破坏也证明了这一点。在这种地应力特点下,珠穆朗玛峰也在以每年几厘米的速度向 NE 方向做水平移动。

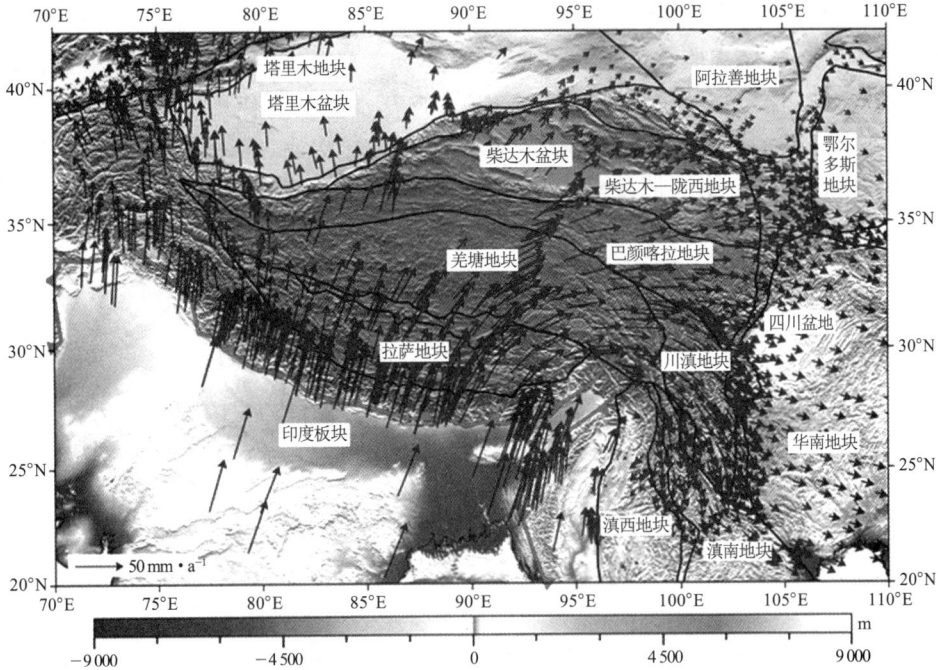

图 6-7　青藏高原及周边岩石圈重力势能及其产生的偏应力场

　　青藏高原持续隆升,目前,每年隆升 2～20 mm,这必然造成河流的强烈下切,造成高地应力,又高又陡的边坡,如雅鲁藏布江河谷,给开发利用和经济发展带来很大困难。

　　3) 天山构造

　　天山是一个巨大的山系,位于我国和苏联境内,横贯新疆,东西长 2 500 km,我国境内有 1 800 km,南北宽 100～400 km,最高峰托木尔峰高达 7 435.3 m。天山系分为东、西、南、北、中天山,西天山延至苏联境内。天山是在晚古生代泥盆纪晚期开始的褶皱运动形成的,古天山形成后,天山的轮廓大局已定。但内、外力地质作用从未停止,曾数度被侵蚀为准平原,以后又经过多次构造运动,形成了天山南、北的塔里木盆地和准噶尔盆地相对下陷,天山又升高的地形特征,又受到最近(晚)一次构造运动——喜马拉雅运动的影响,南部的印度洋板块向北俯冲挤压北部的欧亚板块,使整个天山地区受到 SN 方向的强烈挤压,天山褶皱加剧,形成了规模宏大的年轻的板块内再生造山带。

　　4) 云南丽江地区的地应力

　　云南丽江地区是地质灾害的多发区,究其原因,也是因为断裂构造属于复合型,地应力十分复杂。丽江地区(丽江盆地)位于喜马拉雅弧形构造的转折部位,川滇断裂带(龙门山—锦屏山—玉龙雪山断裂)的西南部。丽江地区的构造断裂以近 SN 方向为主,由西向东有澜沧江断裂、金沙江断裂等。在金沙江断裂以东发育 N40°E 向的丽江—小金河断裂和 N45°W 向的另一条断裂,正好构成大型 X 形共轭断裂网格,还有小规模的二级、三级断裂,如玉龙雪山东麓断裂把丽江地区划分为大大小小的断块,大小断裂方向不同、强度不同、地应力十分复杂。要抵御地质灾害,必须研究构造运动、新构造运动,研究地质构造体系和构造形迹,研究地应力(包括方位、大小和状态即各应力分量之间的关系),最终是研究地质力学。

5) 岷江上游—龙门山(四川)断裂

岷江上游地处青藏高原东边缘的川北高原上,印度洋板块、欧亚板块、太平洋板块的运动对它都有影响。由于喜马拉雅亚板块向 NE 方向移动和楔入作用,对青藏高原的东边缘影响更为深刻。该地区也是复合断裂区,地应力场也很复杂。该区域的主要构造断裂是 NNE 向的龙门山断裂—褶皱带,近 EW 向的西秦岭褶皱向斜带,岷山近 SN 向的复背斜隆起带。岷山隆起带分东—西两侧都是近 SN 向的断裂带,西侧为岷江断裂带。西秦岭褶皱带影响到甘肃南部。龙门山断裂—褶皱带延伸至陕西境内,这个带由三条 NE 向展布的断裂组成。

6.5 地壳中构造应力状态和工程建设

地应力(构造应力)的大小、方向、状态(包括各应力分量之间的关系及活动特性)及分布对区域稳定影响很大。一个城市规划、一个工程选址在地质上区域不稳定,那是不可思议的。所谓区域不稳定,简单说,就是容易引发地质灾害。对于地质灾害,许多情况下人类还是不可抵御的,至多只能减轻灾害损失。地应力问题既是宏观的,又是细观的,它不仅影响城市规划、大型工程选址,也影响到工程的设计和施工,应当做到精心设计、精心施工。

6.5.1 城市规划、大型工程选址都必须考虑区域稳定问题

除了采矿之外,各类大型工程(包括城市规划)选址都有一定的测量依据及选择性,就是采矿工程在设计、施工的具体方面也有选择。所谓选择,有一个共同的目标,就是尽量减少或减轻地质灾害所造成的损失,以尽量小的代价从自然界获得最大的效益。这方面,人类从自然界得到过好处,索取过分也遭到过报复,经验、教训都有(图 6-8)。

图 6-8 地震对房屋的破坏

西北地区的金昌市、格尔木市,西南地区的攀枝花市是年轻的城市,是因采矿、冶金、开发边疆而新建的城市,这些地方的地应力(构造应力)比较复杂,在这些地方规划城市,想完全避开复杂的地应力问题是不可能的,但要选择相对利多害少的方位,采取有效措施,就可

以避其害、趋其利,精心设计、精心施工。

大型工程如南水北调工程(分为东、中、西线,中、西线都在西部),长江三峡工程,成昆铁路、南昆铁路、青藏铁路、襄渝铁路线上的长隧道工程,岩洞中的桥梁工程,大型水电站中的复杂边坡工程都要慎之又慎地考虑区域稳定问题、地应力(构造应力)问题,如若不慎,就会劳民伤财、前功尽弃、损失惨重。

为解决区域稳定问题,需要在工程现场测量地应力(构造应力)的方位、大小和状态(包括各应力分量之间的关系及活动特性);需要鉴别和确定新构造运动特征及可能带来的危害;还要确定该地区的地震基本烈度及地震划分特征。地震中可能有震害加剧区,也可能有安全岛,只有那些竖向主应力远大于水平主应力的地应力区,如湖南、江西才不会有天然地震发生。

按照世界各国的惯例,历史上发生过强烈地震的地区,现在的地震基本烈度总是定得高一些。如我国山东鲁南地区,陕西临潼、渭南、华县一带,山西临汾地区,宁夏海原地区,历史上都发生过很强的地震,$M \geqslant 8.0$ 级,震中烈度 $I_0 = 10° \sim 12°$。以鲁南地区为例,该地区 1668 年发生过 $M = 8.5$ 级的地震,震中在莒县、郯城之间,震中烈度 $I_0 = 12°$。虽然当时生产力不发达,但震害仍然很严重。由于历史上发生过大地震的地方,地震基本烈度都定得很高,长期不在这里投资,致使这些地区经济发展受到很大限制。近些年,国家组织力量专门考察鲁南地区,查明这个地区历史上至少发生过三次大地震,年代鉴定表明:大地震的时间间隔大约为 3 000 年,即大地震的复发周期为 3 000 年,而 1668 年至今才 300 多年,该地区在未来 100 年内发生大地震的概率极小,约为 0.04%,对使用期限为 50~100 年的工业与民用建筑来说,遇到大地震的可能性极小,可忽略。因此,该地区可以适当降低地震烈度,以利于地区经济发展。

还有些地方,历史上无大震,近代中小地震却频繁,这表明有孕育强震的可能性,根据地震历史,应用概率统计的方法,也可适当提高这些地区的地震烈度,以避免重要工程受到破坏。

城市规划也好,大型、超大型工程选址也好,地震情况、地壳构造活动和地应力(构造应力)情况,都是极为重要的论证方面,我们必须谨慎从事,要有科学依据,地震毕竟是众多地质灾害的首害。

6.5.2 高地应力的影响

这种影响作用可以以下几个方面叙述:

(1)在浅部岩体中,低倾角的裂隙发育,岩体结构面不平。因为低倾角近水平方向的地应力很大,随着开挖卸荷,在裂纹末端,按格里菲斯理论,裂纹会扩展、伸长。由于近水平方向的两个地应力 $\sigma_{h,max}$ 和 $\sigma_{h,min}$ 相差明显,所以所钻岩芯多呈饼状破裂,饼状呈圆形,略显出椭圆形特征。

(2)在地下洞体和边坡开挖中常有岩爆发生,像炮弹一样的岩块打过来,其后果可想而知,这是构造应力聚集而突然释放的结果。

(3)地下工程洞体、钻孔发生颈缩、变形及破坏。这些现象再加上地应力分布的不均匀,可能会产生剪切破坏。如果是软岩或软岩夹层,会产生流变变形即大变形,洞体几何形状产生异常变形而致洞体不能使用或产生强度破坏。

(4)边坡上会出现错动台阶或层间错动或崩塌、滑坡,因为地应力不均匀,不同岩性,地应力更不均匀。在选水电站大坝坝址时,要特别注意安全,注意洞体、边坡稳定问题。

(5)岩体渗透特性。在浅部,地应力较低,岩石风化强烈,透水性较强;向岩体内部渗透性逐渐减弱,到微风化和未风化程度时,岩体透水性很弱,几乎不透水,岩体单位吸水量 $w <$ 0.01 L/(min·mm)者占大多数。在选大坝坝址时要特别小心。

6.5.3 岩体高度裂隙化的影响

地应力状态复杂,构造活动比较强烈,构造应力复杂多变,岩体中裂隙高度发育,其直接结果就是岩体的整体性、完整性差,强度低,渗透性强,风化剧烈,严重削弱岩体,地下工程成洞性差,边坡容易失稳。在高度裂隙化岩体中也容易出现 V 形狭谷,坡陡谷深,对工程不利。在崎岖山脊的末端,地应力更为复杂,山体不稳定,地震时会加剧震害(图 6-9)。

图 6-9　岩石裂隙化

6.5.4 构造活动区的工程建设

所谓构造活动区有三个层次,即地震区、发震断层和有构造活动。地震区是现在完成时,发震断层是将来完成时。

地震是由断层的活动性引起的,断层的活动性是地应力作用的结果,由此可见,考察断层的活动性是关键,甚至起着控制作用。下列区、段容易成为发震断层(图 6-10)。

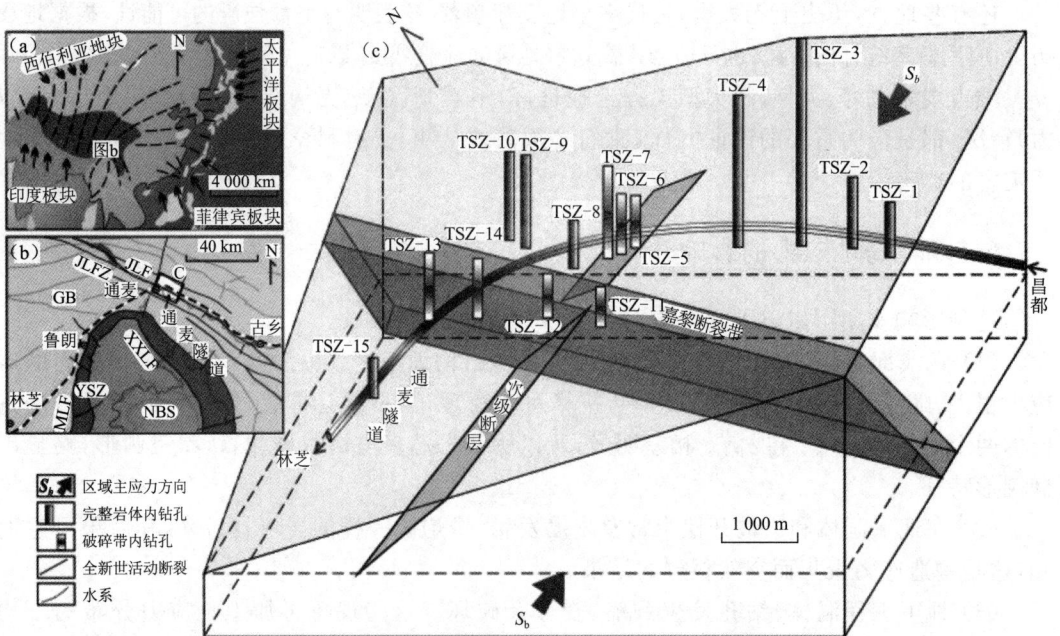

图 6-10　断层破碎带对川藏交通廊道通麦隧道初始地应力的影响

(1)在断裂活动的边缘、末端地带,断块内地应力异常,有可能成为发震断层。如青海托索湖—玛沁断裂、川北龙门山断裂、川西鲜水河断裂、云南金沙江—元江(红河)断裂和澜沧江断裂。

（2）断裂的颈缩段及断裂未贯通的不连续区段。

（3）断裂的交汇、转折、构造复合枢纽结构段,如云南的小江断裂、红河(元江)断裂、程海断裂、下关断裂、丽江断裂中的上述特征段。

（4）地应力异常区包括应力集中带,如青海龙羊峡断裂,主断裂 NW10°,NE41°,在断裂附近,地应力值高,应力集中;远离断裂处,地应力值低。地应力异常也包括应力松弛带,如云南大理洱海断裂、甘肃金川(金昌市)断裂,山东—安徽的郯庐断裂。郯庐断裂是我国东部的规模宏大的活动断裂,走向呈 NNE 向。根据研究这条断裂带向北可以延伸至营口,甚至到黑龙江绥化市;这条断裂带向南可以延伸到安徽省宿松县,甚至可延伸到江西省金溪县。南北总长达几千千米。上述三个断裂上的地应力都是在断裂带附近,地应力很小;远离断裂带,地应力值升高。一般的解释是在断裂带上,应力释放明显或断裂带两侧岩层塑性软化或水化软化较大。

在构造活动区进行工程建设,基本的方针是避让。至于避让距离多大？这是个难题。既要考虑地应力、构造活动的强度,又要考虑它的方位;既要考虑工程建设项目的规模,又要考虑它的重要性,即建筑物的安全等级。地震是众多地质灾害的首害。这需要有多学科专家会审,慎之又慎地决断。

地应力活动强烈,不仅会引起地震,还会引起地壳岩土体一系列的地球物理异常变化。因此在适当部位开钻打深钻孔,促使地应力释放,就可以避免地震或避免有害地震,关键是钻位要选准。

6.5.5　非活动断裂对地应力场的影响

非活动(非构造)断裂指地震波传播引起的裂缝,常出现在河谷、堤岸、陡坡、路堤、沟谷、古河道、地貌边界处,在平原地区如铁路、公路、道路开裂也常见。这类裂缝纵、横都有,长度、宽度、深度都很可观。重力裂缝也是一种非构造断裂,典型的重力裂缝指地震时产生的地层液化,震陷或滑坡、崩塌形成的裂缝。

非活动(非构造)断裂对地应力场有什么影响呢？最直接的结果是地应力释放,地应力方向也发生明显变化。实测表明:断层两侧上盘应力较小,下盘应力大。应力释放使岩体高度裂隙化,有时一条大裂隙就对工程安全起到控制作用。

地应力方向明显改变,岩体的破坏类型、破坏特征就会改变,这也直接涉及工程安全。

6.5.6　地应力对岩石力学性质的影响

一般情况下,地应力中水平、近水平应力大于竖直应力,可称之为围压大。

围压大时,岩体(石)的塑性特征明显地表现出来并且岩石的强度明显增高。在深部,由于温度升高,会使岩石的塑性增强,抗剪强度降低。时间也是一个地质因素,在漫长的地质年代里,材料会显出黏性,甚至流变性,另外,长期强度也会降低。由于水的存在,岩石会发生软化,蠕变增大。水对岩石还产生强烈的风化作用。

可见地应力场对岩石力学性质的影响是多方面的、显著的、深刻的。岩石的力学性质变了,工程性质自然也就改变了。

6.5.7　地应力场对工程设计和施工的影响

1) 基坑底部开裂变形

大坝基坑、高层建筑基坑、露天采场、地下工程及隧道底板等开挖时,由于应力解除,地应力释放,所以底板发生鼓胀、隆起、开裂,有时不得不用反拱结构来抵御这种应力和变形。20 世纪 70 年代前期,在青海施工的地下工程、国防工程大多产生底板鼓起、开裂。现在知道,那里的 SN 方向的地应力——水平主压应力是很大的,当时对地应力没有深刻的认识,特别是地应力测试还跟不上。美国有一个高地应力区,开挖越深,底板隆起、错断越严重,不得不停止开挖。但是这种情况对于露天采场还是有利的。

2) 边坡稳定问题

这里讲的边坡稳定问题,包括自然山体边坡、工程开挖切削的边坡、地下工程中的边墙等。很高的地应力沿水平方向作用,使边坡体中的岩层向临空面产生层间滑动,尤其沿结构面渗水及存在软弱夹层时,层间错动很明显。深切河谷中筑坝时的坝肩处(河谷两岸),大型露天采场周边的岩体中都会因水平地应力很大而造成边坡开裂、破坏,尤其在坡脚处。地下工程中的边墙,尤其高边墙,也常因水平地应力作用而产生开裂、错位、内鼓等。

3) 地下工程的设计与施工

首先是巷道轴线的选择。巷道轴线应沿着最大水平地应力(构造应力)方向即 $\sigma_{h,max}$ 的方向,也就是要垂直于区域内起控制作用的构造线方向,以减少事故、保证安全。其次是地下工程的出、入山体的出入口位置的选择。这些位置覆盖层薄、裂隙高度发育、岩体风化严重、岩体强度低、边坡易失稳。第三是洞形的设计。它包括直墙拱顶(有各种拱形)、曲线形洞形、底板或底拱、洞室高跨比等,设计时既要考虑开挖引起的地应力重新分布形成的二次应力场,又要考虑构造应力场,问题就复杂多了。第四是洞室的施工及支护。高地应力容易使洞壁产生颈缩、滑动、崩塌、剥离层,甚至岩爆等。围岩的这些变形及破坏直接关系到洞室支护结构的设置类型、受力状态、刚度、变形及破坏,还有设置时间。所谓隧道施工的先进方法——新奥法,就是在应力(包括二次应力和构造应力)、变形、时间三者之间找一个最佳平衡点(图 6-11)。

图 6-11　地下隧道开挖

第7章

特殊土

我国幅员辽阔,地质条件复杂,分布土体类型繁多,工程性质各异。有些岩石或土类,由于地理环境、气候条件、地质成因及次生变化等原因,与一般土体相比具有特殊物质组成、结构特征和工程性质,这类土体被称为特殊土体。特殊土又称区域性土,这类土有两个特点:一是分布在一定的区域内,相对而言不普遍;二是有特殊的工程地质性质。

7.1 黄 土

7.1.1 黄土的特征

黄土是第四纪沉积物中一种主要的特殊土,它的特性表现为:

1) 黄土的颜色

黄土呈黄色、灰黄、棕黄色。黄土中的古土壤夹层呈褐红色或灰色。

2) 黄土的颗粒组成

黄土中的颗粒中,粒径 d 为 0.005~0.05 mm 的粉粒约占 50%~80%以上,其中又以粒径 d 为 0.01~0.05 mm 的粗粉粒为主。黄土高原的北部、西北部粉细砂的含量多些;南部、东南部黏粒含量多些。由上而下越是老黄土,黏粒含量越高,老黄土中的古土壤层,其黏粒含量也很高。

3) 黄土的颗粒结构

颗粒结构是在显微镜下看到的土颗粒的大小、形状及它们之间的相互排列、相互联系情况。以粉粒为主的土,当初沉积时,由于颗粒自重极小,土颗粒之间的相互引力较小,所以正在沉积中的土粒一旦碰上了已经沉积的土粒就会被吸引住,停留在最初的接触点上不能继续下沉。按照上述过程,土粒下沉过程中形成的最初接触点是随机的,因此形成的土粒之间的联结关系就有两个特点,一是孔隙大,二是联结力很弱。又有一些盐类及黏土矿物在土粒之间起胶结作用,增强了黄土的强度。在黄土颗粒之间具有上述联结特点的被称为蜂窝状结构或链环状结构。

4) 黄土的构造特征

构造特征指土体各组成部分之间的排列、分布及外貌特征,即各种不均匀性的总和。这里谈主要的特征。

黄土中的竖向节理极为发育,水平层理很不明显。竖向节理极为发育主要是由于黄土分布在干旱、半干旱地区,长期蒸发、长期干缩和水在黄土中自上而下长期淋溶作用的结果。水平层理很不明显,主要因为黄土物质经风力搬运自很远的地方,颗粒成分混合均匀,在同一个地方沉积下来的物质成分、颗粒、颜色及其特征差别甚小,所以显示不出层理构造。在水成黄土中,水平层理比较明显。

5) 黄土中的矿物化学成分

黄土中的主要矿物成分为石英、长石、云母、方解石($CaCO_3$)、石膏($CaSO_4$)、黏土矿物,还含有一些重矿物,如辉石、角闪石、绿泥石、硅灰石、磷灰石、铁矿石等。矿物成分中不稳定或稳定性差的成分较多。这说明矿物的风化程度轻,尤其化学风化极弱,这些特征都和黄土物质的来源及搬运过程、沉积环境有关。

6) 黄土的强度和变形特点

黄土的强度和变形特性和它的水理性质密切有关。黄土在干燥时,强度很高,稳定性很好。黄土地区有许多陡立的土壁、黄土柱、黄土桥等能长期稳定。在黄土中挖窑洞并具有相当的规模,无支护而能长年稳定,延安窑洞就是著名的例子,这是黄土强度高、稳定性好的又一证明。黄土是一种结构性很强的土,结构强度在土中很高。由于黄土中竖向节理很发育,所以水在黄土中渗流时,竖向渗透系数远大于水平渗透系数。在黄土浸水后产生了一系列的重大变化,如崩解,结构强度破坏,抗冲刷性低,有微弱膨胀性,承载力大大降低并随之产生很大的塌陷。黄土浸水后很快发生显著的塌陷变形,称为黄土的湿陷性。饱和黄土的应力-应变关系类同软黏土。湿陷变形不同于压缩变形。黄土属于特殊土,其突出的特殊性就是浸水后的湿陷性。

上述各种特征都具备的黄土称为标准黄土。如果上述特征中有些不具备或特征不明显则称为黄土类土或黄土状土、类黄土。

7.1.2　黄土的成因和物质来源

1) 黄土的分布高度

黄土分布区的分布高度主要是在海拔 2 000 m 以下,更高处极少分布,因为随风力长途被搬运的悬移质颗粒能漂浮在高空,但其高度也受到一定的限制。在黄土分布地区的山地,在一定的高度处,出现黄土分布的上限,形成和基岩山的交线,使基岩山顶部处在黄土分布之上而成为黄土分布中的孤岛,如陕西的黄龙山、子午岭。

2) 黄土分布的坡向特征

通常在山系的西面和西北面(坡)黄土分布厚度明显大于东面和南坡、东南坡。这表明风向作用和山势阻挡作用的影响。

3) 黄土分布的现代地貌特征及厚度

这种特征与古地形地貌密切相关,如塬、梁、峁、沟等这种覆盖特征和风力地质作用的结果相吻合。

4）中国黄土的矿化成分分析

各地黄土中的矿物成分及含量大体一致,磨圆性好,分布均匀,含有相当数量的不稳定或稳定性差的矿物成分,风化程度轻,自西北向东南含量逐渐减少。这说明黄土物质来自很远的地方,经过长途搬运,以物理风化为主,化学风化很弱。由此看来,搬运黄土物质的自然力只能是风力,水力搬运达不到这种程度。

7.1.3 黄土的分布

早在 2300 多年前我国古典文献《禹贡》中就记载了黄土的分布和土质情况。近、现代学者的研究成果表明,黄土及黄土状土在全世界的分布面积约 1 300 万 km^2,约占陆地面积的 9.3%。亚洲、欧洲、南、北美洲都有大面积黄土分布,非洲的北部、东部及大洋洲也有少量或零星分布。

中国是黄土分布的主要国家之一。中国黄土分布的总面积约为 63.54×10^4 km^2,约占世界黄土分布总面积的 5%,中国的黄土分布面积中标准黄土约 38.1×10^4 km^2,黄土状土约 25.44×10^4 km^2。标准黄土主要分布在黄河流域,占 83.4%,仅黄河中游就占 72.4%,其次是新疆天山南北的两个盆地和东北松辽平原,甘肃河西走廊有少量分布。黄土状土主要分布在新疆(占 56.0%)和东北松辽平原(占 32.0%),其次是黄河流域和河西走廊,在山东半岛、长江下游、四川、云南等地也有零星分布。

由于中国的黄土分布厚度大,地层完整典型,保存并反映第四纪的各种信息量极为丰富,所以黄土是中国的资源,在工程地质、第四纪地质、第四纪气候、冰川、古生物及古人类、新构造运动等方面,在为经济建设、为人类防灾抗灾、为环境保护、为工程服务等方面具有重大意义。

7.1.4 黄土地貌

黄土高原作为我国一个大的地形单元,它并不是一个完整的高原。黄土高原内部沟谷纵横、梁峁密布、地形破碎,这就是黄土高原的地貌特征。从地貌形态方面讲,可以分为以下几种类型。

1）黄土塬

塬是黄土高原上大面积的平地,塬边有陡崖,常在这些地方发现典型的黄土地层剖面。目前典型的黄土塬已不多见,只有陕北的洛川塬、甘肃庆阳的西峰塬(董志塬)面积很大,可达几千平方千米。晋南还有一个吉县塬,这个塬区跨越黄河包括晋、陕两省的部分地区。其他还有一些面积较小的塬区,如宁夏的西吉县塬、陕西渭北的蒲城塬、陕北定边的姬塬等。

2）黄土梁

长条形的黄土山称梁。黄土梁在黄土高原区很多,黄土梁两侧是沟谷,一道黄土梁就是一架土山。

3）黄土峁

黄土峁是指相对孤立的山头,尖顶称峁,圆顶(平顶)称岗,周围是纵横沟谷,地形很破碎,这就是黄土山区。黄土峁(崮)分布更多。

除了塬、梁、峁之外,还有一些体型较小、更小的地貌单元,可称为细微观或微型地貌。各地百姓俗语称呼不同。

关于塬、梁、峁的关系,并不是塬破坏成梁,梁再被切割破坏成峁的演变过程。塬、梁、峁等现代地貌的形成受古地形地貌的控制,如下伏基岩古地势低平,就会形成塬区;古地形为条带形或为丘陵起伏区时,就会形成今天的梁、峁区;古代的断层阶地可能成为今天的黄土陡崖。

4) 黄土沟谷

黄土高原地区除塬之外,地形破碎是和梁峁密布、沟谷交错、水土流失、切割地形连在一起的。黄土地区的沟谷非常发育。形成沟谷的条件是:

(1) 地形条件:斜坡陡,易受水流侵蚀,易崩塌。

(2) 土质条件:黄土土质疏松,遇水易崩解、塌方。

(3) 汇水条件:一条主(大)沟,有许多条支(小)沟及更小的沟,汇水面积越大,水流的侵蚀就越严重。

(4) 气候和植被条件:黄土高原地区属半干旱、干旱地区,一年之中的降雨量绝大部分集中在 7—9 月份,夏秋暴雨多,强度大,对黄土的侵蚀、冲刷、破坏作用很大,容易形成洪水、泥石流或泥流地质灾害。黄土高原地区的气候特点造成植被稀少、减少,生态环境恶化,因而土壤保水性差,固结作用差,水土流失极为严重,土壤侵蚀模数可达$(2.8\sim4.0)\times10^4 \text{ t/(a·km}^2)$,可见表层肥土都被冲走了。

7.1.5 黄土的湿陷性

1) 黄土的水理性质

黄土的水理性质包括含水性、透水性及各向异性(竖向渗透系数远大于水平方向)、毛细水特性、湿陷性、遇水崩解特性、抗冲刷性、膨胀性等。当粒径小于 0.001 mm 的颗粒占有一定的比例时,膨胀性明显;土中所含黏土矿物蒙脱石多时膨胀性大,所含粒土矿物高岭石多时膨胀性小。黄土的水理性质还包括土的压实性、抗潜蚀和流砂的性能,抗侵蚀和腐蚀的性能(当水质不良时)。

2) 黄土的湿陷特征

黄土是一种结构性很强的土,土的结构性有两个方面。一方面是土粒的微观结构即粉粒之间的联结形成的蜂窝状结构,这种联结作用比较弱而且孔隙比大。另一方面是黏粒、黏土矿物及钙质盐类对黄土颗粒骨架的胶结作用形成的结构性。这种胶结强度在黄土的强度中占有相当的比重。在黄土浸水后,胶结物溶解、软化、胶结强度最容易破坏,黄土的蜂窝状结构也会遭到破坏,使土体产生崩解,承载力大大降低,压缩性大大增加,同时产生很大的沉陷,这就叫黄土的湿陷性。

3) 对黄土湿陷性机理的解释

内因是变化的根据,外因是变化的条件。依据这个原理分述如下:

(1) 黄土土粒的微观结构是内因。蜂窝状或链环状结构的特点就是孔隙比大、颗粒之间联结力弱。由于浸水(外因),水分子对链环状结构的联结处起着楔入或劈裂作用即打断链环,这就使结构强度破坏,刚度也大为减弱。在水和压力等外因条件作用下,由于强度大大降低,刚度减弱,变形就会大大增加。

（2）干燥黄土强度很高,稳定性很好。其中黏粒、黏土矿物、钙质盐类的胶结作用是极其重要的(内因)。浸水使胶结物质产生溶解或软化而使胶结作用受到破坏,强度大大降低了。浸水后及压力作用(外因)下,引起内部胶结作用大为减弱,使变形反应敏感而且量大。

（3）黄土是在第四纪干冷气候条件下形成的,气候干燥、土中含水量很低,黄土分布区至今还是干旱、半干旱地区。浸水环境和生成环境,分布环境相差极大,因此浸水后反应敏感而强烈,由此引起的变形就大。

4）影响黄土湿陷性的因素

（1）黄土的微观结构。

这里指颗粒骨架中颗粒大小、形状及其均匀性,颗粒之间的排列及联结情况。非均质微结构比均质微结构联结致密。自重湿陷黄土中的颗粒大小、形状相差较大,很不均匀,颗粒定向排列者多。非自重湿陷黄土中的颗粒较细,大小、形状较均匀,颗粒的排列、分布也均匀。

（2）颗粒骨架的胶结类型。

基底(质)胶结强度大,孔隙胶结次之,接触胶结较差。对于同一类型的胶结,胶结的程度和均匀性也有差别。

（3）黏粒及黏土矿物的含量及分布的均匀性。

这些物质在黄土中起胶结作用,当黏粒及黏土矿物的含量多并分布均匀时,湿陷性就小,反之湿陷性大。

（4）可溶性盐类的类型及含量。

$CaCO_3$ 的胶结作用和稳定性均大于 $CaSO_4$,而 $CaCO_3$ 的可溶性小于 $CaSO_4$ 盐类含量越高,在土的强度中这部分胶结作用所占比例就越高,浸水后胶结物质溶解或软化使黄土强度损失就越大,变形量就越大,即湿陷性显著或可能属于自重湿陷性。

7.2 软 土

7.2.1 软土的分布及其成因

软土是软弱黏性土的简称,一般是指在水流缓慢的环境中沉积,有微生物参与作用,含有较多有机质,天然含水量大,孔隙比大,压缩性高,承载能力低的一种软塑到泥塑状态的黏性土,如淤泥、淤泥质土、泥炭以及其他高压缩性饱和黏性土等。按《建筑地基基础设计规范》(GB 50007—2011)规定,天然含水量大于液限($w>w_L$)、天然孔隙比 $e>1.5$ 时称淤泥;$1.0<e<1.5$ 时称为淤泥质土,如淤泥质黏土、淤泥质亚黏土。通常将淤泥、淤泥质土统称为淤泥类土。

1）软土的分布概况

软土在世界各国均有分布,如北欧诸国(除丹麦外)、加拿大和美国北部(芝加哥和波士顿)是主要的软土分布地区。这些地区的冰川期和冰川期后沉积黏土经常厚达 100 m 左右,这些地区的软土经常具有高灵敏度和低抗剪强度的特性,当灵敏度(即原状和重塑的抗剪强度之比)超过 50 时,有些国家将这类软黏土称作"超灵敏黏土"。

我国三角洲软土最典型的是长江三角洲的上海、珠江三角洲的广州,其软土层中常夹有中、薄层粉砂夹层。上海地区软土深达 30 m,而广州地区软土的最大埋深只有 15 m,且上海软土表层硬壳略厚,为 2~3 m。

2) 软土的成因类型

按形成和分布情况我国软土基本上可以分为两类:一类是沿海沉积的软土;一类是内陆和山区河、湖盆地及山前谷地沉积的软土。一般来说,前者分布较稳定,厚度较大,后者常零星分布,沉积厚度较小,变化性质大。

按成因,我国软土分类汇总成表 7-1,相应的沉积相分类图如图 7-1 所示。

表 7-1 软土成因类型

地貌特征	成因类型	沉积特征
滨海平原	滨海相	土质不均匀,极疏松,常与砂砾层混杂
	潟湖相	颗粒细,孔隙比大,强度低,常夹有泥炭薄层
	溺谷相	孔隙比大,结构疏松,含水量大
	三角洲相	分选性差,结构疏松,多交错层理,多粉砂薄层
湖积平原	湖相	沉积物中黏土颗粒成分高,呈明显的层理。结构松软,表层硬壳厚度变化不规律
河流冲积平原	河漫滩相	沉积物成层情况较复杂,成分不均一,以淤泥及软黏性土为主
	牛轭湖相	间与砂或泥炭互层
山间谷地	谷地相	软土成片状、带状分布,靠山边浅,谷地中心深,厚度变化大。颗粒由山前到谷地中心逐渐变细。下伏硬底坡度大
泥炭沼泽地	沼泽相	以泥炭沉积为主,且常出露于地表。孔隙极大,富有弹性。下部有淤泥层或薄层淤泥与泥炭互层

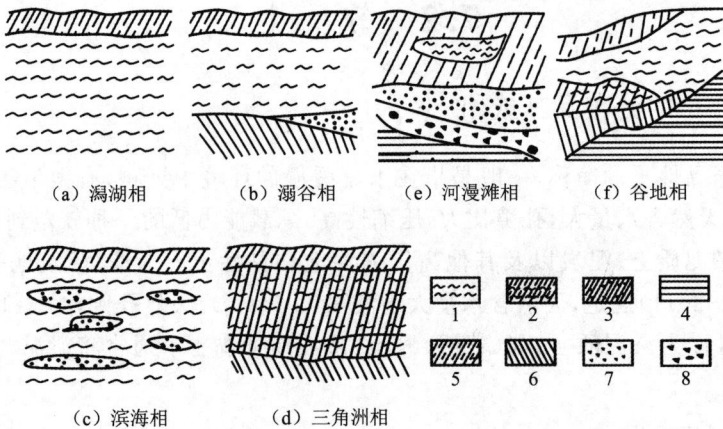

(a)潟湖相　(b)溺谷相　(e)河漫滩相　(f)谷地相

(c)滨海相　(d)三角洲相

1—淤泥;2—淤泥质砂黏土;3—淤泥质黏土;4—基岩;5—砂岩土;6—黏土;7—砂;8—砾石。

图 7-1 我国软土的沉积相分类

7.2.2　软土的组成成分

软土的组成成分是由其生成环境决定的。

（1）从其塑性指数和粒度成分鉴定,淤泥和淤泥质土的土质类型一般属于黏性土或粉质黏性土。淤泥中黏土颗粒(粒径<0.005 mm)含量(质量分数)一般达30%~60%,属黏土性,大量的黏土颗粒的存在是使淤泥大量含水的内在因素之一。

（2）淤泥的矿物组成主要为石英、长石、白云母及大量的黏土矿物,有时含碳酸盐及微量易溶盐,有时含黄铁矿。黏土矿物中蒙脱石和水云母类占多数,这种矿物组成也反映了淤泥的生成环境是缺氧的碱性环境。特别是这些黏土矿物与水的作用非常强烈,它们比高岭石类及其他成分的黏土颗粒的吸水性更大,因而在其颗粒外围形成很厚的结合水膜,使得淤泥和淤泥质土的天然含水量很大。

7.2.3　软土的工程性质

软土具有天然含水率大、孔隙比高、压缩性高、低强度等特点,并且有蠕变性、触变性等特殊的工程地质性质,工程地质条件较差。

工程上一般可用表 7-2 中的 3 个指标进行软土判别,如满足这些特征指标即可判别为软土。但由于软土形成所处的地理位置、地貌特征、水文条件等多方面的差异影响,不同地区的软土特点又存在一定的差别。

表 7-2　软土鉴别表

特征指标名称	天然含水率/%	天然孔隙比	十字板剪切强度/kPa
指标值	≥35 与液限	≥1.0	<35

除此之外,软土一般具有如下工程特征:

（1）触变性。尤其是海滨相软土一旦受到扰动(振动、搅拌、挤压或搓揉等),原有的结构受到破坏,土的强度明显降低或很快变成稀释状态,而当扰动停止后,强度又逐渐恢复。

（2）流变性。软土除排水固结引起变形外,主要研究软土应力、应变与时间因素有关的规律,包括软土的蠕变、应力松弛以及强度的时间效应等特征。流变对地基沉降有较大影响,对斜坡、堤岸、码头及地基稳定性不利。

（3）高压缩性。软土的压缩系数大,一般 $a_{1-2}=0.5\sim1.5$ MPa^{-1},最大可达 4.5 MPa^{-1}；压缩指数 C_c 为 0.35~0.75,软土地基的变形特性与其天然固结状态相关,欠固结软土在载荷作用下沉降较大,天然状态下的软土层大多属于正常固结状态。

（4）低强度。软土的天然不排水抗剪强度一般是小于 20 kPa,其变化范围为 5~25 kPa,有效内摩擦角为 12°~35°,固结不排水剪内摩擦角 $\varphi_{cu}=10°\sim20°$,软土地基的承载力常为40~80 kPa。

由于幅员辽阔,各地区所处的水文地质、工程地质环境存在差异,各地区的软土虽有共性,但又有特性。

7.2.4 软土的工程地质问题

由于软土具有含水量高、渗透性差、强度低、压缩性高、固结时间长等特点,因此,软土作为工程建筑物地基的主要问题是承载力低、地基沉降量过大和产生差异沉降。软土的容许承载力一般低于 100 kPa,有的只有 40~60 kPa。建筑规模稍大,就会发生过大的沉降,甚至发展到地基被挤出。软土除由沉降量大引起建筑物变形问题外,还由于其渗透性很弱,水分不易排出,故使建筑物沉降稳定历时较长,例如,沿海闽、浙一带软土地基上的大部分建筑物在建成约 5 年之久的时间后,往往仍保持着 1 cm/a 左右的沉降速率,其中有部分建筑物则达到 3~4 cm/a 或更大的沉降速率。

在软土地区修筑路基时,由于软土抗剪强度低,抗滑稳定性差,不但路堤高度受到限制,而且易产生侧向滑移,常在路基两侧产生地面隆起,形成远伸至坡脚以外的坍滑或过大和长期的沉陷。因此,在软土上修筑路堤时的主要工程地质问题是沉陷及滑动破坏。例如,位于我国浙江沿海冲积平原的肖甬铁路线,经过厚达 62 m 的淤泥层。表层为 0.6~1.0 m 的可塑性黏土,其下为流动性的软土层。在施工过程中,一年之内路堤曾连续发生坍塌,在路堤填筑完工时,高约 8 m 的桥头路堤一次整体坍塌下沉 4.3 m,滑动范围远至距路基中心线56 m 处,坡脚地面隆起 2 m,造成严重的坍塌事故。

7.3　膨胀土

7.3.1　膨胀土的定义、分布与成因

1) 膨胀土的定义

膨胀土系指土中黏土矿物成分主要是由强亲水性黏土矿物即蒙脱石和伊利石组成,具有显著的吸水膨胀和失水收缩,且胀缩变形往复可逆的高塑性黏土。一般呈棕黄、黄红、灰白、花斑(杂色)色,常含铁锰质及钙质结核。由于这种土裂隙极为发育,故又称为裂隙黏土(简称裂土)。

2) 世界范围膨胀土的分布与成因

全世界已发现有膨胀土的国家和地区,大约有 40 多个,遍及六大洲(南极洲除外)。其中尤以亚洲、非洲、美洲的分布最普遍,面积亦最广。典型膨胀土主要成因类型及其母岩或物质来源见表 7-3。

亚洲地区的膨胀土主要集中在北纬 10°以北到北纬 45°之间的广阔区域,东自太平洋的日本岛,西至地中海与黑海海岸的土耳其,从东亚、东南亚、南亚到西亚,膨胀土的分布都比较广泛。

表 7-3 世界部分地区膨胀土成因类型
(依据李斌主编的《膨胀土地区》)

国家或地区	典型膨胀土名称	成因类型	母岩或物质来源
柬埔寨	—	残积、坡积	玄武岩的风化残积物
日本	—	残积	火山岩、泥岩、泥灰岩风化物
印度	黑棉土	残积、冲积	玄武岩的风化残积物
以色列	—	冲积	玄武岩及石灰岩的风化物
加纳	阿克拉黏土	海相沉积	阿克拉页岩风化残积物
南非	黑泥	河湖相沉积、残积	基性岩浆岩、厄卡页岩风化物
苏联	赫瓦伦黏土	海相沉积	
罗马尼亚	—	残积、冲积	基性岩浆岩、含蒙脱石沉积岩
意大利	—	残积	火山喷出岩蚀变产物
加拿大	渥太华黏土	海相沉积、湖积	页岩风化物
美国	—	残积	页岩、黏土岩风化物
委内瑞拉	—	残积	页岩风化物

3) 我国膨胀土的分布与成因

我国膨胀土分布十分广泛，自 20 世纪 50 年代以来，我国各地先后发现膨胀土危害的地区已达 20 余个省(区、市)，遍及西南、中南、华东，以及华北、西北和东北的一部分。其主要分布在从西南云贵高原到华北平原之间各流域形成的平原、盆地、河谷阶地，以及河间地块和丘陵等地。我国特定的区域地质背景，以及所处自然地理位置和气候条件等客观因素，不仅决定了膨胀土分布地域的广泛性，而且还决定了膨胀土成因类型的多样性，其内容是极为丰富的。

西南地区，如云南，膨胀土主要分布在滇西南高原下关、保山一线以东、蒙自—大屯盆地和鸡街盆地，以及文山、开远、玉溪、滇东北的山间盆地宾川、曲靖茨营、昭通等地。这些盆地在第三纪形成时期，大多同时沉积了泥岩、泥灰岩和黏土岩一类地层，然后经风化、淋滤，一部分残留于盆地或缓丘形成残积膨胀土，另一部分被水流搬运而形成冲积、湖积膨胀土。在部分山麓地带还分布有部分冲积、洪积与残积、坡积成因的膨胀土。

西北地区，如陕西膨胀土集中于陕南，沿汉水河谷的汉中盆地、安康盆地等河湖盆地与阶地，呈带状分布，主要由各类岩浆岩和变质岩系风化破碎，极度分解，由水流搬运冲积与洪积形成。

中南地区，如广西膨胀土分布十分广泛，其中宁明、平果、百色一带膨胀土主要由第三系湖相沉积黏土岩、泥灰岩的风化物残积形成，其次也有部分风化物质经流水搬运由冲积形成。南宁膨胀土由冲积、洪积形成，而桂中的桂林、柳州、来宾以及贵县等岩溶盆地或丘区分布的膨胀土，则是由碳酸盐岩风化残积成因形成的红色黏土。广东的广州、东莞一带膨胀土主要是泥灰岩风化的产物，而琼雷台地中琼北分布的膨胀土则是由第四纪玄武岩风化残积的产物。湖北江汉平原，鄂东北与鄂西低山丘陵及山间盆地，如襄樊盆地、光化、荆门、郎县、宜昌、枝江等地都广泛分布有膨胀土，主要是由泥灰岩、各类变质岩与岩浆岩的风化产物，一部分经水流搬运由湖积、冲积或洪积形成,一部分在原地残积形成。河南膨胀土主要分布在豫中和豫西的南阳盆地,平顶山膨胀土主要在第四纪湖相沉积形成,南阳盆地膨胀土则是由泥灰岩以及部分变质岩系的风化产物,在水流搬运作用下,沉积形成一套灰绿、灰白色湖相黏土,以及冲积、洪积相为主的红、黄等色膨胀土。

华东地区,如安徽境内膨胀土主要分布在江淮丘陵的河谷平原、南避河阶地与洪积扇,如合肥、马鞍山和淮南盆地等,基本上是由红色黏土岩风化经水流搬运形成的冲积、洪积膨胀土。山东的鲁中南低山丘陵各山间盆地与山麓地带,鲁东南沂沭平原、泰安、莱芜、新太、新纹、宁阳,以及临沂、莒县、沂水、平邑等地均广泛分布有膨胀土,大多是岩浆岩系,碳酸岩和泥灰岩等的风化产物,由流水搬运形成的冲积、湖积与冲积、洪积物,部分地区为残坡积成因。

华北地区,如山西沿晋中盆地的太谷盆地和沁水盆地一带,如太谷、榆社、武乡、霍县、沁县、长治分布的灰绿、棕红、褐、紫等杂色膨胀土,主要是由泥灰岩、砂页岩风化产物,经水流搬运在盆地富集,由湖相沉积与河流相冲积形成。河北膨胀土主要分布在太行山麓平原边缘的邢台、邯郸一带,为玄武岩、泥灰岩风化产物经冰水搬运形成的湖相沉积物。

由此可见,我国膨胀土的分布范围是相当广泛的。纵观我国膨胀土分布的大致界线,是以东经126°和北纬44°处为起点,沿辽河,经太行山麓,穿过秦岭,沿四川盆地西缘至云南下关、保山一线的东南内陆,膨胀土十分发育,而且具有片状或带状的连续或断续分布特点。在这一线的西北地区,膨胀土分布很少,且只有零星点缀之意。

7.3.2　膨胀土的成分与结构特征

1) 成　分

(1) 粒度成分。

膨胀土是一种高分散的黏性土。黏粒(<0.005 mm)含量(质量分数,下同)高,一般高达35%以上,而且多数在50%以上,其中<0.002 mm的土粒占有相当大的比例,粉粒(0.005~0.05 mm)含量也较高,但多数少于黏粒含量;砂粒(>0.05 mm)含量较少,一般仅占百分之几至十几。按粒度成分分类,膨胀土多属黏粒土或重砂黏土。

膨胀土中含有一定数量的结核,是膨胀土物质成分的一个重要组成部分。一般常见的是钙质结核,其次是铁锭质结核。结核大小不等,形状各异,小的仅几毫米,大的可达数十厘米。其分布大多集中于裂隙面与层面附近,而且所有膨胀土中均散布有单个结核。富集成层的结核层和钙质块状层(钙盘)分布在风化层与下部未风化层的界面附近或地下水活动带。

(2) 矿物组成。

膨胀土的矿物成分复杂,可分为继承性的陆源碎屑物质、自生的黏土物质以及化学成因的氧化物、无机盐等。陆源碎屑物的成分为石英、蛋白石、燧石、酸性长石、碱性长石、云母等。它的黏土矿物主要由晶格活动性极强、亲水性很大的蒙脱石或伊利石(水云母类)等组成。其中蒙脱石的多寡直接决定土的胀缩性能的大小。

(3) 化学成分。

膨胀土的化学成分以 SiO_2,Al_2O_3 和 Fe_2O_3 为主。另外,黏土矿物的硅铝比 $SiO_2/(Al_2O_3+Fe_2O_3)$ 即 SiO_2/R_2O_3 也可用来检验土体的胶体活动性。如 SiO_2/R_2O_3 比值变

大,则表示该黏土矿物晶格的活动能力增大,土的亲水性高,因此其胀缩性增强。相反,SiO_2/R_2O_3 越小,则土的亲水性与胀缩性相应减弱,故 SiO_2/R_2O_3 比值是从土的黏土矿物的化学成分来鉴别其胀缩性强弱的定性指标。

2) 结构特征

固体矿物颗粒为土结构的基本单元。膨胀土的结构基本单元有两类:一类为薄片状黏土矿物颗粒面-面缔合而成的微叠聚体构成的活动性结构单元。高岭石、伊利石的微叠聚体中薄片间分别由氢键及钾离子联结,因此,排列整齐、紧密,基本上保持矿物晶形的特征。蒙脱石叠聚体中薄片间由范德华力联结,蒙脱石薄片小而薄,易受外界条件变化的影响,当失水收缩时,薄片发生不均匀变形而翘曲张开呈花朵状。这些活动性结构单元构成膨胀土的基质,成为膨胀土连续受力骨架,对受力变形和强度特性起控制作用。另一类为陆源碎屑颗粒构成的固定性结构基本单元,它们悬浮于黏土基质中,碎屑颗粒本身强度较高,变形较小,但彼此不相接触,不能构成膨胀土连续的受力骨架,对土体受力变形和强度不起支配作用。

如上所述,膨胀土由叠聚体构成黏土基质。叠聚体间的联结是靠远距离作用力(分子引力、静电引力、磁力)形成的凝聚联结。凝聚联结的特点是粒间存在着结合水膜,其联结程度随含水量(质量分数)而变化,随着含水量的减少,由凝聚型联结转变为过渡(电桥)型联结。

凝聚联结的重要特性是联结破坏具有可逆性,即破坏后重新得到恢复,在低于极限值载荷的作用下,具凝聚结构的孔隙介质表现出典型的可塑性。过渡联结是由于水膜变薄彼此靠拢而形成较牢固的联结,过渡联结的重要特性是其对水的不稳定性,即在卸除外荷或湿度增大时,发生水化并转变为凝聚联接。此外,膨胀土中的碳酸盐以膜形式分布于黏土矿物表面或以结晶质充填于孔隙中,起胶结作用,增强了颗粒间的联结。膨胀土中普遍发育有微孔隙及微裂隙,存在于叠聚体间或叠聚体内,而且孔隙与裂隙互相连通,微裂隙延伸方向基本上与叠聚体延伸方向一致。裂隙面的片状黏土矿物平行于裂隙面定向排列。

7.3.3 膨胀土的工程特性

1) 野外特征

(1) 地貌特征。

膨胀土多分布在二级及二级以上的阶地和山前丘陵地区,个别分布在一级阶地上,呈垄岗-丘陵和浅而宽的沟谷,地形坡度平缓,一般坡度小于 $12°$,无明显的自然陡坎。在流水冲刷作用下的水沟、水渠常易崩塌、滑动而淤塞。

(2) 结构特征。

膨胀土多呈坚硬-硬塑状态,结构致密,呈棱形土块者常具有膨胀性,棱形土块越小,膨胀性越强。土内分布有裂隙,斜交剪切裂隙越发育,膨胀性越严重。膨胀土多由细腻的胶体颗粒组成,断口光滑,土内常包含钙质结核和铁锰结核,呈零星分布,有时也富集成层。

(3) 地表特征。

膨胀土分布在沟谷头部,库岸和路堑边坡上的膨胀土常易出现浅层滑坡,新开挖的路堑边坡旱季常出现剥落,雨季则出现表面滑塌。膨胀土分布地区还有一个特点,即在旱季常出现地裂缝,长可达数十米至近百米,深数米,雨季闭合。

(4) 地下水特征。

膨胀土地区多为上层滞水或裂隙水,无统一水位,随着季节水位变化,常引起地基的不均匀膨胀变形。

2）膨胀土的物理力学性质指标特征

膨胀土的胀缩性是其主要特征，表示胀缩性的指标（表7-4）主要有下列几种。

（1）自由膨胀率。

指人工制备的烘干土在水中增加的体积与原有体积的百分比。一般认为，自由膨胀率大于40%即膨胀土。

（2）膨胀率。

指原状土在有侧限条件浸水后体积的膨胀量，以百分比表示。膨胀率随垂直载荷的增加而减小，因此膨胀率通常都是指有荷条件下的膨胀变形量。

（3）膨胀力。

膨胀土变形受到限制时产生的力称为膨胀力。膨胀力与附加压力、初始含水率、饱和度及土层厚度无关，仅与初始干密度有关。含水率不变的试样，膨胀力随初始干密度的增加而增加，且呈指数关系。

测定膨胀率和膨胀力，在室内可用单向固结仪进行，也可用膨胀仪测定。在野外可做浸水膨胀载荷试验，直接测定土的膨胀率和膨胀力。

（4）缩限和线缩率。

缩限是土在收缩过程中收缩率随含水率的减小不再变化时对应的界限含水率。线缩率是指在缩限状态时，土的收缩高度与原始高度之比。

（5）收缩系数。

指含水率减小1%时的线缩率，即收缩曲线收缩前期直线段的斜率。

表7-4展示了我国一些地区代表性膨胀土的基本物理力学性质指标。

表7-4 我国一些典型地区膨胀土的物理力学性质指标

地区	天然含水率 w/%	重度 γ/(kN·m⁻³)	孔隙比 e	液限 w_L/%	塑性指标 I_P/%	液性指数 I_L	黏粒含量（<2 μm）/%	自由膨胀率 δ_{ef}/%	膨胀率 δ_{ep}/%	膨胀力 p/kPa	线缩率 δ/%
广西宁明	27.5	19.3	0.79	55.0	28.9	0.07	53.0	68.0	5.01	175.0	6.44
云南蒙自	39.4	17.8	1.15	73.0	37.0	0.03	42.0	81.0	9 55	50.0	8.20
河北邯郸	23.0	20.0	0.67	50.8	26.7	0.05	31.0	80.0	3.01	56.0	4.48
河南平顶山	20.8	20.3	0.61	50.0	26.4	<0.00	30.0	62.0	—	137.0	—
山东临沂	34.8	18.2	1.05	55.2	29.2	0.33	—	61.0	—	7.0	—
广西南宁	35.0	18.6	0.98	62.2	33.2	0.15	61.0	56.0	2.60	34.0	3.80
安徽合肥	23.4	20.1	0.68	46.5	23.2	0.09	30.0	64.0	—	59.0	—

续表

地区	天然含水率 w/%	重度 γ/(kN·m^{-3})	孔隙比 e	液限 w_L/%	塑性指标 I_p/%	液性指数 I_L	黏粒含量 (<2 μm)/%	自由膨胀率 δ_{ef}/%	膨胀率 δ_{ep}/%	膨胀力 p/kPa	线缩率 δ/%
江苏六合	22.1	20.6	0.62	41.3	19.8	0.05	—	56.0	—	85.0	—
四川成都	23.3	19.9	0.61	42.8	20.9	0.01	38.0	90.0	—	39.0	5.90
湖北鄉县	20.6	20.1	0.63	47.4	22.3	<0.00	—	53.0	4.43	26.0	4.31
陕西汉中	22.2	20.1	0.68	42.8	21.3	0.10	24.3	58.0	1.66	27.0	5.80
贵州贵阳	52.7	16.8	1.57	90.0	46.0	0.13	54.5	33.3	0.76	14.7	9.38

3）膨胀土胀缩变形的主要影响因素

（1）矿物成分。

膨胀土的矿物成分主要是次生黏土矿物，即蒙脱石（微晶高岭土）和伊利石（水云母），具有较高的亲水性，遇水后土颗粒周围的水化膜急剧增厚，颗粒间距和孔隙变大，土体发生膨胀变形。当失水时，土中吸力增加，土体收缩变形，颗粒间距和孔隙均减小，当土体收缩到一定程度时甚至出现干裂，即自然界所见到的土体龟裂现象。图 7-2 为室内试验中获得的膨胀土典型龟裂照片。因此，土中含有上述黏土矿物的多少直接决定膨胀性的大小。几种矿物的活动性能列于表 7-5 中。

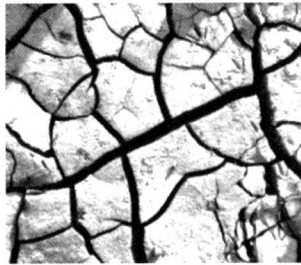

图 7-2　室内试验中获得的膨胀土典型龟裂照片

表 7-5　几种矿物的活动性能

矿物名称	蒙脱石	蒙脱石钙	伊利石	高岭石	白云母	方解石	石英
活动性	7.20	1.50	0.90	0.33~0.46	0.23	0.18	0.00

（2）离子交换量。

黏土矿物中，水分不仅与晶胞离子相结合，而且还与颗粒表面上的交换阳离子相结合。这些离子随与其结合的水分子进入土中，使土发生膨胀，因此，离子交换量越大，土的胀缩性越大。

（3）黏粒含量。

黏粒含量越高，比表面积越大，吸水能力越强，胀缩变形就越大。

（4）密实度。

密度越大，浸水膨胀强烈，失水收缩小；密度越小，浸水膨胀小，失水收缩大。

（5）含水率。

膨胀土含水率变化易产生胀缩变形。初始含水率与胀后含水率越接近，土的膨胀就越小，收缩的可能性和收缩值就越大；如两者差值越大，土膨胀可能性及膨胀值就越大，收缩就越小。

（6）微观结构。

膨胀土的微观结构与其膨胀性关系密切，一般膨胀土的微观结构属于面—面叠聚体，膨胀土微结构单元体集聚体中叠聚体越多，其膨胀就越大。

7.3.4 膨胀土的判别与分类

1）膨胀土的判别原则与指标选择

膨胀土的判别应采用现场定性和室内简易定量的指标相结合，或者说根据工程地质特征及土的自由膨胀率等指标综合判定。根据《工程勘察通用规范》（GB 55017—2021）的规定，含有大量亲水矿物，湿度变化时有较大体积变化，变形受约束时产生较大内应力的岩土，应判定为膨胀土。膨胀土的判定，目前尚无统一的指标和方法。一般根据膨胀土特征指标判别如下：

（1）采用性质敏感的试验指标判别。

刘特洪等通过对南阳膨胀土试验指标相关分析认为：胶粒含量（质量分数）$d_{0.002}$、液限 w_L、缩限 w_S 和胀缩总率 δ_{es} 能反映主要土层的基本性质变化趋势。各类土层的上述指标变化区间大体如表 7-6 所示。

表 7-6　南阳膨胀土判别指标
（依据刘特洪著《工程建设中的膨胀土问题》）

类　别	胶粒含量 （质量分数）/%	液限 w_L/%	缩限 w_S/%	胀缩总率 δ_{es}/%
强膨胀土	＞30	＞50	＜10	＞12
中膨胀土	23～30	40～50	10～12	8～12
弱膨胀土	＜23	38～45	11～13	5～7

（2）综合指标判别。

刘特洪等通过对南阳膨胀土的研究，选出了能反映膨胀土性质的简易指标，应用多变量数学分析，建立了判别函数式

$$Z = 0.273d_s + 0.57d_c + 0.133\delta_{ef} - 0.217w_L \tag{7-1}$$

式中　d_s——土中 0.05～0.005 mm 粉粒含量（质量分数，%）；

　　　d_c——小于 0～005 mm 的黏粒含量（质量分数，%）；

　　　w_L——液限，%；

δ_{ef}——自由膨胀率,%。

判别的临界值为:$Z<33$ 为非膨胀土;$Z>33$ 为膨胀土。

(3) 根据黏土的矿物成分判别。

Ⅰ类灰褐色弱膨胀土,蒙脱石含量(质量分数,下同)约为 11%～17%;Ⅱ类棕黄色中膨胀土,蒙脱石含量约为 17%～26%;Ⅲ类灰白色强膨胀土,蒙脱石含量约为 26%～55%。

2) 膨胀土的分类

现在,国内膨胀土的分类方法很多,所选择的指标和标准也不一,不同的研究者提出了不同的标准,其中具有代表性的分类方法如下。

(1) 按最大胀缩性指标进行分类。

主张这种分类的研究者柯尊教授推荐用直接指标,即最大线缩率、最大体缩率、最大膨胀率等指标作为分类的标准,见表 7-7。

表 7-7　按最大胀缩性指标分类

(依据刘特洪著《工程建设中的膨胀土问题》)

类　型	最大线缩率 δ_{SV}/%	最大体缩率 δ_{SV}/%	最大膨胀率 δ_{SV}/%
弱膨胀土	2～5	8～16	2～4
中膨胀土	5～8	16～23	4～7
强膨胀土	8～11	23～30	7～10
极强膨胀土	>11	>30	>10

(2) 按自由膨胀率与胀缩总率进行分类。

根据室内直接测得胀缩性指标,综合国内有关专家提出划分类别的界限值归纳见表 7-8。

表 7-8　按自由膨胀率与胀缩总率分类

(依据刘特洪著《工程建设中的膨胀土问题》)

类　型	无载荷下体胀缩总率/%	无载荷下线胀缩总率/%	线膨胀率/%	缩限含水量状态下的体缩率/%	自由膨胀率/%
强膨胀土	>18	>8	>4	>23	>80
中膨胀土	12～18	6～8	2～4	16～23	50～80
弱膨胀土	8～12	4～6	0.7～2	8～16	30～50

(3) 多元线性函数判别法。

采用数学法进行主因子分析与逐步回归分析,提出了综合指标的分类如下

$$Z = 0.29w_L + 0.32w_s + 0.38\delta_{ef} + 0.12d_L - 0.33w_0 + 10.9e_0 \qquad (7-2)$$

分类的临界值为:$Z<22$ 为非膨胀土,$22\leqslant Z<26$ 为弱膨胀土,$26\leqslant Z<36$ 为中膨胀土,$36\leqslant Z$ 为强膨胀土。

(4) 按胀缩性与表征胀缩性的指标进行分类。

按胀缩性与表征胀缩性的指标进行分类,见表 7-9。

表 7-9　按胀缩性与表征胀缩性的指标分类

(依据刘特洪著《工程建设中的膨胀土问题》)

类　型	黏粒含量 (质量分数< 0.005 mm)/%	液限 w_L /%	塑性指数 I_P	比表面积 /(m²·g⁻¹)	阳离子交换量 /[me·(100 g)⁻¹]	零载荷线胀 缩总率/%
强膨胀土	>50	>48	25	>300	>40	>8
中膨胀土	30~50	40~48	18~25	150~300	30~40	68
弱膨胀土	<35	<40	<18	<150	<30	4~6

(5) 按自由膨胀率与地基变形量分类。

国家标准《膨胀土地区建筑技术规范》(GB 50112—2013)的胀缩等级划分见表 7-10。

表 7-10　膨胀土胀缩等级划分

(依据刘特洪著《工程建设中的膨胀土问题》)

自由膨胀率 δ_{ef}/%	地基分级变形量 S_C/mm	类　型
$40 \leqslant \delta_{ef} \leqslant 65$	$15 < S_C < 35$	弱膨胀土
$65 \leqslant \delta_{ef} \leqslant 90$	$35 \leqslant S_C \leqslant 70$	中膨胀土
$\delta_{ef} \geqslant 90$	$S_C \geqslant 70$	强膨胀土

7.3.5　膨胀土胀缩变形机理及其路基和地基的工程地质问题

1) 膨胀土胀缩变形机理

膨胀土遇水膨胀是由于土中亲水性黏土物质与水接触时,黏粒与水分子发生积极的相互作用,并发生水化作用的结果。水化作用过程可分为两个阶段:

(1) 空气相对湿度达 30% 时,土粒表面形成多层吸附水膜,该水膜随着空气温度的增大而增厚,一般在空气湿度为 90% 时达最大值,这时土的含水率(质量分数)为最大吸着水容度。从吸湿到最大吸着水容度之间的整个含水率范围内,实际上土体并未发生宏观的膨胀作用。

(2) 当空气相对湿度>90% 时,膨胀土的含水量急剧增加,孔隙中水溶液离子浓度较低,而土粒附近由于离子受到电场的作用而浓度较高。浓度上的这种差异引起水分子向土粒表面渗透移动,由于水的渗入,使土粒双电层扩散层增厚,因而引起土体膨胀。土体中出现宏观膨胀作用,是在集聚体内和集聚体间的孔隙完全被渗透水和毛细水充满后,直至达到最大膨胀含水量这一阶段。土的最大膨胀含水量介于塑限与液限之间。

膨胀土的失水收缩是由于土中水分减少,空气进入土的孔隙中,在土粒、水、空气三相交界面上之弯液面形成的表面张力,使颗粒靠近,与此同时,土粒间的扩散层变薄,其中反离子浓度增加,对周围土粒的吸引力增强;此外,孔隙溶液中沉积出来的化合物的结晶压力,使颗粒间距离减小。由此,可以认为膨胀土的收缩是各种力综合作用的结果。

2) 膨胀土地区的路基

在膨胀土地区修筑铁路,无论是路堑或路堤,极普遍而且严重的病害就是边坡变形和基床变形。随着列车轴重的增加和行车密度与速度的提高,膨胀土体抗剪强度的衰减及基床土承载力的降低造成边坡坍塌、滑坡,路基长期不均匀下沉、翻浆冒泥等病害更加突出,常使铁路形成"逢堑必滑,无堤不塌"的现象,造成路基失稳,影响行车安全。

3)膨胀土地区的地基

在膨胀土地基上修筑的桥涵及房屋等建筑物,随地基土的胀缩变形而发生不均匀变形。因此膨胀土地基问题既有地基承载力问题,又有引起建筑物变形问题。其特殊性在于:地基承载力较低,还要考虑强度衰减,不仅有土的压缩变形,还有湿胀干缩变形。

在膨胀土地基上修筑建筑物必须注意建筑物周围的防水排水。建筑场地应尽量选在地形平坦地段,避免挖填方改变土层自然埋藏条件。建筑物基础应适当加深,以便相应减小膨胀土的厚度,并增加基础底面以上土的自重,加大基础侧面摩擦力。还可用增加基础附加压力的方法克服土的膨胀。必要时也可以采用换土、土垫层、桩基等。

7.4　红黏土

7.4.1　红黏土的形成、成因类型及其分布

1)红黏土的形成

红黏土是指在湿热气候条件下,经历了一定红黏土化作用而形成的一种含较多黏粒,富含铁、铝氧化物胶结的红色黏性土。红黏土在形成过程中依次经历了风化作用,微团粒化作用,后期对微团粒改造的成土作用,当母岩经历了这一完整的成土过程之后,现代意义上的红黏土便形成了,并具有了特殊的工程地质特性。红黏土形成过程叙述如下。

(1)风化作用。

在风化过程中,岩石中暗色矿物(黑云母、辉石、橄榄石等)不稳定,容易被氧化分解,形成高岭石、三水铝石及游离铁质等;浅色矿物(石英、长石、白云母等)也因风化作用形成了相应的风化产物,如高岭石簇矿物、伊利石、蒙脱石、碱的真溶液及硅胶等;岩石中含铁的硫化物、氧化物、碳酸盐等经氧化、碳酸化及水解作用后将形成游离铁质及酸性水溶液。

(2)微团粒化作用。

上述呈整体胶结状态的红黏土当遇高温干燥的气候条件时,其内部因失水收缩出现裂缝。降雨时,水沿裂缝渗透,并借薄膜水的传递楔入,使胶结联结减弱。当然也不排除由于长期雨水浸泡,淋溶出的游离铁、铝、硅胶等又凝聚成新的胶结联结,但若又遇干燥天气,这种新的胶结因土体的再次干裂收缩很快便被破坏。随着这种干燥—降雨—干燥气候的循环往复,势必使红黏土向其结构单元体方向发展,而结构单元体因干燥失水逐渐硬化,且这种硬化趋势是不可逆的,于是这种作用的最终结果是使呈整体胶结的红黏土块体变成了由微细团粒与结构单元体组成的散粒红黏土。

(3)成土作用。

在中至晚更新世,由微团粒化作用形成的散粒红黏土不具备湿热气候条件,淋溶作用较弱,结构单元体经一定的固结压密及少量的游离铁、铝、硅质等重新胶结,便形成现代意义上典型的以结构单元体为骨架通过结合水及接触式胶结物联结的蜂窝状红黏土,具有天然密

度小,含水量高,孔隙比大,液、塑限高,压缩性中至低,强度中至高的特性。

2) 红黏土的成因类型及其分布

红黏土广泛分布于我国的云贵高原、四川东部、广西、安徽、粤北及鄂西、湘西等地区的低山、丘陵地带顶部和山间盆地、洼地、缓坡及坡脚地段。从上述红黏土的形成过程分析可以看出,由于物质来源的差异及经历了不同程度的红黏土化作用,形成的红黏土类型不同:一类是各种岩石的残积(或局部坡积)风化壳上部的原生残积红黏土(经过再搬运而改造形成的,称次生红黏土);一类是非残坡积成因,在氧化环境中经过搬运、沉积、红黏土化作用而形成的红黏土。我国分布最广的红黏土有如下几类:

(1) 花岗岩残积红黏土。

华南各地广泛分布着燕山期花岗岩类,发育着巨厚的红色风化壳,表层全风化带为残积土。根据其成分和结构特征,可分为均质红黏土、网纹红黏土和杂色黏性土,前两者统称为残积红黏土。

(2) 玄武岩残积红黏土。

雷州半岛和海南岛北部,第四纪期间多期大面积喷发的玄武岩,经风化后,形成厚薄不等的风化壳,其表层的红色黏性土就是残积红黏土。南方其他地方也有零星分布。

(3) 红层残积红黏土。

华中、华南等地分布着第三系或侏罗—白垩系的内陆盆地沉积的红色岩层,主要是砂岩、粉砂岩和泥岩等,所形成的红色风化壳的表层为土状带,其中黏性土即残积红黏土。

(4) 红黏土。

在我国红黏土是特指碳酸盐类岩石在亚热带温湿气候条件下,经残积或局部坡积所形成的褐红、棕红等色的黏性土,以贵州、云南、广西分布最广,川南、两湖、广东、江西也有分布,厚度变化很大;除残坡积成因外,还有洪积、冲积等不同成因的次生红黏土。

7.4.2 红黏土的组成成分

红黏土是热带、亚热带湿热气候条件下的产物,风化程度高,矿物、化学成分变化强烈。碎屑矿物主要是石英和少量未风化长石;黏粒含量较多,黏土矿物以高岭石类为主,伊利石含量较少;含一定量的针铁矿和赤铁矿,部分含有三水铝石。化学成分以 SiO_2,Al_2O_3,Fe_2O_3 为主,其他 RO,R_2O_2 含量很少,硅铝比小,pH 低,有机质和可溶盐含量极少,比表面积及阳离子交换容量较低,游离氧化物含量较高,尤其是游离氧化铁含量(质量分数)占全铁的 $50\%\sim80\%$。总之,红黏土是以亲水性较弱的高岭石和石英为主,活动性较低,有铁质胶结的红色黏性土。红黏土的粒度成分与母岩关系密切,砂岩、砾岩、花岗岩残积红黏土的粒度粗,砂砾含量多,黏粒含量较少($20\%\sim40\%$);碳酸盐类岩石和玄武岩残积红黏土,粒度细,黏粒含量多($40\%\sim80\%$)。

7.4.3 红黏土的工程特性

表 7-11 统计了我国南方各省红黏土的基本物理力学性质指标经验值。从表中可以看出,红黏土具有如下一些特点:高塑性和分散性、高含水率、低密实度、高强度和低压缩性等。

表 7-11　南方各省红黏土物理力学性质指标(依据《工程岩土学》)

地　区	液限/%	塑限/%	含水率/%	孔隙比	内摩擦角/(°)	黏聚力/MPa	压缩模量/MPa
湖　北	51~76	25~37	30~55	0.92~1.59	11~22	0.030~0.078	—
湖南株洲	47~62	22~30	29~60	0.84~1.78	8~15	0.002~0.014	2.0~9.2
广西柳州	54~95	27~53	34~52	0.99~1.50	10~26	0.014~0.090	6.5~17.2
云　南	50~75	30~40	27~55	0.90~1.60	16~28	0.025~0.085	6.0~16.0
贵　州	60~110	35~60	34~63	1.00~1.80	9~15	0.034~0.085	4.1~20.0

7.4.4　红黏土的工程地质问题

1) 红黏土的裂隙性

坚硬、硬或可塑状的红土,在近地表部位或边坡地带,由于胀缩作用往往裂隙发育。裂隙发育深度一般为 3~4 m,已见最深者达 6.0 m。裂隙面光滑,有的带擦痕,有的被铁锰质浸染。裂隙的发生和发展极快,破坏了土体的整体性和连续性,使土体强度(这种土体的单独土块强度很高)显著降低,试样沿裂隙面成脆性破坏。当地基承受较大水平载荷、基础埋置过浅、外侧地面倾斜或有临空面等情况时,对地基的稳定性有很大影响,并且裂隙发育对边坡和基槽保护与土洞形成等有直接或间接的联系。红黏土也存在岩溶现象,对边坡稳定不利,作为地基时,不易夯实。

2) 红黏土的胀缩性

有的地区的红土具有一定的胀缩性,如贵州的贵阳、遵义、铜仁;广西的桂林、柳州、来宾、贵县等。这些地区由于红土的胀缩变形,致使一些单层(少数为 2~3 层)民用建筑物和少数热工建筑物出现开裂破坏,其中以广西地区较为严重,贵州地区较轻,有些地区红土的胀缩性很轻微,可不作膨胀土对待。红黏土的胀缩性能表现为以缩为主,即在天然状态下膨胀量微小,收缩量较大,经收缩后的土试样浸水时,可产生较大的膨胀量。

7.5　盐渍土

7.5.1　盐渍土的定义、分布及其成因

1) 盐渍土的定义

盐渍土,广义理解凡含一定量易溶盐的土,统称为盐渍土。

土的含盐量,是指 100 g 烘干土中所含盐的总质量,以百分比计,或以 100 g 烘干土中所含阴离子的毫克当量数计。1 毫克当量的某种离子,是指它与 1 毫克的氢化合或置换所需要的毫克数。

国内外有关含盐量和含盐类别标准的规定历来不同。例如,苏联曾规定:当土中易溶盐含量超过 0.5%或中溶盐含量超过 5%时,称为盐渍土;现在俄罗斯建筑部门有关规定,对不同的土类分别定出不同的含盐量界限,作为盐渍土的定名标准,其中最小的易溶盐含量标准

为 0.3%。

国内一些盐渍土地区的勘察资料表明,不少土样的易溶盐含量虽然小于 0.5%,但其溶陷系数大于 0.01,最大的可达 0.09 以上。另外,我国有些地区(如青海西部)的盐渍土特别厚,超过 20 m,且渗透性强,浸水后的累计溶陷量大,对工程的危害也较严重,不少实例已证明了这一点。

2) 盐渍土的分布

盐渍土在世界各地区均有分布。在欧洲的法国、西班牙、意大利、匈牙利、罗马尼亚均存在盐渍土。在美洲的加拿大、墨西哥、阿根廷、智利和秘鲁的某些地区,也有盐渍土分布;美国的盐渍土主要集中在加利福尼亚等西部地区。非洲的盐渍土分布在南非、东非和北非,特别在尼罗河三角洲一带,面积相当广泛。盐渍土在亚洲和中东地区分布也很广泛,主要分布在蒙古、印度、巴基斯坦、土耳其、伊拉克等国。盐渍土在苏联的分布面积约有 70×10^4 多 km^2,主要分布在中亚地区、后高加索地区、乌拉尔地区、黑海地区和东、西西伯里亚地区。

我国盐渍土主要分布在西北干旱地区的新疆、青海、甘肃、宁夏、内蒙古等地势低平的盆地和平原中。其次,在华北平原、松辽平原、大同盆地以及青藏高原的一些湖盆洼地中也都有分布。另外,滨海地区的辽东湾、渤海湾、海州湾、杭州湾等以及台湾在内的诸海岛沿岸,也有相当面积存在。

盐渍土中有一些以含碳酸钠或碳酸氢钠为主的盐类,碱性较大(一般 pH 为 8~10.5),称为碱土,湿时膨胀、分散、泥泞,干时收缩,这主要是由于其吸附钠离子具有高度分散作用造成的。这些碱性盐渍土(或碱土)则零星分布在我国东北的松辽平原,华北的黄、淮、海河平原,内蒙古草原以及西北的宁夏、甘肃、新疆等地的平原地区。

3) 盐渍土的成因

盐渍土的形成及其分布,均由其当地的地理、地形、气候以及工程地质和水文地质条件等自然因素决定。当然,由于人类活动而改变原来的自然环境,也使本来不含盐的土层产生盐渍化,生成所谓的次生盐渍土。归纳起来,盐渍土的形成有如下几个原因:

(1) 由含盐的地表水蒸发。

在干旱地区,每当春夏冰雪融化或骤降暴雨后,形成地表径流,在其溶解了沿途中的盐分后成为含盐的矿化地表水,当流出山口或流速减慢,形成慢流时,在强烈的地面蒸发下,流程不长即被蒸发殆尽,水中盐分即聚集在地表或地表以下的一定深度范围内,形成了盐渍土。戈壁滩中的盐渍土就是这样形成的。其含盐成分与地表水所溶解的盐的成分直接有关。

(2) 由含盐的地下水造成。

当地下水中含有盐分时,通过土的毛细管作用,含盐的水溶液上升,如果在毛细管带范围,由于地表蒸发而湿度降低或因地温降低,都会使毛细水中的盐分析出而生成盐渍土。其积盐程度取决于地下水位的深度、毛细水的升高、地下水的矿化度或含盐量以及土的类别和结构等。当地下水位低于一定深度时,就不会形成盐渍土,此深度称为盐渍化临界深度。临界深度首先与土的毛细水的升高高度有关,后者与土质、土的粒径和比表面积有关。根据多年的观测,黏性土的临界深度一般约在 5~6 m,砂土中则约在 1 m 以内。

(3) 由含盐海水造成。

滨海地区经常受到海潮侵袭或因海面上飓风直接将海水吹上陆地,经过蒸发后,盐分析出积留在土中,形成盐渍土。另外,由于滨海地区大量采取地下水,使含盐的海水倒灌,加上气候的干旱,蒸发量大,也就形成人为的次生盐渍土。滨海盐渍土的最大特点:一是其含盐成分与海水一致,都是以氯化钠为主;二是含盐量除表土稍多外,以下土层都含有一定量的盐分,而且比较均匀。

4) 其他原因

我国西北干旱地区有风多、风大的特点,大风将含盐的砂土吹落到山前戈壁和沙漠以及倾斜平原处,积聚成新盐渍土层。另外,在干旱或半干旱地区,有不少植物可以从很深的土层中汲取大量盐分,积聚在枝干中,枯死后盐分重新进入地表土中。有的植物(如胡杨树等),本身枝干能分泌出盐结晶;有的植物还有强烈的蒸发作用,其消耗的水分可超过地面蒸发量的 1.5～2 倍,因此,这些植物的生长都会促使土层的盐渍化。

7.5.2 盐渍土的类型

1) 按分布区域分

(1) 滨海盐渍土。

滨海盐渍土主要分布在长江以北,江苏、山东、河北、天津、辽宁等省的滨海平原,长江以南沿海也有零星分布。主要受海水浸渍而形成。其特点是:土层上下含盐量差异较小,盐分以氯化物为主,硫酸盐、碳酸盐次之。阳离子以钾、钠占绝对优势。一般脱离海水影响时间愈长,受降水淋洗作用就越强,土中盐分含量就愈少,反之则多。

(2) 冲积平原盐渍土。

冲积平原盐渍土主要分布在黄、淮、海河冲积平原,松辽平原以及三江平原上。因受东南季风的影响,夏季炎热多雨,春季干旱多风,蒸发强烈。如松嫩平原年降雨量 300～600 mm,年蒸发量高达 1 500～1 800 mm,使土层周期性积盐或脱盐,特别在雨季,平原低洼处常有洪水泛滥和内涝产生,促使地下水位抬高,盐渍化加剧;河流淤积或上游修建水库,亦有同种现象,如黄河下游河南、山东境内常有这种情况。

由于各地所处的生物气候带及成土母岩不同,虽同为冲积型盐渍土,但含盐类型和含盐程度有较大的差别,如东北以碱性盐质土(碳酸氢钠和碳酸钠)为主,华北北部以氯盐渍土为主。

(3) 内陆盐渍土。

内陆盐渍土分布在年蒸发量大于年降水量地势低洼、地下水埋藏浅、排泄不畅的干旱和半干旱地区。如新疆的塔里木盆地、准格尔盆地,甘肃河西走廊,青海柴达木盆地,宁夏银川平原,内蒙古河套地区等。其特点是含盐量高,成分复杂,类型多。含盐量一般在 10%～20%,高者超过 50%。尤其是柴达木盆地、塔里木盆地,土中含盐量更高,在地表常结成几厘米至几十厘米的盐壳。

2) 按含盐类的性质分

根据含盐性质,盐渍土可分为氯盐渍土、硫酸盐渍土和碳酸盐渍土。其分类标准是根据土的溶液中常见的阴离子(Cl^-,SO_4^{2-},CO_3^{2-},HCO_3^-)在每 100 g 土中所含的毫克当量数的比值来确定,见表 7-12。

表 7-12　盐渍土按含盐性质分类(依据《工程地质手册》第五版)

盐渍土名称	Cl^-/SO_4^{2-}	$(CO_3^{2-}+HCO_3^-)/(Cl^-+SO_4^{2-})$
氯盐渍土	>2	—
亚氯盐渍土	$1\sim2$	—
亚硫酸盐渍土	$0.3\sim1$	—
硫酸盐渍土	<0.3	—
碱性盐渍土	—	>0.3

3) 按含盐量(质量分数)分

苏联学者波兹尼亚克研究认为:当土中易溶盐含量小于 0.5% 时,盐分对土的物理力学性质不发生影响,当含盐量为 0.5%~3.0% 时,就会改变土的结构,从而影响其他性质,如塑性、透水性、压缩性和强度等。可见按含盐量分类是划分盐渍土的定量指标,也是对含盐性质分类的进一步补充。按含盐量分类,可把盐渍土分为弱—超盐渍土,见表 7-13。

表 7-13　盐渍土按含盐量分类(依据《工程地质手册》第五版)

盐渍土名称	不同土对应平均含盐量/%		
	氯盐渍土及 亚氯盐渍土	硫酸盐渍土及 亚硫酸盐渍土	碱性(碳酸盐) 盐渍土
弱盐渍土	$0.5\sim1$	—	—
中盐渍土	$1\sim5$	$0.5\sim2$	$0.5\sim1$
强盐渍土	$5\sim8$	$2\sim5$	$1\sim2$
超盐渍土	>8	>5	>2

7.5.3　盐渍土的工程特性

盐渍土本身是环境的产物,它的一切性质是受环境制约的,其化学性质的多变性所造成的危害是难以估计的。因此,其工程特性十分复杂,它的力学性质与成因类型、地理环境、含盐性质、气候变化等因素有密切关系。简述如下:

1) 溶陷性

内陆盐渍土在干燥气候条件下具有遇水沉陷的特性。为区别于黄土的湿陷性,故把盐渍土这种特性称为溶陷性。盐渍土的含盐类型多为硫酸盐、碳酸盐和氯化物。而其中的钠、钾和镁盐都属易溶盐,这些盐类成为土颗粒之间胶结物的主要成分。干燥状态下,土的强度高、压缩性小;但遇水后,可溶性盐类溶解,在载荷作用下或在自重作用下土体下沉。溶陷性的大小与可溶性盐类的性质和含量有关,还与盐渍土的成因有关。

盐渍土的溶陷机理很复杂,通过电子显微镜对土的微结构进行观察,发现粗颗粒中很多不是原生矿物的碎屑,而是由较小或很小的土粒由盐类牢固胶结而成的,一般不易分散,并且可以看到盐类晶体互相镶嵌。土的孔隙被盐类结晶体所充填,因此盐渍土的天然孔隙比较小。这类土的湿陷性机理与黄土不同,例如柴达木盆地茫崖镇一带,土的孔隙比只有

0.55～0.60,含水量(质量分数)为 4%;但溶陷性系数高达 0.060～0.078,超过黄土湿陷性指标 4～5.2 倍,相当于自重湿陷的范畴。这类湿陷主要是由于土中硫酸钠(芒硝)结晶时体积膨胀,使土的密度增大,遇水时溶解体积缩小。但也有部分盐渍土结构疏松,类似黄土的架空结构。

2) 盐胀性

根据大量调查资料表明,以含硫酸钠(芒硝)为主的盐渍土表层(约 1 m 左右),由于盐胀作用使土的孔隙增大,土粒松散,形成与盐结壳脱离的蓬松层。

盐胀性与膨胀土的膨胀现象在外观上类似,但在机理上完全不同。盐渍土的膨胀主要是由于土中硫酸钠在温度变化时结晶形态转化所造成的。图 7-3 为硫酸钠的溶解度 S 与温度 T 的关系。在常温(<33 ℃)条件下,硫酸钠是以带 10 个结晶水的固相盐——芒硝($Na_2SO_4 \cdot 10H_2O$)从溶液中结晶析出,在这个温度范围内它的溶解度随温度上升而增大。当温度上升到 33 ℃以上时,芒硝的溶解度随温度上升反而下降,此时它脱水为无水芒硝。无水芒硝结合 10 个水分子成为芒硝时,其体积可以增大 2～3 倍。

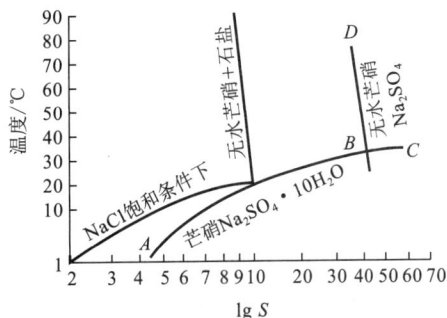

图 7-3　硫酸钠溶解度曲线

除温度外,盐类之间的相互作用也影响它的溶解度。在氯化钠饱和条件下,形成无水芒硝的温度降低,在 18 ℃时芒硝便脱水为无水芒硝。图中 AC 线为无氯化钠存在时芒硝的饱和曲线,BD 为无水芒硝的饱和曲线,交点 B 为这两种盐的转交点(32.4 ℃);在 AC 线范围内有一个芒硝与无水芒硝两种盐同时存在的结晶区,在这个范围内溶液为这两种化合物所饱和,芒硝和无水芒硝两者中的任何一种都不再溶解,高于或低于该温度范围时两者之一将发生改变。

3) 土壤的腐蚀性

盐渍土的主要特点是含有较多的盐,尤其是易溶盐,它使土具有明显的腐蚀性。在我国盐渍土中,多以含氯盐和硫酸盐为主,该两类盐也是决定盐渍土腐蚀性的关键因素。

氯盐均系易溶盐,主要有 $NaCl,KCl,CaCl_2,MgCl$ 和 NH_4Cl 等,在水溶液中全部离解成阴、阳离子,属强电解质。其中氯离子对金属有强烈的腐蚀作用,在金属的表面形成阳极区,能破坏混凝土中钢筋表面的钝化膜,使其活化;镁离子能复分解水泥水化物中起骨架作用的钙,使其发生软化、粉化、降低强度等;土中的锰离子通过电化学和化学反应,能与铁生成复合盐;钾、钠、钙离子自身对金属和非金属没有明显腐蚀性,但它们能提高介质(土、水等)的导电率,从而加速对金属的腐蚀。

7.5.4　盐渍土的工程地质问题

盐渍土地基对工程的危害主要是由其浸水后的溶陷、含硫酸盐地基的盐胀和盐渍土地基对基础和其他地下设施的腐蚀等造成的。此外,在盐渍土地区所用的工程材料(如砂、石、土等)和施工用水中,常含有过量的盐类,也造成了对工程建设的危害。

1) 盐渍土地基溶陷对工程的危害

具有溶陷性的盐渍土地基一旦浸水后,因土中可溶盐(尤其是易溶盐)溶解,结构强度丧失,地基承载力降低,并产生很大的沉陷,导致其上建筑物产生很大的沉降。由于浸水通常是不均匀的,所以建筑物的沉降也是不均匀的,导致建筑物的开裂和破坏。另外,地基溶陷变形的速度很快,如在砂类土中,浸水一昼夜基础下沉可达 20 cm,这就更加重了对建筑物的危害。

2) 盐渍土地基盐胀对工程的危害

盐渍土地基盐胀对工程的危害主要发生在含硫酸钠(芒硝)多的地区。尤其在土温或湿度变化大的土层范围内。盐渍土地基危害调查资料表明,盐胀主要在地面以下一定的深度范围内发生,只对基础埋深较浅的建筑物构成威胁,基础埋深大于 1.2 m 的建筑物,尚未发现因盐胀引起的破坏。在盐渍土地区进行的大量事故调查表明,由于盐胀造成破坏的主要是路面、路基、室内外地面、台阶、机场跑道、挡土墙等。

3) 盐渍土地区腐蚀对工程的危害

盐渍土地区的建设工程受腐蚀的危害相当普遍和严重。通过调查和分析研究发现,建筑物因腐蚀而破坏的原因有两方面:一是盐渍土中的含盐水分,包括含盐的地下水侵入基础、管、沟等地下设施的材料孔隙内,造成材料的物理侵蚀和化学腐蚀,如果基础等未设防潮层或防潮层质量有问题,则含盐水分还能通过毛细管作用侵入地面以上的柱或墙体中,使之腐蚀破坏;另一个腐蚀破坏的原因是建筑所用的原材料(如砂、石、黏土砖、灰土和水等)中含有盐类,遇水后如因温度、湿度变化,盐类便结晶析出,体积膨胀,产生很大内应力,使建筑物材料由表及里逐渐疏松剥落,导致腐蚀破坏。

7.6　冻　土

7.6.1　冻土的定义、分类及其分布

1) 冻土的定义

凡含有水的松散岩石和土体,当温度降低到其冻结温度时,土中孔隙水便冻结变成冰,且伴随析冰体的产生,胶结了土的颗粒。各种土体中的冰析作用伴随着一系列非常复杂的物理化学及力学性质的改变。水分迁移、孔隙溶液浓度的增大和土体不均匀变形,以及应力、应变都在改变着冻土的性质。孔隙水结晶、松散土颗粒被胶结和外来冰侵入体的"冰劈"作用是土体性质变化的一个重要条件。另外,固体土颗粒表面自由能量的作用致使冻土中的水分不能完全冻结成冰,而总是含有一定量的未冻水与冰共存着。随着冻土温度变化,未冻水-冰之比例也总在改变着。可以说,温度指标是引起冻土性质变化的基本和重要条件。因此,冻土是指温度等于或低于摄氏零度、含有冰,且胶结着松散固体颗粒的各类土。

2) 冻土的分类

冻土按冻结状态持续时间,分为多年冻土、隔年冻土和季节冻土。多年冻土指持续冻结时间在 2 年或 2 年以上的土(岩)。隔年冻土指至冬季冻结,而在翌年夏季并不融化的那部

分冻土。季节冻土指地壳表层冬季冻结而在夏季又全部融化的土(岩)。

我国多年冻土主要分布在高纬度和高海拔地区,如东北大小兴安岭、青藏高原、喜马拉雅山、祁连山、天山和阿尔泰山、长白山等高山地区,其中,青藏高原多年冻土面积为 1.5×10^6 km^2。我国季节冻土主要分布在长江流域以北、东北多年冻土南界以南和高海拔多年冻土下界以下的广大地区,面积为 514×10^4 km^2。

3) 我国冻土的分布

我国冻土分布极为广阔,若包括冻结深度大于 0.5 m 的季节冻土在内,其面积约占全国总面积的 68.6%。

多年冻土主要分布于东北大小兴安岭、青藏高原以及西部高山区——天山、阿尔泰及祁连山等地区,其总面积约为 215×10^4 km^2,占全国领土面积的 22.3%。

东北多年冻土区位于我国最高纬度,以丘陵山地为主。虽然海拔不高,但因受西伯利亚高压影响,成为我国最寒冷的自然区。冻土的平面分布及厚度明显受到纬度地带性控制,自西北向东南,由大片连续分布变为岛状分布。多年冻土厚度也由厚变薄,冻土层的年平均地温自北而南升高,大约纬度每降低一度,气温升高 1 ℃,年平均地温升高 0.5 ℃。整区都属于欧亚大陆高纬度多年冻土分布区的南部地带,是多年冻土与非多年冻土之间的过渡带。

青藏高原冻土区是世界上低纬度地带,海拔最高,面积最大的多年冻土地区,其范围北起昆仑山,南至喜马拉雅山。由于海拔高,冷期较长,决定着该区冻土的大面积存在与发育。在昆仑山地带,随着海拔增高,地温迅速降低,大约每上升 100 m,地温降低 0.6~1.0 ℃。同时,该地区也显示出一定的纬度分带性。如南界附近岛状多年冻土存在的海拔高度,由北往南随纬度减少而升高,多年冻土的厚度亦相应地变薄。一般说,同一海拔高度下,纬度每向南减少一度,年平均地温就增加 0.9~1.0 ℃,多年冻土厚度亦相应减薄。

我国季节性冻土分布相当广泛,分布于长江流域以北 10 余个省份。季节冻土层厚度变化的总趋势服从于纬度分布规律,从北向南逐渐减薄。然而,在东北及西部山区,更主要是受着多年冻土以及现代冰川、积雪的影响。例如,大小兴安岭、天山、祁连山、昆仑山、阿尔泰山及喜马拉雅山等地区附近的季节冻土层等深度曲线,都是平行于高山走向而分布。

7.6.2　冻土的组成和结构

1) 冻土的组成

冻土一般由四相组成,即矿物颗粒、冰、未冻水和气体。

(1) 矿物颗粒。

矿物颗粒是冻土多成分的主体,颗粒大小、形状、矿物成分、化学成分、比表面积、表面活动性等,对冻土的性质和冻土中所产生的作用都具有重要影响。

(2) 冻土中的冰。

冻土中的冰称地下冰,是冻土存在的基本条件,是冻土的重要组成部分之一。地下冰的形成和融化使冻土层的结构构造发生特殊的变化,使冻土具有特殊的物理力学性质。地下冰按产状及成因分为组织冰、脉冰和埋藏冰。

① 组织冰。组织冰又称构造冰,是潮湿土在冻结过程中形成的,是分布最广、数量最多的地下冰。组织冰可细分为分凝冰、胶结冰和侵入冰。

分凝冰又称析出冰，是含水量较大的细粒土层冻结时，由于水分迁移产生聚冰作用而形成。其晶体较大，可形成较厚的冰层、冰透镜体。在青藏高原、大兴安岭广阔地区，厚层地下冰呈互层状。而在丘陵区和大兴安岭山间洼地等，地下冰呈透镜状分布，且在冰体中含泥块、石块，这种冰常由于温度的变化会导致冻土产生较大的变形和破坏，因而对工程建筑危害很大。

胶结冰是含水较少的粗粒土层冻结时，或者快速冻结任何含水量的土层时，基本上没有水分迁移而造成的聚冰作用，仅是土孔隙中或土粒接触处的水在原地冻结而成。冰晶对土粒起胶结作用。

侵入冰是重力水在压力作用下迁移、冻结而成，多发生在多水的粗粒土层中，易形成不均匀冻胀，产生冰丘、冻胀丘等冻土地貌。

② 脉冰。脉冰是地表水渗入冻土裂隙中冻结而成。脉冰多呈楔状，常贯穿到多年冻土的深处，楔状冰对围岩的破坏作用，称冰劈作用。

③ 埋藏冰。埋藏冰是原来在地表形成的冰，如冰椎、河冰、湖冰、冰川冰等，后来被堆积物掩埋而形成。

（3）冻土中的未冻水。

未冻水是指土在负温条件下存在于冻土中的液态水，主要是结合水。因为结合水受到土粒表面静电引力的作用，要使其冻结，除了要克服普通液态水中的分子引力以外，还要克服土粒表面对这部分水的引力，因此水的冰点降低，强结合水在 $-78\ ℃$ 开始冻结，弱结合水在 $-20\ ℃$ 或 $-30\ ℃$ 时才全部冻结，毛细水的冰点也稍低于 $0\ ℃$。因此，在负温条件下，冻土中仍有一部分水不冻结。

（4）冻土中的水汽。

冻土中的水汽总是从水汽压力高的地方向压力低的地方迁移。对于水分极稀少的冻土来说，它是温度变化和土冻结时水分重分布的原因之一。对于饱和或二相体系的冻土来说，它的作用是次要的。

2）冻土的结构

冻土的结构类型取决于土的物质成分和冻结条件，根据有无析出冰体及其形态、分布特征，可分为三种结构类型（图 7-4 所示）。

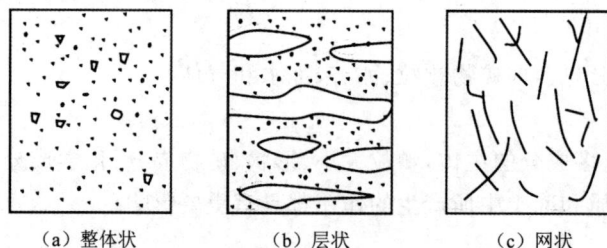

（a）整体状　　　　（b）层状　　　　（c）网状
图 7-4　冻土结构

（1）整体结构（块状结构）。

具有整体结构的冻土，冰晶散布于土粒间，肉眼甚至看不出冰晶，冰与土粒成整体状态。其形成是由于地温下降很快，土中水冻结很快，来不及迁移即冻结。具有整体结构的冻土，其特点是具有较高的冻结强度，融化后仍保持原骨架结构，其工程性质变化不大。

（2）层状结构。

具层状结构的冻土，是潮湿的细分散土，在冻结速度较慢的单向冻结条件下，伴随着水分迁移及外界水的补给，形成透镜体或薄层状冰夹层，土中出现冰与土粒的离析。冰夹层垂直于热流方向，层状分布于土体之中，冰、土呈互层状。融化后，骨架受到破坏，冻土的工程性质变化较大。

（3）网状结构。

网状结构是在有水分迁移及水分补给的多向冻结条件下，形成不同形状和方向的分凝冰，交错成网分布于土体之中，融化后虽可塑、流塑状态，但工程地质性质变化较大。

7.6.3　冻土的工程特性

1）季节冻土的工程特性

季节冻土的主要工程特性是冻结时膨胀，融化时下沉。季节冻土作为建筑物地基，在冻结状态时，具有较高的强度和较低的压缩性或不具压缩性。但冻土融化后承载力大为降低，压缩性急剧增高，使地基产生融陷；相反，在冻结过程中又产生冻胀，对地基不利。季节冻土的冻胀和融陷与土的颗粒大小及含水量有关，一般土颗粒愈粗，含水量愈小，土的冻胀和融陷性愈小；反之则愈大。季节性冻土的冻胀性按不同土质、天然含水量和冻结期间地下水位低于冻深的最小距离来划分冻胀类别，见表 7-14。

表 7-14　季节性冻土的冻胀性分类（依据《工程地质手册》第 5 版）

土的名称	冻前天然 含水量/%	冻结期间地下水位距冻 结面的最小距离 h_w/m	冻胀等级	冻胀类别
碎（卵）石，砾，粗、中砂（粒径 <0.075 mm，含量≤15%），细 砂（粒径＜0.075 mm，含 量≤10%）	不考虑	不考虑	I	不冻胀
碎（卵）石，砾，粗、中砂（粒径 <0.075 mm，含量＞15%）， 细砂（粒径＜0.075 mm，含 量＞10%）	≤12	>1.0	I	不冻胀
		≤1.0	II	弱冻胀
	12<w≤18	>1.0		
		≤1.0	III	冻胀
	>18	>0.5		
		≤0.5	IV	强冻胀
粉　砂	≤14	>1.0	I	不冻胀
		≤1.0	II	强冻胀
	14<w≤19	>1.0		
		≤1.0	III	冻　胀
	19<w≤23	>1.0		
		≤1.0	IV	强冻胀
	>23	不考虑	V	特强冻胀

续表

土的名称	冻前天然含水量/%	冻结期间地下水位距冻结面的最小距离 h_w/m	冻胀等级	冻胀类别
粉 土	≤19	>1.5	I	不冻胀
		≤1.5	II	弱冻胀
	19<w≤22	>1.5		
		≤1.5	III	冻 胀
	22<w≤26	>1.5		
		≤1.5	IV	强冻胀
	26<w≤30	>1.5		
		≤1.5	V	特强冻胀
	>30	不考虑		
黏性土	$w≤w_P+2$	>2.0	I	不冻胀
		≤2.0	II	弱冻胀
	$w_P+2<w≤w_P+5$	>2.0		
		≤2.0	III	冻 胀
	$w_P+5<w≤w_P+9$	>2.0		
		≤2.0	IV	强冻胀
	$w_P+9<w≤w_P+15$	>2.0		
		≤2.0	V	待强冻胀
	$w>w_P+15$	不考虑		

注：① w_P 为塑限含水量，%；w 为冻前天然含水量在冻层内的平均值。

② 盐渍化冻土不在表列。

③ 塑性指数>22 时，冻胀性降低一级。

④ 粒径<0.005 mm，含量>60％时，为不冻胀土。

⑤ 碎石类土，当填充物大于全部质量的 40％时，其冻胀性按填充物土的类别判定。

⑥ 冻胀率定义为地表冻胀量与冻层厚度的比值，用百分数表示。

⑦ 表中含量均指质量分数。

由表 7-14 可知，粉黏粒愈多，含水量愈大，冻胀愈严重。土层冻胀主要因土中水分结冰时体积膨胀造成，水冻结为冰，体积增大 1/11 左右。以 1 m 厚冻土层为例，当含水量占土总体积 30％时，则冻胀量为 100 cm×30％×1/11＝2.7 cm。实际上，1 m 冻土层冻胀量比 2.7 cm 大得多，这是因为当地下水埋藏较浅时，有地下水源源不断地向冻结区转移补充，引起局部地区冻胀隆起，形成冻胀土丘，简称冰丘，冰丘多呈椭圆形。若地下水沿冻土裂隙冲出地表，在地表冻结成冰体，则形成冰椎，有在流动过程中冻结形成的舌形冰椎及地表低洼处形成的椭圆冰椎。

2）多年冻土的工程特性

冻土具有冻结时体积膨胀、融化时迅速下沉的特性。h_1 及 h_2 分别表示土体冻结前后的高度即冻胀率，用下式评价土的冻胀性

$$n = \frac{h_2 - h_1}{h_1} \times 100\% \tag{7-3}$$

h_1 及 h_2 单位为 cm，n 用百分数表示。当 $n \leqslant 2\%$ 时为不冻胀土；$2\% < n \leqslant 3.5\%$ 时为弱冻胀土；$3.5\% < n \leqslant 6\%$ 时为冻胀土；$n > 6\%$ 时为强冻胀土。应当指出，只有土中所含水量超过某个界限值时，冻结过程才出现冻胀现象，这个界限含水量称为起始冻胀含水量 w_0，它与土的塑限 w_P 有密切关系，根据大量试验结果，通常采用 $w_0 = 0.8w_P$。

冻土融化下沉由两部分组成，一部分是在外力作用下的压缩变形，另一部分是在负温变为正温时的自身融化下沉。图 7-5 是外力作用下得到的冻土融化压缩曲线。由图 7-5(a) 明显看出，温度由负温变化到正温时，压缩曲线发生突变，造成冻土大量下沉，由图 7-5(b) 可知，冻土融化过程中孔隙比变化 Δe 与压力 p 的关系为

$$\Delta e = A + \alpha p \tag{7-4}$$

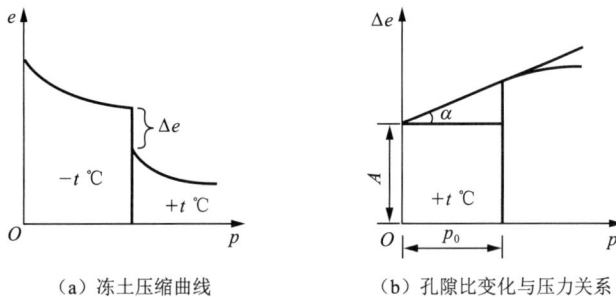

（a）冻土压缩曲线　　　　（b）孔隙比变化与压力关系

图 7-5　冻土融化时孔隙比的变化曲线

多年冻土的融沉是指由于人类在多年冻土区的活动，不仅使表层季节冻土层融化而且使多年冻土层上限下移，原来的冻土产生融沉。多年冻土根据土的类别、总含水量和融化后的潮湿程度进行融陷性分级及评价，见表 7-15。

表 7-15　多年冻土融陷性分级（依据《工程地质手册》第 5 版）

多年冻土名称	土的类别	总含水量 $w/\%$	融化后的潮湿程度	融陷性分级及评价
少冰冻土	粉、黏粒含量 $\leqslant 15\%$（或粒径小于 0.1 mm 的颗粒 $\leqslant 25\%$，以下同）的粗颗粒土（包括碎石土、砾砂、粗砂、中砂，以下同）	$\leqslant 10$	潮湿	Ⅰ级不融陷
	粉、黏粒含量 $> 15\%$（或粒径小于 0.1 mm 的颗粒 $> 25\%$，以下同）的粗颗粒土、细砂、粉砂	$\leqslant 12$	稍湿	
	黏性土、粉土	$w \leqslant w_P$	半干硬	
多冰冻土	粉、黏粒含量 $\leqslant 15\%$ 的粗颗粒土	$10 < w \leqslant 16$	饱和	Ⅱ级弱融陷
	粉、黏粒含量 $> 15\%$ 的粗颗粒土、细砂、粉砂	$12 < w \leqslant 18$	潮湿	
	黏性土、粉土	$w_P < w \leqslant w_P + 7$	硬塑	

多年冻土名称	土的类别	总含水量 w/%	融化后的潮湿程度	融陷性分级及评价
富冰冻土	粉、黏粒含量≤15%的粗颗粒土	$16<w≤25$	饱和出水（出水量小于10%）	Ⅲ级中融陷
	粉、黏粒含量>15%的粗颗粒土、细砂、粉砂	$18<w≤25$	饱和	
	黏性土、粉土	$w_P+7<w$	软塑	
饱冰冻土	粉、黏粒含量≤15%的粗颗粒土	$25<w≤44$	饱和大量出水（出水量10%～20%）	Ⅳ级强融陷
	粉、黏粒含>15%的粗颗粒土、细砂、粉砂		饱和出水（出水量小于10%）	
	黏性土、粉土	$w_P+15<w≤w_P+35$	流塑	
含土冰土	碎石土、砂土	>44	饱和大量出水（出水量10%～20%）	Ⅴ级极融陷
	黏性土、粉土	$w>w_p+15$	流塑	

注：① w_P 为塑性含水量。

　② 碎石土与砂土的总含水量界限为两类土的中间值。含粉、黏粒少的粗颗粒土比表列数值小；细砂、粉砂比表列数值大。

　③ 黏性土、粉土总含水量界限中的+7，+15，+35 为不同类别黏性土的中间值，粉土比该值小，黏土比该值大。

　④ 表中含量均指质量分数。

7.6.4　冻土的工程地质问题

1) 冻胀及冻胀丘

　　冻胀是指土在冻结过程中，土中水分冻胀成冰，并形成冰层、冰透镜体及多晶体冰晶等形式的冰侵入体，引起土粒间的相对位移，使土体体积膨胀的现象。冻胀的外观表现是土表层不均匀地升高，常形成冻胀丘及隆岗等。

　　土冻结过程中的水分迁移现象发生在已冻土和未冻土的接触带，以及已冻土内由于未冻水的迁移引起的"次冻胀"现象。水分迁移的动力在接触带，主要是薄膜水移动及毛细作用。在已冻土带内，主要是未冻水沿着薄膜水范围内发生移动(图7-6)。

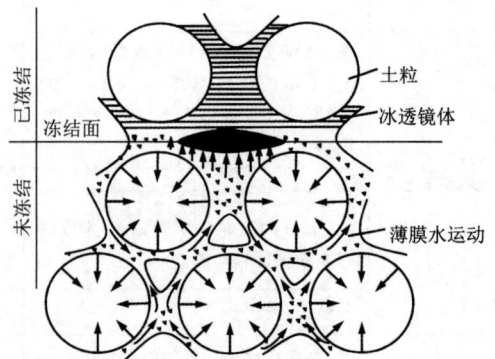

图 7-6　土中水分向冻结峰面迁移的水分子流

2) 冰　椎

　　冒出地表和冰面的水被冻结成丘状的冰体称为冰椎。冰椎分为泉冰椎和河冰椎两种。

泉冰椎是常年出露的地下水所形成的冰椎,多分布在山麓洪积扇边缘、洼地和坡脚等处。河冰椎的形成,是由冬季河水表层冻结以后,河水渐具承压性,上部冻得越厚,下部流水受压越甚,当压力增加到一定程度时,就冲破上覆冰层的薄弱点向外溢出冻结而形成,一般分布在河漫滩和河床上。此外,由于人类工程活动阻截了地下水的通路,如果处理不当,也会引起冰椎的形成。如路堑挖方截断地下水,地下水从路堑边坡流出,冻结后形成路堑挂冰,甚至淹没道路。

3)热融滑坍

由于自然营力作用(如河流冲刷坡脚)或人为活动影响(挖方取土)破坏了斜坡上地下冰层的热平衡状态,使冰层融化,融化后的土体在重力作用下沿着融冻界面而滑塌的现象称为热融滑坍。

热融滑坍按发展阶段和对工程的危害程度可分为活动的和稳定的两类。稳定的热融滑坍是由于自埋作用(即坍落物质掩盖了坡脚及其暴露的冰层)或人为作用使滑坍范围不再扩大的热融滑坍。活动的热融滑坍是因融化土体滑坍使其上方又有新的地下冰暴露,地下冰再次融化产生新的滑坍,其边缘发展到厚层地下冰分布范围的边缘时,也将形成稳定的热融滑坍。

由于地面坡度不同或发展阶段不同,热融滑坍有许多不同的表面形态(图 7-7)。当地表坡度小于 3°时,很少发生滑坍,在有热融作用时,只发生沉陷;坡度为 3°～5°的山坡上,常常形成圈椅形沉陷式滑坍;大于 5°的山坡,可形成长条形牵引式滑坍。热融滑坍开始形成时呈新月形,以后逐年不断向斜坡上方溯源发展形成长条形、支岔形等。每年可溯源数米到数十米,直到山顶或冰层消失为止。坡度大于 6°的山坡很少发现热融滑坍。

图 7-7　不同形态的热融滑坍

热融滑坍可能使建筑物基底或路基边坡失去稳定性,也可能使建筑物有滑坍物堵塞和掩埋。热融滑坍呈牵引式缓慢发展,不致造成整个滑坍体同时失去稳定,且滑坍以向上发展为主,侧向发展很小;滑坍的厚度不大,一般为 1.5～2.5 m,稍大于该地区季节融化层厚度。因此对工程建筑物的危害往往不是恶性的,防治也不太难。

4)融冻泥流

缓坡上的细粒土,由于冻融作用,土结构破坏,土中水分受下伏冻土层的阻隔不能下渗,致使土体饱和甚至成为泥浆,在重力作用下,沿冻土层面顺坡向下蠕动的现象称为融冻泥流。

融冻泥流分为表层泥流和深层泥流两种。表层泥流发生在融化层上部,其特点是分布广、规模小、流动较快,深层泥流一般分布在排水不良、坡度小于 10°的缓坡上,以地下冰或多年冻土层为滑动面,长几百米,宽几十米,表面呈阶梯状,移动速度缓慢。

第8章

地质灾害

我国幅员辽阔、气候带多、地形地貌复杂、岩土种类多、人口众多,自然地质和工程地质问题也多。

8.1 地质灾害分类

我国的地质灾害可分为十大类:

(1) 地震,包括天然地震和诱发地震。

(2) 岩土位移,包括崩塌、滑坡、泥石流。

(3) 地面变形,包括地面沉降、地面塌陷、地裂缝。

(4) 土地退化,包括水土流失、沙漠化、盐碱(渍)化、冷浸田。

(5) 矿山与地下工程灾害,包括坑道突然涌水、煤层自燃、瓦斯突出和爆炸、岩爆。

(6) 地下水变迁,包括地下水升降和水土污染。

(7) 水土环境异常即微量元素失调和地方病防治。

(8) 海洋(岸)动力灾害,包括海平面上升、海水入侵、海岸侵蚀、港口淤积。

(9) 特殊岩土灾害,包括湿陷性黄土、膨胀土、淤泥及淤泥质软土、冻土、红黏土。

(10) 河湖(水库)灾害,包括淤积、塌岸、渗漏。

基于中国的地质、地理特点,中国的地质灾害在区域空间分布上也具有东、西分区,南、北分带,亚带成网的特点。

从西到东,以贺兰山−六盘山−龙门山−哀牢山和大兴安岭−太行山−武陵山(湘西)−雪峰山(湘西南)两条线为分界,可以将中国大地分为三个区。西区为高原山地,气候干燥,地壳变动强烈,地质构造复杂,岩石风化破碎,主要地质灾害有地震多、冻融、泥石流、沙漠化;中区为高原、平原过渡地带,地形陡峻,切割剧烈,地层复杂,岩石严重风化,活动断裂发育,主要地质灾害有地震多、崩塌、滑泥石流、水土流失、地面变形、黄土湿陷、矿井灾害;东区为平原、海岸及大陆架,气候潮湿,雨量丰富,主要地质灾害有地震、地面变形、崩滑流、河湖灾害、海岸灾害、盐碱(渍)化。

从北向南,天山—阴山—秦岭、南岭等大山系横贯中国,沿这些山系,崩滑流、水土流失等地质灾害严重。它们的相间地带是大河流域,土地沙化、盐碱化、黄土湿陷及水土流失、地面变形、崩滑流、岩溶塌陷等地质灾害突出。

新构造运动相对活跃的东南、西南及青藏高原地区,地震及相关的地质灾害明显。

在所有的地质灾害中,地震是首害,其次是崩(塌)滑(坡)(泥石)流,崩滑流分布广,具有突发性、破坏性强和隐蔽性及链状成灾特点。

不同类型、不同规模的地质灾害几乎覆盖了全国各地。人们在经济建设中,在西部大开发中,必然会出现严重地质灾害的威胁,必须高度重视及注意那些潜在地质灾害区。因此,地质灾害的勘查、研究、防治工作,对于我们有着特别重大的意义。

8.2 崩塌、滑坡、泥石流

崩塌、滑坡和泥石流灾害几乎连在一起,称崩滑流。崩塌是指在陡峻的山崖和岸坡上的岩土体,在重力、动力、剧烈风化、剥蚀、构造运动和水的作用下,失去平衡,突然从高处崩落、塌垮的现象。滑坡是指在较缓的山坡情况下,在一定的内、外因条件下,岩土体沿着原有的结构面或新产生的破裂面在重力作用下的蠕动及滑动。泥石流是泥流、泥石流、水石流的总称,是洪水裹挟着泥土、石块及杂物形成的半固体半流体泥浆,从山区、丘陵区向山外平原区的流动。在人类遇到的地质灾害中,崩滑流数量排第二位,分布广、灾害大。

8.2.1 崩滑流的分布和发育

崩滑流的发育程度取决于以下几个方面:① 地质条件,包括地形地貌、地质构造及复杂程度、新构造运动的方式及强度、岩土体的特性等;② 气象条件,包括全年降雨分布、强度、时间等;③ 区域植被情况,包括植被是否发育、覆盖情况,植被类型等;④ 人类工程活动的影响,如边坡开挖等。中国西部的崩滑流发育。

据统计资料,全国截止于 20 世纪 90 年代初,共发生过特大型崩塌 51 处,滑坡 140 处,泥石流 150 处;大型崩塌 2 984 处,滑坡 2 212 处,泥石流 2 277 处。"特大型"和"大型"之外的中小型和潜在型崩滑流几乎无法统计。

我国的地形地势西高东低,自西向东可分为三个台阶。第一个台阶是青藏高原,第二个台阶是内蒙古高原、黄土高原、云贵高原,第三个台阶是东部丘陵和平原。中国西部处在第一、第二级台阶上,地壳长期隆起,新构造运动强烈,地质构造复杂,地形切割破碎,再加上西南地区降雨量和强度大,西北地区黄土土质疏松,植被稀少。因此西部地区的崩滑流多而强烈,其危害程度大。全国除山东外,其余省(市、区)都存在崩滑流灾害。全国 15 个崩滑流灾害多发区(主要在西部)的地质灾害总面积超过 175 km^2,占全国总面积的近 20%。

从崩滑流的规模上看,滑坡最大,泥石流次之,崩塌较小。

无论从此类灾害的区域分布密度上看,还是从灾害发生的频率上看,都是西部大、东部小;南部大、北部小,当然大、小是相对的。总的来说,此类灾害西南最大。

8.2.2 崩滑流举例及灾害情况

(1) 1718 年 6 月(清康熙末期),甘肃通渭县发生 $M=7.5$ 级地震,震害形成了赵家窑滑坡和通渭滑坡,是黄土滑坡,规模极大,"震声轰轰不绝,过迅雷十倍。北山一带山崩土飞,壅渭而奔,直扑于南山腰,将环镇(永宁镇)周围二十里属人压之,其平地冲为高阜,倾陷坳堑,淤泥若漆,令人怵目而惨心重,一如通渭也。"震害促成崩塌、滑坡、泥石流,极为常见。如四川 1933 年叠溪地震。山崩、滑坡、泥石流一样会带来灾害深重。

(2) 1943 年 2 月青海龙羊峡大坝上游 6 km 的查纳村发生中、下更新世土体滑坡,长 3 600 m,宽 1 500 m,厚 15~70 m,滑动路程 2 700 m,滑动速度 22.5~38.2 m/s,滑体体积 1.6×10^8 m³,最大水平滑距 3 000 m,最大垂直滑距 300 m,滑坡土体堵塞黄河,形成土坝,越至河对岸,黄河断流 8 h 后溃决,毁没查纳村。

(3) 1958 年 8 月新疆库车县北部山区发生暴雨,山区水库溃决,发生泥石流,原库车县城毁于一旦,泥石流厚达 1~2 m。1958 年 9 月,和田沿昆仑山一带发生特大滑坡泥石流,夷平杜瓦煤矿地面建筑物,使和田地区重要的能源基地被摧毁。

(4) 西藏东南古乡沟曾一年之内发生过几十次泥石流,搬运的土石方量达 10^7 m³。古乡沟在 1954—1964 年的 10 年间下切深度达 140~180 m,一年之内下切深度可达 20 m,沟向上游的扩展达 500 m 以上,沟床(底)展宽 30~40 m,沟顶沟缘扩展宽度达 150~180 m。云南小江流域蒋家沟泥石流已有 200 多年的历史,几乎年年发生,一年可达几十次,显著改变着当地的地貌形态。中国科学院在蒋家沟建立了泥石流研究基地。甘南山地白龙江流域也是个泥石流多发区。

(5) 1965 年 11 月云南禄劝县(昆明附近)普福河谷支流因久雨岩体中凝灰岩夹层软化、泥化发生滑坡、崩塌。崩滑体长 6 km,宽 0.6~2.0 km,崩滑体积 4.5×10^8 m³,约 $(1~2) \times 10^8$ m³ 土石方壅入普福河,形成高 167 m 的堰塞坝,积水 500×10^4 m³,崩滑体掩埋五个村庄、一座石灰窑,死亡 400 多人。

(6) 1969 年 6 月四川省雅江县雅者江岸发生大崩塌,形成了大型堆石坝,右岸高 175 m,左岸高 355 m,截流堵江 9.0 昼夜,蓄水 6.8×10^8 m³。后来溢流溃决时洪峰流量 5.3×10^4 m³/s,下游水位陡涨约 40 m,以这么高的水头冲向下游,冲毁下游的田地村庄,距出事地点约 100 km 的与金沙江汇合处水位还上涨约 16 m。

(7) 我国长江三峡区段,由于川东山地地壳上升,长江垂直侵蚀强烈,深切河谷,两岸形成很高的陡壁。湖北西部秭归县西陵峡段江北岸有一处著名的急流险滩。该处在北宋年间(公元 1026 年)发生过大规模的山体崩塌(秭归县城以东 10 km 处的赞皇山大崩塌)。崩塌物冲入江中,害舟不可胜数,堵塞江道近 15 km 长,不能或严重影响通航达 25 年之久,直到 1051 年郡守才疏凿江道,得以复航,但留下了险滩。由西向东分上、中、下三个滩,扼川江航道之咽喉,长 1 km,水位落差 8 m,航道宽仅约 30 m。所谓险滩,就是大崩塌、大滑坡留下巨量土石方松散堆积,伸入江中,危及航行之处。崩塌、滑坡体由块石、碎石、残积层、坡积层组成。基岩为砂岩、页岩、石灰岩、灰岩夹页岩和煤层等组成。后来在明代(公元 1523 年),险滩处又发生了大崩塌,仍是江北岸崩塌,自此称为新滩,它就像一道溢洪堤坝。新滩在 1985 年 6 月再度发生大崩塌、大滑坡,土石方总量达 3×10^7 m³,彻底摧毁了新滩镇。房屋、庄稼、经济林全毁。冲入江中的土石方达 2.6×10^6 m³,直冲到江南岸,激起 49 m 高的涌浪,许多船只被毁,长江过水面积缩小 1/3,被迫停航 12 天。由于下游葛洲坝蓄水,使水位升高,减少了险滩、崩滑造成的危害。

(8)1981 年 4 月甘肃省东南舟曲县白龙江北岸一座山峰发生大崩塌,白龙江流域是崩滑流灾害分布密度最大的地区之一。这次大崩塌约有 4.0×10^7 m³ 土石方突然涌入江中,阻断江流,迅速形成一座很高很长的拦河堤坝,上游水位迅速上涨,只好空投炸弹炸开堤坝,疏通河道,抢险救灾。1991 年 6 月白龙江两岸又发生过大崩塌。

(9)我国几条山区铁路干线如宝成、成昆、宝兰线都受到了崩滑流的严重危害。20 世纪 50 年代末、80 年代初有两次大规模崩滑流的暴发期。陇海铁路宝鸡至天水段沿河谷布线,依山傍河,1981 年 11 月路旁黄土山体发生大滑坡,60 多万 m³ 黄土高速滑动,掩埋了铁路线路和明洞式隧道,堵塞了渭河水流。那一年秋季雨量很大,水渗入坡体后沿着下伏基岩面形成渗流层,使黄土泥化,在火车震动下产生了大规模滑坡。滑坡产生在雨季滞后几个月正是雨水渗入坡体后运移,汇集并形成渗流层,又使黄土软化、泥化的过程。1992 年宝成路一处连续发生大规模滑塌,累计中断行车 28 天,直接经济损失巨大。

中国的崩滑流较多,前面列举了一些在全国有影响的大规模的崩滑流地质灾害。还有一些特大型、大型的崩滑流,如 1955 年 8 月陕西宝鸡的卧龙寺大滑坡,这是古老滑坡的雨季复活。1982 年 7 月四川省万州区(今属重庆市)云阳县鸡扒子大滑坡,江北岸滑下土石方 15×10^6 m³,约有 1.8×10^6 m³ 土石冲入江中,直抵江对岸,江底增高 30 m,淤塞江道,断航 7 天。1983 年 3 月甘肃省临夏地区著名的洒勒山大滑坡引发了地震(级别低些)。贵州茅台滑坡群经常出现大型滑坡,滑动地层为紫红色砂岩夹泥岩,上覆第四纪残积层、坡积层,临空面又陡,造成人员伤亡和重大经济损失。

8.3　地面沉降、地面塌陷、地裂缝

地面沉降、地面塌陷、地裂缝这几个形式的地质灾害有着内在联系,都属于地表变形。地面沉降是地面标高的变化。地面塌陷后留下一个湖或一个大坑。地裂缝是线形或环形的地表断裂。有地面沉降、地面塌陷、地表隆起必然有地裂缝,也有单独存在的线形地裂缝。地震、新构造运动、湿陷性黄土、人类工程活动都能引起地表变形。

8.3.1　地面沉降

地面沉降主要发生在大中城市及其周围地区。这些地区人口密度大,工业集中,有的虽不是大城市,但中等工业城市密度大,从小区域上看,也具有大城市及其周围地区的特征。造成地面沉降的原因不能排除新构造运动、构造活动。从短期的因果关系看,与过量抽取地下水密切相关,也与当地的水文地质条件有关。地面沉降以上海为代表,上海地面沉降始于 1920 年,至 1965 年,地面沉降面积 850 km²,累积最大沉降量约 2.65～3.0 m;天津市沉降面积达 10 000 km²,1959—1990 年累积最大沉降量 2.92 m。

由于地面沉降,一些地方地面标高低于海潮水位,甚至低于海平面,如辽宁省、河北省、山东省一些地方,这样就会发生海水倒灌,破坏整个地下水系,其影响是多方面的。

由于地下水位下降,地面沉降,造成水利工程、水运工程的失效甚至破坏。如海港、河港、码头沉陷,堤岸沉陷而失去了使用功能。地面沉降使桥下净空减少,影响正常航运。地下水位下降、地面沉降使深井抽水遇到困难,甚至抽不到水。地面沉降使该地区的排洪能力大为降低甚至失效,加剧了自然灾害造成的破坏。

地面沉降使原来已沉降稳定的建筑物又产生了新的附加沉降而且沉降不均匀,造成大批房屋开裂、破坏。在地面沉降漏斗范围内,除了垂直沉降之外,还有水平沉降,此时的基础除传递竖向载荷之外,还要承受水平载荷,对基础的受力条件很不利。地面沉降造成的水平位移对边坡工程、地下工程都极不利,会造成边坡滑动,地下工程结构出现裂缝甚至被切断、被推出。

由于地面沉降,地面出现裂缝,大量破坏道路及地下各种管线工程,地面沉降形成的水平位移使水井、油井产生横向位移直至被切断。上述管线工程的破坏除了其直接的影响外,还常引起火灾、爆炸、污水泛滥、海水倒灌等灾害,是连锁性破坏,也称链状成灾。

8.3.2　地面塌陷

地面塌陷是一个空间范围,可分为采空区塌陷(如淮南采煤区地表沉陷最大达21.3 m)、岩溶区塌陷、地震塌陷和黄土湿陷(塌陷)。

山西省是采煤大省,全省有 2/3 的县建有煤矿,乡镇煤矿更是星罗棋布。采空区塌陷是主要的地质灾害类型。1991 年大同矿务局一处矿发生大面积顶板坍塌,造成人员伤亡,并诱发 $M=3.9$ 级地震。另一处矿冒顶发生了大面积塌陷,面积 3 000 m^2,陷坑深 5.0 m。全省八大矿务局的 43 个煤矿就有 29 个矿发生过采空区塌陷,其总面积有 247 km^2。

甘肃省金川矿(有色金属)曾采用崩落法开采,深度在 80 m 以内的矿体采完时,地表形成一个近似椭圆形的塌陷漏斗,椭圆长轴走向 NW,长度 300 m,短轴走向 NE,长度 260 m。另一采区,深度在 100 m 以内的矿体采完时,地表形成了一个近似圆形的塌陷漏斗,直径250 m。在上述塌陷区内,地表裂缝张开度很大,最宽者达 10 m,垂直位移约 10 m,裂缝密度大,裂缝面均倾向于地下采空区中心。地面塌陷后形成多级台阶地貌。

除了采空区塌陷之外,还有岩溶区塌陷。塌陷以后积水者成大湖,如贵州省织金县;塌陷后无积水者叫天坑,四川省兴文县一个大天坑,长 650 m,宽 490 m,深 208 m;万州奉节有的大天坑,长、宽、深达 600~700 m。贵州遵义市金塘岩溶塌陷密度达 265 个/km^3;凯里一个天坑长 100 m、宽 40 m、深 5.0 m。广西的岩溶塌陷分布很广、规模很大,塌陷坑直径 2~5 m,最大 36 m,深 3~10 m,最深 30 m,桂中地区塌陷坑(湖)密度>50 个/km^2 的共有五处。广西红水河右岸的乐业县境内有个天坑直径为 560 m,深为 520 m。

地震时也易引起地表塌陷。1976 年唐山地震,丰南区为地震烈度 8°区,在一个公社(乡)形成走向 NE 的塌陷区,长约 2 km,宽约 1 km,陷落约 3 m,成积水洼地。

湿陷性黄土地区在雨季或因水浸,地表也容易塌陷。1999 年雨季,西安市某干道上突然塌陷,形成一个直径 5.0 m 多、深 1.0 m 多的大坑,另一干道上出现了长约 10 m、宽5.0 m、深 3.0 m 的大坑,使道路、房屋、地下管道全部遭到了破坏。2001 年西安城外近郊在雨季曾一次塌陷 10 m 深。2003 年西安市远郊区一处水管断开,水流入地下,形成一个长、宽约 5.0 m,深足有 4.0 m 的塌陷大坑,一根 10 cm 粗的塑料水管也断了,大坑成了水潭。

8.3.3　地裂缝

地裂缝也是一种较为普遍的现象。地裂缝在全国的分布,除西北陕西、甘肃、宁夏、青海、新疆外,还有山西、河北、江苏、贵州、山东、河南、安徽、广东等 18 个省(区、市),共约 1 000 多条。

地裂缝古已有之,远古文献《竹书纪年》和《战国策》中都记载过。地裂缝有地震、新构造运动产生的地裂缝,人类工程活动、湿陷性黄土浸水也能引起地裂缝。

陕西、甘肃、宁夏、山西的地裂缝比较多,基本上是从河西走廊的东部经宁夏南部、甘肃东南部、陕西关中经汾河流域直至大同一带,差不多与我国西部几次大地震发生地区的分布一致,与著名地质学家李四光提出的祁吕贺山字形构造大致相符合。

吉林、宁夏、湖南等地的采矿区、采空区也有地裂缝,山东、广东、黑龙江、河北等地的矿区、采油区、平原地区有以抽排水为主形成的地裂缝。

湿陷性黄土地裂缝,如 1983 年 7—8 月份山西万荣县连降暴雨,形成山洪,该县一个村庄出现地裂缝 10 多条,最大的一条长 1.5 km,走向 NW,宽 1~2 m,最宽处达 5.2 m,深 1~3 m,最深达 12 m。地裂缝出现后,村内由暴雨形成的洪水、积水一泄而光,地裂缝使该村 67 户村民的 300 多间房屋产生裂缝和倒塌,村内一眼深 250 m 的机井因塌壁而报废。2003 年 7 月因下雨,在西安市长安区一个乡出现一条 1 500 m 长的大裂缝,东南—西北走向,最宽处达 1.0 m,最窄处也约有 10 cm。

8.4　水土流失、沙漠化、盐碱(渍)化

水土流失、沙漠化、盐碱(渍)化这三项都是土质退化,既是地质灾害,又是环境问题,也是生态问题。

8.4.1　水土流失

水土流失也称土地的水力侵蚀,和土质有关,和气候水文条件也有关。全国水土流失面积 $182×10^4$ km^2,分布在全国 25 个省(区、市),呈现出北强南弱的地域特征,如图 8-3 所示。解放初期水土流失面积约为 $150×10^4$ km^2,新中国成立后净增加 $32×10^4$ km^2,有三个时期水土流失面积增长快,前两次都和砍伐林木有关,后一次和政策变化有关。

水土流失在黄土高原地区最严重。我国黄土高原总面积 $58.0×10^4$ km^2,水土流失严重的面积为 $43×10^4$ km^2,占黄土高原总面积的 74%。由黄土高原每年向黄河倾注的泥沙达 $(16~18.8)×10^8$ t,其中约 $4×10^8$ t 沉积在黄河下游的河床上,其余的绝大部分被带入大海,所以下游河床升高,高出堤外地面若干米,在入海口处的造陆运动明显。

由于水土流失严重,以及种种原因,2003 年全国耕地减少 3 800 万亩,非常惊人。黄土高原地区地形切割破碎、沟谷纵横。山西吕梁地区,1 km 长以上的沟谷就有 1.3 万多条。陕北绥德、米脂的沟谷密度为 6~8 km/km^2,延安、安塞、延川的沟谷密度为 4~5 km/km^2,黄土高原上的洛川塬(陕北)、董志塬(甘肃)的沟谷密度也为 2 km/km^2。林木破坏、陡坡垦

殖、放牧进一步加剧了水土流失。水土流失的侵蚀模数平均值为 $8 \times 10^3 t/(km^2 \cdot a)$。河南陕州区火烧羊沟 1982 年 7 月底一场暴雨产生的侵蚀量为 9 140 t/km^2。由于水土流失严重,河流里流的不是水,而是泥浆流,甚至类似泥石流。陕北的无定河,平均含泥沙量145 kg/m^3,最大可达 1 518 kg/m^3,占河水的重量比达到 78%。河南陕州区水文站河水含泥沙量为 300 kg/m^3。

除黄土地区之外,花岗岩、砂岩、页岩、碳酸盐岩分布区也有明显的水土流失,如湖南、江西、山东、广西、云南、贵州、四川等省(区、市),水土流失已成为这些地区的主要地质灾害之一。长江流域总面积 $180 \times 10^4 km^2$,20 世纪 50 年代水土流失面积约 $36 \times 10^4 km^2$,80 年代增至 $56 \times 10^4 km^2$,主要表现为水中含泥沙量增加,土地侵蚀模数为 $3 \times 10^3 t/(km^2 \cdot a)$,长江每年输送的泥沙约 $(5.0 \sim 6.4) \times 10^8 t$,下游河床升高,下游两岸湖泊淤积,水域面积减少。

由于水土流失,表土层变薄,肥力下降,耕地减少。辽宁半岛、山东半岛、华南丘陵区的耕植土层本来只有几十厘米至 1 m 左右。如果水土流失加剧,造成的损失会更严重。

由于水土流失,湖泊、水库、河道淤积,湖(库)容量减少,河水变浅,可用水量减少,过度开采地下水又造成环境问题和生态问题。

植树造林,有些地方退耕还林(草)是减少水土流失的好办法。

8.4.2　土地沙漠化

沙漠和沙漠化是有区别的,沙漠是指已经完成的沙漠;沙漠化是指正在形成、正在发育、潜在的沙漠。世界上有一些地方,气候干旱,降水量少(年降雨量<150 mm)、变化率大,植被稀疏低矮,土地贫瘠的地带称为荒漠。石质、砾质荒漠称为戈壁(戈壁一词是蒙古语难生草木的地方),沙质荒漠称为沙漠。沙漠的"沙"是以粉、细砂为主。沙漠在中国古代称瀚海或大漠,中国的古书上也称沙漠为沙河,沙丘为"地乳",有时称大流砂或沙碛。形成沙漠的条件,从世界范围讲,南北半球中纬度(20°~30°)区域副热带高压带一般都是沙漠区,如撒哈拉在阿拉伯语中即荒漠之意。中国等的一些地方形成沙漠的充分条件是有高大的山系、高原围绕,沙漠区均在它的背风坡(海岸沙漠有些例外),具有强烈的下沉气流作用。上述条件使地形闭塞,阻挡环流,使湿气困难进入该地区,在背风波气流下沉增温,促使背风坡岩石风化,风蚀作用加强,增加沙漠物质的来源和积累。

在世界各大沙漠中,中国新疆塔克拉玛干沙漠最神秘、奇特。千变万化的风积风蚀地貌,苍劲雄姿的沙丘,沙丘有流动性,每年可移动几米至几十米,这是神工鬼斧的魅力。有巨响的黑风暴,缕缕飘沙,能使脚板烙成水泡的高温,能使裸肤脱皮的强辐射,挖沙 3.0 m 不见湿沙(地下水位 4~6 m,甚至深达 8.0 m),水是最宝贵的财富。许多古今中外的探险家付出了巨大的代价,便证实了"死亡之海"——塔克拉玛干沙漠,被演绎为"进去,出不来"的真实性。《沙漠气候》一书的作者用上述一段话描写了大沙漠的特征,使我们对大沙漠有了进一步的、形象化的了解。

中国的沙漠和沙漠化主要分布在西部及西北部的北纬 37°~42°之间,危害着北方干旱—半干旱地区的新疆、甘肃、青海、宁夏、陕西、内蒙古、山西、河北、辽宁、吉林、黑龙江、河南、西藏、北京等省(市、区)。20 世纪 50—70 年代我国沙漠化土地平均每年扩大 1 560 km^2,80 年代平均每年扩大 2 460 km^2。

历史上沙漠曾吞没过城市、重镇、河流。沙漠吞没了汉代丝绸之路上的繁华闹市——楼兰。这是中原文化、波斯文化、阿拉伯文化、希腊文化的交汇处。沙漠吞没了孔雀河流域、尼雅河流域(两条河都在塔克拉玛干沙漠周边)。沙漠还吞没了古大夏国都城——统万城(位于今陕北靖边县长城外无定河(红柳河)上游)。沙漠还逼着榆林城南迁。神木市有个村庄,1913年时全村200户人家,到1963年只有3户人家了,沙进人退。沙漠也威胁着张家口,草原退化、沙化,"风吹草低见牛羊"的景色消失了。大风沙、沙尘暴也曾年年对北京形成自然灾害。

植树造林可以改善环境、改善生态。西北、华北、东北三北防护林体系范围内的沙漠化土地面积达 32.8×10^4 km²,有历史上形成的和近百年形成的 17.0×10^4 km²,有潜在沙漠化危害的 15.8×10^4 km²。涉及北方12个省(区、市),200多个县。

陕西靖边县、宁夏中卫市沙坡头等地都取得植树、植草治沙的显著成绩,涌现了许多治沙英雄。

8.4.3　盐碱(渍)化的定义及分布范围

土地盐碱化是一种缓慢变化的地质灾害,在我国分布范围很广。全国已有16个省(区、市)有盐碱(渍)土,面积约 81.8×10^4 km²。从地貌上说,盐渍化土地有滨海、平原、干旱半干旱地区。

土地盐碱化是指土中逐渐积累一定的盐类物质,从而改变了土性,对农业、工程都不利。土地盐碱化和地下水活动有关。由于地下水水位升高或反复升降,或由于蒸发作用加强或因毛细现象,地下水上升时含有一定的盐分,纯水(H_2O)蒸发后使盐分富集,达到一定程度时即造成土壤盐碱(渍)化。冲积平原上的盐碱化土地,通常与河床变化、兴修水利、修建水库有关,如我国的黄河、淮河、海河平原地区。黄河故道地区、黄泛区、现代黄灌区(如黄河河套地区,以宁夏银川以北地区为代表)土地盐碱化也很明显或严重。不良灌溉方式也会引起土地盐碱化。

世界上的大型水利工程,如埃及尼罗河上的阿斯旺大坝及位于埃及、苏丹境内的大水库,副作用之一就是库区周围土地盐碱(渍)化。

8.5　地　震

8.5.1　地震成因及机理

1) 地震成因及类型

为了增强人类防御地震灾害的能力,必须在认识地震的实践过程中探索其活动规律和形成原因。地震成因的研究在地震预报工作中的作用如何,尽管目前还存在着不同认识,然而它作为地震学的一项基本理论研究,无疑会大大地促进地震预报的早日实现。地震按其成因大致可以归纳为以下几种主要类型:

(1) 构造地震。

它是由于地下深处岩层错动、破裂所造成的地震。这类地震发生的次数最多,约占全球地震总数的90%以上,破坏力也最大。

（2）火山地震。

它是由于火山作用、岩浆活动、气体爆炸等引起的地震。火山地震一般影响范围较小，发生的次数也较少，约占全球地震总数的 7%。

（3）陷落地震。

它是由于地层陷落而引起的地震。例如，当地下溶洞支撑不住顶部的重量时，就会塌陷引起振动。这类地震更少，约占全球地震总数的 3%，引起的破坏也较小。

（4）诱发地震。

它是由地下核爆炸、水库蓄水、油田抽水和注水、矿山开采等活动引起的地震。

此外，还有冲击地震。上述地震中以构造地震最为常见，对人类的危害也最大。构造地震可分为以下几种类型：

① 孤立型地震。这类地震没有前震，余震小而少，且与主震震级相差悬殊，地震能量是通过主震一次性释放的。

② 主震-余震型地震。一个地震序列中，最大的地震特别突出，所释放的能量占全序列能量的 90% 以上。这个最大的地震叫主震，其他较小的地震中，发生在主震前的叫前震，发生在主震后的叫余震。

③ 双震型地震。一个地震活动序列中，90% 以上的能量主要由发生时间接近、地点接近、大小接近的两次地震释放。

④ 震群型地震。一个地震序列的主要能量是通过多次震级相近的地震释放的，没有明显的主次，几次地震（震群）所释放的能量占全序列的 80% 以上。

通常我们所说的地震大多是指构造地震，这里所讨论的也正是这种地震。

关于地震成因的研究主要围绕以下两个方面进行：一方面从地震现场的观测出发寻找地震活动的规律性；另一方面是从岩石在高温高压作用下的各种破裂模拟实验的研究结果入手，结合各种有关的地震现象探讨地震的成因及其发震机制。近年来，后一项研究工作逐步发展为断裂物理学与地球物理学之间的一门边缘学科——震源物理学（米亚奇金等，1979年）。此外，关于人为诱发地震，特别是对水库蓄水、核爆炸以及深井注水等诱发地震的深入研究，也为人们直接或间接地观测地震发生、发展过程创造了有利条件。尽管有关地震成因问题的研究已经取得了一定的进展，但目前基本上仍然处于假说阶段，要真正解决这个问题还要走相当艰难而漫长的路途。

2）地震产生的机理

地震经常在地球各处发生，由于地球内部的情况很复杂，从地表到地球中心主要可分为地壳、地幔、地核三个圈层。地壳平均厚度约 33 km。地壳的运动使岩层中积累应力，产生形变。伴随着地球运动的过程，地壳的不同部位受到挤压、拉伸、旋扭等力的作用，在比较脆弱的部位，岩层容易破裂，引起断裂、位错等变动，于是就发生地震。岩层受它上面的岩石的压力，随着深度增加，温度也升高。在高温、高压的情况下，岩石已不像在地表那样脆，而成为半柔性物质。当弹性应力聚积到超过岩石强度时，就会发生破裂。这时，受力变形的岩石迅速弹回平衡位置，地层中积累的能量以弹性波形式放出，引起地壳振动。大多数地震发生在地壳和地幔上部边缘的岩石里，岩层破裂往往不是沿一个平面发展，而是形成由一系列裂缝组成的破碎地带，沿整个破碎地带的岩层不可能同时达到平衡状态。主震以后的零星调整，就造成了一系列的余震。

地壳的岩石组成也非常复杂,受以前地壳运动的影响,有些地方的岩层中原来已有断裂存在,因而强度较差,容易发生滑动或产生新断裂。正是这些地方最易发生地震。根据经验,地震也常发生在原有断层的端点或转折处,以及不同断裂的交会处。由于地壳运动进展缓慢,应力积累往往需要很长时间,并且地层的组成复杂,岩石强度不一,究竟何时何地平衡状态遭到破坏,形成断裂或滑动,目前地震理论尚难确定。

岩石中积累的弹性应力超过岩石强度时,就将产生断裂;当应力超过原有断裂面两侧岩石间的摩擦力时,就能引起滑动。无论岩层断裂或沿旧断裂面滑动,都将使积累的应力迅速释放,发生地震。

8.5.2　地震带的分布

1) 全球地震活动带分布

在地球上,破坏性地震并不是均匀地分布在整个地球上,而是沿一定深度有规律地集中在某些特定的大地构造部位,总体呈带状分布。通常可以划分出四条全球规模的地震活动带,即环太平洋地震活动带、地中海—喜马拉雅地震活动带、大洋海岭地震活动带以及大地裂谷系地震活动带,地震活动带主要集中在环太平洋地震活动带和地中海到南亚地震活动带。下面分别介绍之。

(1) 环太平洋地震活动带。

该带主要环绕着太平洋周边地区分布,由堪察加半岛开始,向东经阿留申群岛到美国的阿拉斯加,然后向东南延伸,沿北美的落基山脉、中美洲的西海岸,到南美西海岸的整个安第斯山脉。由堪察加半岛向西南,千岛群岛到日本列岛,并在日本本州岛附近分成两支,东支经小笠原群岛、马里亚纳群岛、加罗林群岛、雅浦岛到伊里安岛;西支经琉球群岛、我国台湾岛、菲律宾、印尼,在伊里安岛一带与东支汇合,然后向东经西南太平洋群岛、所罗门群岛、斐济、汤加一直延至新西兰以南。

环太平洋地震带是地球上地震活动最强的地区,是特大地震的主要发震地带,一些破坏性特大地震都集中发生在这个区域。这里因地质构造强烈,地表高低悬殊,有深度为11 022 m的世界上最深的马里亚纳海沟,使得全世界大约80%的浅源地震、90%的中源地震以及几乎所有的深源地震都集中在这个带上,释放的地震能量约占全球地震释放总能量的80%。仅20世纪就发生过数十次8级以上的大地震,如1906年美国旧金山地震、1923年日本关东地震、1960年智利地震和1954年阿拉斯加地震等。尤其是1960年的智利地震,从5月21日到6月22日,在南纬36°~48°之间的一个南北长约1 400 km的沿海狭长地带中,至少发生了225次较大地震。

环太平洋地震带在地质历史的早期,特别是中、新生代以来就是一个地壳活动性较大的地槽地区。其中,西太平洋的岛弧—海沟地带更有其独特的构造意义。不同震源深度的地震由海沟朝大陆方向有规律地分布的事实进一步证明,该地带本身就是一条深入地下约700 km的巨型地壳断裂带。在太平洋东岸,北美地区的地震与长期活动的巨型水平滑移断裂有关,而南美的地震分布则类似于岛弧—海沟地区。与此相反,太平洋本身,除夏威夷群岛和东太平洋海岭外,则是地球上最稳定的地区,是真正的地层"平静"区。

(2) 地中海—喜马拉雅地震活动带(也称地中海—南亚地震活动带或欧亚地震活动带)。

此带的一部分始于堪察加地区,呈对角线状穿过中亚;另一部分从印度尼西亚开始经南亚喜马拉雅山,两者汇集于帕米尔,并由此向西,经伊朗、土耳其、巴基斯坦、中国西南部、缅甸和地中海地区直到亚速尔群岛与大西洋海岭相连。地中海—喜马拉雅地震活动带所释放的地震能量占全球地震总能量的15%。除环太平洋地震带以外,几乎所有的中源地震和大的浅源地震都发生在此带内。历史上,这里曾发生过多次特大地震,如1755年葡萄牙里斯本地震、1897年印度阿萨姆地震以及我国1950年发生在西藏察隅的8.5级地震等。

地中海—喜马拉雅地震活动带同时也是一些典型的中、新生代地槽发育的地带,地震活动强烈的地段往往分布在构造地貌急剧变化的部位。此带以浅震为主,中震在帕米尔、喜马拉雅地区以及土耳其、希腊、罗马尼亚、意大利一带都有分布,深震主要发生在印度尼西亚岛弧—海沟区的班达海和苏门答腊一带。

(3) 大洋海岭地震活动带。

该带沿太平洋、大西洋、印度洋和北冰洋的中央海岭分布。其活动性比前两个地震活动带弱得多,释放的能量比较小,而且均为浅源地震。

海洋地质的研究表明,这些大洋中的海岭是最新的大洋地壳,沿其轴部是一条正在活动的张性大断裂带,并且不断地有岩浆的侵入和喷出,伴随着断裂活动和岩浆活动产生了一系列地震。此外,垂直于海岭发育有一系列规模巨大的横向断裂,这些大断裂也有地震活动,但主要限于海岭被错开的地段。

(4) 大陆裂谷系地震活动带。

大陆裂谷系地震活动带是指由区域性大断裂产生的规模很大的地堑构造带,如东非裂谷系、红海地堑、亚丁湾、死海、贝加尔湖及莱茵地堑等。它们都是新生带以来因断裂活动而形成的断陷盆地。强烈的差异运动是它们的共同特点。在地震活动性较高的地段,沿断裂的位移尚在进行,它与地壳的扩张有关。

2) 我国地震活动带分布

我国破坏性地震的地理分布同样聚集于与地质构造有密切联系的地带,并以台湾和纵贯我国大陆中部的近南北向地震活动带最为突出。前者就是环太平洋地震活动带的组成部分,是我国地震活动强度和频度最高的地区;后者是我国大陆地壳的一条重要的分界线,其东西两侧在地壳厚度地质构造格架地质发展历史和地震活动方面都存在比较明显的差异。南北地震活动带是一条长期活动的地质构造带,该带上的地震活动十分强烈。1651年甘肃天水7级地震、1833年云南嵩明8级地震、1850年四川西昌7级地震、1879年甘肃武都南7级地震、1933年四川叠溪7级地震、1970年云南通海7.7级地震以及1974年云南昭通7.1级地震等都集中分布在这条带上。除此以外,喜马拉雅地区属于地中海—喜马拉雅地震活动带,那里的地震活动性较强,1950年和1951年曾先后发生两次8级以上地震。在北北东向活动断裂广泛发育的华北地区,也有许多较强烈的地震沿这些活动断裂带分布。

我国地震活动分布主要划分为五个区域:台湾地区、西南地区、西北地区、华北地区、东南沿海地区和23条地震带上。

华北地震区包括河北、河南、山东、内蒙古、山西、陕西、宁夏、江苏、安徽等省的全部或部分地区。在五个地震区中,它的地震强度和频度仅次于青藏高原地震区,位居全国第二。首都圈位于这个地区内,因此格外引人关注。据统计,该地区有据可查的8级地震曾发生过5次;7~7.9级地震曾发生过18次。加之它位于我国人口稠密、大城市集中、政治和经济文化交通都很发达的地区,地震灾害的威胁极为严重。该区地震带主要指阴山燕山一带及营口

至鄉城断裂带等地,共分四个地震带:

(1)郯城—营口地震带。

该带包括从宿迁至铁岭的辽宁、河北、山东、江苏等省的大部或部分地区,是我国东部大陆区一条强烈地震活动带。1969 年渤海 7.4 级地震、1974 年海城 7.4 级地震就发生在这个地震带上。据记载,该带共发生 4.7 级以上地震 60 余次,其中 7~7.9 级地震 6 次,8 级以上地震 1 次。

(2)华北平原地震带。

该带南界大致位于新乡—蚌埠一线,北界位于燕山南侧,西界位于太行山东侧,东界位于下辽河—辽东湾坳陷的西缘,是对京津唐地区威胁最大的地震带。1679 年河北三河 8.0 级地震、1976 年唐山 7.8 级地震就发生在这个带上。据统计,该带共发生 4.7 级以上地震 140 多次,其中 7~7.9 级地震 5 次,8 级以上地震 1 次。

(3)汾渭地震带。

该带北起河北宣化—怀安盆地怀来—延庆盆地,向南经阳原盆地、蔚县盆地、大同盆地、忻定盆地、灵丘盆地、太原盆地、临汾盆地、运城盆地至渭河盆地,是我国东部又一个强烈地震活动带。1303 年山西洪洞 8.0 级地震、1556 年陕西华县 8.0 级地震都发生在这个带上。1998 年 1 月张北 6.2 级地震也在这个带的附近。有记载以来,本地震带内共发生 4.7 级以上地震 160 次左右,其中 7~7.9 级地震 7 次,8 级以上地震 2 次。

(4)银川—河套地震带。

该带位于河套地区西部和北部的银川、乌达、磴口至呼和浩特以西的部分地区。1739 年宁夏银川 8.0 级地震就发生在这个带上。本地震带内,历史地震记载始于公元 849 年,由于历史记载缺失较多,据已有资料,本带共记载 4.7 级以上地震 40 次左右,其中 6~6.9 级地震 9 次,8 级地震 1 次。

西北、西南地区的青藏高原地震区包括兴都库什山、西昆仑山、阿尔金山、祁连山、贺兰山—六盘山、龙门山、喜马拉雅山及横断山脉东翼诸山系所围成的广大高原地域。由于该区主要包括西藏南部、川、滇、甘肃祁连山一带,宁夏贺兰山区及青海一带,涉及青海、西藏、新疆、甘肃、宁夏、四川、云南全部或部分地区,以及苏联、阿富汗、巴基斯坦、印度、孟加拉国、缅甸、老挝等国的部分地区,其中甘肃东部经四川至滇南地区所发生的地震震中位置往往南北交替出现,所以又称这一狭长地带为南北地震带。该地震区是我国最大的一个地震区,也是地震活动最强烈、大地震频繁发生的地区。

此外,新疆地震区有天山地震带,主要指沿天山阿尔泰山一带;台湾地震区包括台湾及其东部海域,此地区属于环太平洋地震带,地震出现频繁且强度大。它们是我国两个曾发生过 8 级地震的地震区。这里不断发生强烈破坏性地震也是众所周知的。由于新疆地震区总的来说,人烟稀少、经济欠发达,强烈地震较多,也较频繁,但多数地震发生在山区,造成的人员和财产损失与我国东部几条地震带相比,要小许多。

值得一提的是华南地震区的东南沿海地震带,主要指东南沿海及海南岛北部等地区,福建沿海就位于此带上。这里历史上曾发生过 1604 年福建泉州 8.0 级地震和 1605 年广东琼山 7.5 级地震。但从那时起到现在的 300 多年间,无显著破坏性地震发生。

将上述归纳按地震活动强度和频度来划分,中国地震大致又可分为三类地区:

① 强烈地区。它包括台、藏、新、甘、青、宁、川西和滇等省、区。这些地区的地震活动强

度和频度大大超过其他地区,是中国地震活动最显著地区,自 1900 年以来的地震记录占全国地震总数的 80%。

② 中等地区。它包括冀、晋、鲁、陕西关中地区、辽南、吉林延吉地区、皖中、闽粤沿海和桂等。这些地区的强震震级可达 7~8 级,但频度较低,地震的分布也不如前类地区密集。自 1900 年以来的地震记录占全国地震总数的 15%。

③ 微弱地区。它包括苏、浙、赣、湘、鄂、豫、黔、川东、黑、吉及内蒙古的大部分。这类地区仅偶尔发生破坏性地震,最大震级亦仅 6 级左右,强震间隔时间较长,一般均在百年以上。自 1900 年以来,破坏性地震较少,只占全国地震总数的 5%。

8.5.3　地震波的传播

地震波是地震发生时,地下岩石受到强烈冲击所产生的弹性震动传播波。地震波是弹性波,它能穿过地核,在整个地球传播。由于地震引起的介质振动是以波的形式从震源向地球的各个方向传播,所以要研究地球上任一地点所受地震影响的大小,首先要了解地震是以什么样的波、通过怎样的波动形式传递到地面上,然后才能进一步分析波动在该地的具体地质地形条件下又发生了怎样的变化,也就是通常所说的地震反应。地震波传播过程和场地的地震反应是十分复杂的,由于地壳(特别是工程设施所直接依赖于其上的地壳表层)是十分不均匀的和各向异性的,所以波的类型及波动的形式是多种多样的。下面先简单介绍波的类型和运动形式。

1) 波的类型及其运动形式

人们对波的认识主要是从两个方面着眼的,一是从波的传播方式,二是从波的力学属性。根据前一种识别方法,波可分为:体波——通过介质体内传播的波;面波——通过介质表面或界面传播的波。根据后一种识别方法,波又可分为:压张波——波动介质质点在一次循环振动过程中相继受压和受拉;剪切波——相邻质点在传递振动过程中受往复的剪切作用;扭剪波——介质质点在传递振动过程中受水平或垂直的扭力作用,而这种水平扭摆或垂直摇摆都是在界面上由剪切波产生的偏振波。现将各种波分述如下。

(1) 体波。

体波按其传播介质质点运动的特征,通常可分为纵波和横波两种。

① 纵波(P 波)。这种波在介质体内传播时,其质点振动方向与波的传播(前进)方向一致,即通过物体时,物体质点的振动方向与地震波传播的方向一致,传播速度最快,周期短,振幅小,能通过固体、液体和气体传播。因此质点间的弹性相对位移必然是紧松交替,或者说压缩与拉张相间出现,周而复始。因此这种波也可叫作压缩波或疏张波,或简称疏密波。地震发生后,纵波最先到达地面,引起地面上下颠簸。

由于任何一种介质(固态、气态、液态)都可以承受不同程度的压缩与拉伸变形,所以纵波可以在所有这些介质中传播。这是纵波的一个重要特性。另外,由于纵波在传播过程中使介质质点产生压张变形(位移),所以在每个周期的振动中都不可避免地在介质内部产生符号交替变换的法向应力。这种被动应力对于以有效应力为主导的土体强度来说,有时是一项不可忽视的影响因素。

② 横波(S 波)。这种波在介质体内传播时,质点的运动方向与波的前进方向正交,即通

过物体时,物体的质点振动方向与地震波传播方向垂直。因此相邻质点不可避免地产生往复的剪切位移,或者说两质点间承受着剪切作用而发生剪切变形。横波的传播过程就是介质质点不断地受剪切变形的过程,这种变形是在介质不产生任何体积压缩或膨胀条件下进行的,所以它是一种弹性等容剪切变形。这是横波的一项特征。

由于横波在传播过程中完全依赖于介质抗剪刚度,所以它只能在固体介质中传播,而液态与气态介质不能承受剪切作用(理论上抗剪刚度为零),横波难以通过。这是横波的另一重要特性。横波对介质体的剪切作用如果发生在两层不同刚度的介质的界面(层面)上,就会引起界面两侧质点之间的特殊位移,即所谓剪切波的偏振作用。其结果就产生了两种偏振的波,一是剪切波的垂直分量(SV 波),二是剪切波的水平分量(SH 波)。这是横波的第三个重要特性。横波在地壳中传播速度比纵波慢,周期较长,振幅较大,只能通过固体介质传播,比纵波到达地面晚,横波能引起地面摇晃。纵波、横波合成的体波在地球体内部可以向任何方向传播。

(2) 面波。

面波,也称地面波,是指沿着介质表面(地面)传播的波。在地震研究中,它是指体波(纵波或横波)经地层界面多次反射形成的次生波。面波振幅较体波显著,波速比体波小,周期较体波长。利用面波的波散现象可推算相应地区的地壳和上地幔的结构状况和性质。这种波动实质上是分别以垂直分量和水平分量单独传播,所以在半空间表面实际上存在着两种波的运动,即瑞利波与乐夫波。

① 瑞利波(R 波)。这是瑞利(1887)发现的一种地表面波,因而得名。他认为在弹性半空间表面有可能得出波动方程的第三个解,它是仅限于半空间界面附近的一个有限区域内运动的波。瑞利波的特点是在传播的介质体内,质点的运动仅限于在波的前进方向与自由界面法线方向组成的平面内,其运动轨迹为一椭圆,其运动方向呈逆行的椭圆运动。但其椭圆的形状又由质点距自由表面的深度而定。

② 乐夫波(Love 波)。这种波是在 1911 年发现的,它是在层状介质的界面处传播的波。其产生的唯一条件是上下层介质的波速必须有一定的差别,且上者小于下者,其波速处于两者之间。但人工激发的 SH 波不在此限。地表面也是两层介质(地层与大气层)的一个特殊界面,由于空气中的波速常小于地层中的波速,所以地表乐夫波接近于 SH 波的扭矩分量作用就有可能突出地表现出来。乐夫波的特点是它使质点做水平方向的波动,因而与波动方向耦合之后就产生了水平扭矩分量,在其传播过程中,介质面(地表)上的物体受有较大的水平扭矩,因而使那些抗扭刚度不足的地面设施易遭毁坏。

另外,界面波是在两个弹性层之间的平界面附近传播的地震波。由于不同的地震波具有不同的性质和传播特点,因此可以利用地震波来探测地球的内部构造。

2) 地震波的传播和作用

由上所述,地震波的传播通常分为两大类,一类在地球内部传播,即在介质内部传播,如上述的体波,有纵波(P 波,压缩波)和横波(S 波,剪切波)。它们在地球介质内独立传播,遇到界面时会发生反射和透射,当介质中存在分界面时,在一定的条件下体波会形成相长干涉并叠加产生出一类频率较低、能量较强的次生波,即面波。这一类地震波沿地表面和岩层表面传播,与界面有关,且主要沿着介质的分界面传播,其能量随着与界面距离的增加迅速衰减,因而被称为面波,有上述的瑞利面波和乐夫面波两种类型。瑞利波沿界面传播时,在垂直界面的入射面内各介质质点在其平衡位置附近的运动既有平行于波传播方向的分量,也有垂直于界面的分量,因而质点合成运动的轨迹呈逆进椭圆。乐夫面波传播时,介质质点的运动方向垂直于波的传播方向且平行于界面。通常地震时人们感到颠簸摇晃,这种先颠簸后摇晃就是地震波传播的速度和方式不同造成的。地震波分为纵波、横波、瑞利波和乐夫波四种类型,物体内的各部分之间又是相互联系着的。当弹性介质的某一局部受到扰动后,最靠近扰动源的部分首先受到影响。介质由于扰动而引起的变形将以应力波的形式逐渐扩散到介质的各部位。从上述各类波在介质中传播的速度来看,在离震源较远的观测点应该接收到一地震波列,其到达的先后次序是 P 波、S 波、乐夫面波和瑞利面波。因此,纵波传得快先到地表,在 1~20 km 间,速度为 7~8 km/s,而横波为 4~5 km/s,面波最慢只有 3 km/s。由于纵波行进时波形的物理特点引起地面物体上下颠簸,也就使人感到先上下动。横波慢,后到之,它的波形特点是使物体左右摇晃。因此,人觉得上下动后,左右动,连贯起来便是地震来了先颠簸后摇晃了。

弹性波在物体内传播时,其动力学和运动学特征取决于它所通过的物质的弹性性质和密度,外力作用于一物体的表面,使物体的体积和形状发生变化。由于这种变化,在物体内部就产生了一个与外力相反的内应力,这种内应力(应变)阻止了外应力的作用。物体的弹性,就是物体阻止形变和回复它原来具有的形状和体积的能力。这种能力的大小即弹性性质,通常用物质的弹性模量来表示。

在地球内部地震波传播曲线图上,地球大陆的地表面往下 33 km 深处,横波速度约为 4 km/s,纵波速度约为 8 km/s。从 33 km 往下到 2 900 km 深处,横波速度由 4 km/s 增快到 7 km/s 以上,纵波速度由 8 km/s 左右增快到 13 km/s 以上。从 2 900 km 往下到 5 000 km 深处,横波完全消失,纵波传播速度突然下降到 8~10 km/s 左右。从 5 000 km 往下到地心,无横波传播,纵波速度又逐渐增快到 11 km/s 左右。从地震波在地球内传播的情况表明,在大陆 33 km 深处以下,横波和纵波的速度明显加快,证明该处是密度很大的可塑性固体层,因此大陆 33 km 深处是地震波传播的一个不连续面,这个不连续面是由莫霍洛维奇(克罗地亚地震学家,1909 年)发现的,所以叫莫霍面。在 2 900 km 深处往下,横波完全消失,纵波速度突然下降,证明到了液态层,这个地震波传播的不连续面是古登堡(德国地震学家,1914 年)最早研究的,因此叫古登堡面。5 000 km 以下纵波速度又加快,证明该处是固态层。根据地震波的传播情况,地球内部构造是不同的物质圈层组成的。据此,人们以莫霍面和古登堡面为分界面,把地球的内部构造划分为地壳、地幔和地核三个圈层,并将地下 2 900~5 000 km 深处推测定为液体外核,5 000 km 以下到地心推定为铁镍固体内核。因此,利用地震波可以探测地球内部的构造。

8.5.4 地震震级及烈度

地震学上用地震震级和地震烈度两个不同概念来衡量地震的大小。地震震级反映地震释放的能量大小,有时也叫地震强度,是用来说明某次地震本身大小的,只跟地震释放的能量多少有关。地震能量越大,震级就越大。震级标准用"级"来表示,最先是由美国地震学家里克特提出来的,因此又称"里氏震级"。它是根据地震仪器记录推算得到的。地震越强,震级越大。震级每相差 1 级,能量相差约 32 倍;每相差 2 级,能量相差约 1 000 倍。也就是说,一个 6 级地震相当于 32 个 5 级地震,而 1 个 7 级地震则相当于 1 000 个 5 级地震。目前世界上最大的地震的震级为 8.9 级。在地震学上震级常用于研究与地震活动性有关的问题，而人们通常关心的是某次地震对具体地点的实际影响程度，也就是所谓的地震烈度。在地震学里，"烈度"已被用作说明地震影响的专门名词。

1) 地震震级或强度

震级是表征地震强弱的量度，通常用字母 M 表示。以地震过程中释放出来的总能量来衡量该地震本身的大小，是比较合理的途径。但是，很大一部分能量在地下深处震源地方消耗于地层的错动和摩擦，转化为位能和热能。人们所能观测到的主要是以弹性波形式传到地表的地震波能量。一般就是根据这部分能量来推算地震震级或强度的。地震按震级大小可分为：弱震，即 $M < 3$ 级的地震，如果震源不是很浅，这种地震人们一般不易觉察；有感地震，即 $3 \leqslant M \leqslant 4.5$ 级的地震，这种地震人们能够感觉到，但一般不会造成破坏；中强震，即 $4.5 \leqslant M \leqslant 6$ 级的地震，属于可造成破坏的地震，但破坏轻重还与震源深度、震中距等多种因素有关；强震，即 $M \geqslant 6$ 级的地震，其中 $M \geqslant 8$ 级的地震称为巨大地震。地震学上把发震时刻、震级、震中统称为"地震三要素"。

破坏性地震是指造成人员伤亡和财产损失的地震灾害。一般 $M > 5$ 级时，就会造成不同程度的地震灾害，通常称为破坏性地震。地震记录振幅的大小，除与震级有关外，还受距离传播介质、地震台址土质、震源深度和错动的方向性，以及地震仪的特性等因素的影响。从大量观测数据可以确定各地震台的土质和所用仪器等因素的影响，求得各台的校正值。重要地震的震级，常取不同距离、各个方位上的地震台测定震级的平均值，以消除由于传播介质和震源机制等原因引起的差异。在地震学中，通常使用三种震级标度：

(1) 地方震级（M_L）。

它采用里克特测定美国南加州地震震级的原始定义，结合当地情况修订起算函数。我国主要地震区多根据统计资料制定本地区的震级标度。

(2) 面波震级（M_E）。

1945 年古登堡给出了以周期接近 20 s 的面波振幅的最大水平向量和依据的面波震级公式。苏联和东欧地震学者于 1966 年提出了以振幅与周期之比代替振幅的公式。近年来国内外一些工作证明，用竖直向面波最大振幅与用水平向振幅最大向量和求得的震级值相近，因而简化了测定工作。

(3) 体波定级（M_B）。

体波波形比较单纯，容易测量振幅。以前通用古登堡和里克特于 1956 年提出的以中周期地震仪所记最大体波振幅为依据的公式。高灵敏度短周期地震仪推广以后，国际地震中心的报告中改用 P 波前三个周期中的最大振幅计算体波震级，用 M_B 表示。

全国性的地震台网通常用基本台的记录计算面波震级。地区性的台网从区域台的记录计算地方震震级，有时还换算成面波震级。从中等强度的浅源地震的体波震级和面波震级可以统计出它们之间的经验关系，并据以进行换算。由于体波震级随地震强度的增加而趋于"饱和"，大地震的体波震级一般偏低，不符合以地震波能量为基础测定地震大小的概念。因此，通常用面波震级来研究正常深度地层的活动性。但是，深源地震的面波不发育，其地震图与浅源地震很不相同。

能量相同的深源地震的面波震级远较浅源地震小，因此通常用体波震级来描述深震的强度。

2) 地震烈度

同样大小的地震,造成的破坏不一定相同,同一次地震,在不同的地方造成的破坏也不一样。为了衡量地震的破坏程度,科学家又"制作"了另一把"尺子"——地震烈度,它是某一地震在具体地点所引起振动影响的强度,是地震在地面产生的实际影响,即地面运动的强度或地面破坏的程度。烈度不仅与地震本身的大小(震级)有关,也受震源地方岩层错动的方向、震源深度离震中的距离、地震波所通过的介质条件、表土性质、地下水埋藏深度,以及建筑物的动力特性、建筑材料设计标准、施工质量和维护情况等许多条件的综合影响。震源是地球内部直接发生破裂的地方。震源深度是震源到地面的垂直距离。震中距是在地面上,从震中到任一点的距离。

一般来讲,一次地震发生后,震中区的破坏最重,烈度最高,这个烈度称为震中烈度。从震中向四周扩展,地震烈度逐渐减小。因此,一次地震只有一个震级,但它所造成的破坏在不同的地区是不同的。也就是说,一次地震可以划分出好几个烈度不同的地区。例如,1976年唐山地震,震级为7.8级,震中烈度为11度;受唐山地震的影响,天津市地震烈度为8度,北京市烈度为6度,再远到石家庄、太原等只有4~5度。

由于在同一地震的作用下,各地烈度不同。研究地震影响,要按强弱分等级,首先需要有作为区分标准的地震烈度表,以地震烈度作为尺度进行研究。在地震仪器发展以前,地震强弱的评定不得不以宏观现象为依据。起初工作比较粗糙,烈度标准含混,各烈度间多无明确界线,评比不易精确。随着研究的日益深入,工作渐趋细致。在大量资料的基础上,经分析比较,制订了比较明确的地震烈度表,称为宏观地震烈度表(表 8-1),得到了广泛的应用。我国也把烈度划分为12度,不同烈度的地震,其影响和破坏大体如下。

表 8-1 宏观地震烈度简表

烈 度	主要标志
1	人不能感觉,只有仪器才能记录到
2	个别完全静止中的人能感觉到
3	室内少数静止中的人感觉到振动,悬挂物有时轻微摇动,仪器能记录到
4	宅内大多数人和室外少数人有感觉,少数人从梦中惊醒,吊灯摆动门窗、顶棚器皿等有时轻微作响
5	室内几乎所有人和室外大多数人能感觉到,多数人从梦中惊醒,挂钟停摆,不稳的物体翻倒或落下,墙上的灰粉散落,抹灰层上可能有细小裂缝
6	一般民房少数损坏;简陋的棚窑少数破坏,甚全有倾倒的。潮湿疏松的土里有时出现裂缝,山区偶有不大的滑坡
7	一般民房大多数损坏,少数破坏,坚固的房屋也可能有破坏的。民房烟囱顶部损坏,个别牌坊塔和工厂烟囱有轻微损坏。井泉水位有时发生变化
8	一般民房多数破坏,少数倾倒;坚固的房屋也可能有倾倒的,有些碑石和纪念物损坏、移动或翻倒。山坡的松土和潮湿的河滩上,裂缝宽达 10 cm 以上;水位较高的地方,常有夹泥沙的水喷出;土石松散的山区常有相当大的崩滑。人畜有伤亡
9	一般民房多数倾倒;坚固的房屋许多遭受破坏,少数倾倒。有些地方的地下管道损伤或破坏。地裂显著

续表

烈　　度	主要标志
10	坚固的房屋多数倾倒。地表裂缝成带,断纹相连,总长度可达几千米,有时局部穿过坚硬的岩石,桥梁、水坝损坏,房屋倒塌,地面破坏严重
11	房屋普遍毁坏。山区有大规模的崩滑,地表产生相当大的竖直和水平断裂。地下水剧烈变化
12	广大地区内,地形地表水系和地下水剧烈变化。动植物遭到毁灭性的破坏

　　为了进行工程抗震设计,从工程地震的观点来评定烈度,其主要目的是确定抗震设计所需的地震作用力。如果不能找出一个与地震烈度相当的物理量来说明地震振动的强度,那么,纵然能够正确地评定地震烈度,仍然难以运用到工程设计的实际计算中。因为工程设计人员不能仅仅根据上述宏观资料的一般性叙述来确定对各类型建筑物和构筑物应采取什么样的抗震措施,他们需要一个能说明振动强度的定量数据作为计算依据,即定量地震烈度表。为了给实际计算抗震措施提供一个与地震烈度相当的物理量,长期以来人们在不断地探索解决这一问题的途径。最初,试图以引起物体振动或破坏的加速度作为与地震烈度相当的物理量,因为加速度可以从地震记录上直接推算。有了地面运动加速度值,工程设计人员就能计算作用于建筑物的地震力,从而确定怎样的抗震措施。通常认为,建筑物要承受重力作用,在竖直方向上有很大的稳定性,因此不必考虑竖直向的加速度而只需考虑水平向的最大加速度。应该注意,随着城市人口的密集,"垂直地震"出现的危害加剧,竖直向的加速度也不容忽视。20 世纪上半叶,许多学者在地震烈度表这方面做过不少观测实验和研究工作,并不断地改进了以地表运动的最大水平加速度为衡量标准的"动力"或"绝对"地震烈度表。1904 年意大利地震学家坎坎尼提出的数值(表 8-2)曾被许多国家用作抗震建筑的设计标准。

表 8-2　"动力"或"绝对"地震烈度表

地震烈度	最大水平加速度/$(cm \cdot s^{-2})$	地震烈度	最大水平加速度/$(cm \cdot s^{-2})$
1	<0.25	7	10~25
2	0.25~0.5	8	25~50
3	0.5~1.0	9	50~100
4	1.0~2.5	10	100~250
5	2.5~5.0	11	250~500
6	5.0~10	12	500~1 000

　　这类烈度表的特点是以建筑物的破坏现象为评比烈度的主要依据,并以地表运动的最大水平加速度表示引起破坏的地震力。这种按照静力理论计算地震载荷的方法在处理抗震措施时非常简便。它是从观测和实践经验中得来的,因此有一定的实用价值,在一些国家中沿用甚久。

8.5.5　场地特征及其对地震烈度的影响

1) 概述

从地震工程角度来考察,对震害有重大影响的地质条件应包括场地的土层状态和土壤特性、地形地貌特征、地层结构和断层情况等。纵观国内外大地震的宏观考察(调查)资料可以看出,不但每次地震的时间、地点、规模等都不相同,而且上述地质条件的影响也存在着若干矛盾的现象和认识,这些都有待进一步考察和研究。近几十年来,通过仪器观测和理论分析,国内外关于地震工程地质条件对宏观震害的影响问题有了更深一步的认识,而且多次进行了总结,很多国家在抗震设计规范中以各种不同的形式考虑这种影响。

不同厚度覆盖层上的建筑物受地震影响,产生的震害差异十分显著。例如,1923 年日本关东地震时,东京都木结构房屋的破坏率明显随冲积层厚度的增加而增高。1967 年委内瑞拉地震中,加拉加斯高层建筑的破坏具有非常明显的地区性,主要集中在市区冲积层最厚的地方。在覆盖层为中等厚度的一般地基上,中等高度的一般房屋破坏得比高层建筑物严重,而在基岩上各类房屋的破坏普遍较轻。1968 年和 1970 年菲律宾马尼拉地震,1963 年南斯拉夫克普里地震中也有类似的情况。在我国,1975 年辽宁海城地震震害调查中曾发现,营口市和盘锦地区砖烟囱的破坏程度与海城和大石桥相当,而海城和大石桥的一般砖房震害远较营口市盘锦地区严重得多。进一步分析表明,这种现象在一定程度上与该地区覆盖层厚度有关。1976 年唐山地震时,位于 10 度区内的唐山陶瓷厂唐山钢铁公司唐山电厂一带,由于地处大城山一带,基岩埋藏浅,震害就相对轻。其中唐山陶瓷厂附近 $100\sim200$ m 的地方房屋普遍倒塌,而该厂除砖烟囱外,建筑物基本没有倒塌或没有严重破坏,与附近严重倒塌相比,烈度可相差 3 度。综上所述,不难得出这样的印象,即深厚覆盖土层上的建筑物的震害往往较严重,而浅层土上建筑物则要轻些。

宏观考察、仪器观测和理论分析是研究地震工程地质条件影响的三种主要方法,目前大量采用的是宏观考察方法,后两种也正逐步受到重视和取得若干成就。其中应以宏观考察为根本,它是开展后两种研究工作的基础。在这方面,中国科学院工程力学研究所等单位进行了富有成效的探索。从 20 世纪 60 年代初就开始研究地震工程地质条件的影响,但大多依据外国资料;所得主要成果已列入 1964 年我国抗震设计规范,其中的若干认识和研究结果,例如认为地基刚性对地层反应谱形状有明显影响,已由近十几年的实践所证实。现多数国家的规范也做了类似的考虑。

如前所述,地层工程地质条件对震害影响的实例(特别是表现形式)在国内外是大同小异的,而我国目前已获得丰富的现场资料,故本章在叙述中将以我国的震害实例为主,国外的为辅。同时,还有必要在下面简略介绍一下房屋震害指数法。

震害指数 i 表示房屋破坏程度。$i=0$ 表示完好;$i=1$ 表示全部裂毁;部分损坏时,$0<i<1$。震害指数 i 与房屋的破坏程度之间的关系可根据具体情况定出,例如对通常地震区常见的典型民房(瓦顶楼房和平房土顶楼房和平房)给出如表 8-3 所示的关系。

表 8-3　震害指数与房屋破坏程度之间的关系

序　　数	震害列别	震害描述	震害指数 i
Ⅰ	倒　平	房屋全部倒塌	1.0
Ⅱ	墙倒架歪	墙体全部倒塌,房屋倾斜显著	0.8
Ⅲ	墙倒架正	墙体大部倒塌,房屋基本未倾斜	0.6
Ⅳ	局部墙倒	主要墙体局部倒塌	0.4
Ⅴ	裂缝严重	主要墙体无塌落,但严重裂缝或屋顶溜瓦较多,须修复才能使用	0.27
	裂缝轻微	墙体无塌落,但有小裂缝或溜瓦,未经修复仍可使用	0.13
Ⅵ	完　好	基本无损或完好	0

2) 地层和土质条件的影响

地层和土质条件对震害的影响是目前研究得最广泛和深入的地震工程地质条件之一,这类震害在各次大地震中极为普遍,往往造成重大损失,所以早为人们所重视。

地层和土质条件的影响应包括地基刚度、土层厚度和软弱夹层(包括砂土液化层)等因素的影响。尽管实际震害往往是这几种因素综合影响的结果,但由于性质不同和各具特点,故仍须分别加以研究。

(1) 地基刚度。

地基刚度在这里指地基土的软硬程度。大量的宏观现象给人一种印象,即软土上的震害一般比硬土上的大。最先详细研究这种影响的是伍德(Wood),他根据 1906 年大地震时旧金山市区的宏观调查,得到如表 8-4 所示的结果。可以看出,人工填土和沼泽上的震害比坚硬基岩上的重得多。

软土上的震害确实大于硬土上的震害,但由于表 8-4 的划分缺乏定量指标,因此该结论仍是定性的。此外,基岩上的震害似乎总是比土层上的轻,这不仅由房屋震害所证明,而且在宏观调查中人们普遍反映:基岩上的地震动幅值小,持续时间短。强震后的中强余震记录也证实了这一点,对比的观测点一个设在基岩上,另一个设在土层上,两者之间的距离比震中距小得多,因而反映出只是地基刚度的影响。

表 8-4　不同地基土的震害

地基土	烈　　度	震　　害
坚硬岩石	Ⅵ	个别屋顶上的烟囱倒塌
砂岩岩石上覆有薄层	Ⅶ	屋架烟囱倒塌,墙裂
砂和冲积层	Ⅷ	砖墙破坏严重,个别倒塌
人工填土沼泽	Ⅸ	质量好房屋破坏也严重,地变形裂缝

（2）土层厚度。

综合目前国内外分析覆盖层地震效应的方法不难看出，国内外学者都将注意力首先集中于"水平成层"的覆盖层研究上，亦即采用两个基本假设作为前提：一是认为基岩覆盖层各土层及地表是水平成层并无限延伸的；二是认为地表水平地震动主要是由基岩的剪切波垂直向上传所造成的。尽管假设具有局限性，但在计算上较简易，与实际振动规律亦较符合，所以应当是当前应用最普遍、最基本的分析方法。

土层可以看作在基岩上层状分布的有限体。地震波到达不同性质地层的分界面时，一部分反射，一部分透射。一定周期的地震波在土层中多次反射的结果由于叠加而增强，也就是表土层对这些地震振动起"放大作用"。当表层厚度为波长的1/4或其奇数倍数时，由于类似共振的作用，地表震动最强。与这一波长相当的周期就是表土层的卓越周期。

薄层表土的卓越周期很显著，厚层表土的卓越周期较长，当表土由多层组成时，每层各有其卓越周期。只有当这些周期相等或互成简单比例时，才能对某一周期的地震波起显著的增强作用。在自然条件下，各层常以复杂方式组合，因此厚层表土中卓越周期常不明显。

不同土层的交界处，由于地震波的折射反射和绕射等影响，强度常有增加。

（3）场地的液化。

液化是引起许多类型的地基失效的共同原因。在强烈振动的作用下，饱和含水松散的颗粒物质（如粉砂、细砂）的强度急骤下降。地震引起的形变使稳定的饱和含水颗粒状物质转变为流体状态。这时，固体颗粒实际上像流砂那样悬浮于液体中。当液化了的物质是埋藏在地表以下的一个广阔地层时，其效果就像滚珠轴承那样，起减少物质间动摩擦力的作用，而使地震剪切波不能向上传播，从而减轻震害。

地层中饱和砂土的液化对场地震害有双重影响。一方面，砂土液化造成的地基失效可能使地面建筑物下陷、开裂或倾倒。另一方面，砂土液化又可能减轻地面建筑所承受的振动载荷，使建筑物和居民生命得以保全。

此外，地下水位的升高减少了沿潜在破裂面上的摩擦阻力，起到滑动的作用。

必须指出，有关场地条件对宏观震害的影响的经验认识，尚不能满足工程抗震的需要。抗震设计必须将地基失效引起的建筑物破坏（静力破坏）与结构振动引起的破坏（动力破坏）相区别，并采取不同的抗震措施。

8.6　矿山地质灾害

矿山地质灾害很多，首先是采矿区、采空区塌陷。当前，中小矿山（合法的和非法的）采矿区、采空区矿难事故很多，群众生命、财产受到极大损失。除了采矿区、采空区塌陷之外，矿难还包括巷道突然涌水，矿山抽、排水引起塌陷或诱发地震。其次，矿难还有瓦斯爆炸、煤层自燃和岩爆（这是构造应力聚集而又突然释放的结果，工程对人破坏作用很大。）

巷道突然涌水也是一种常见事故，事故曾发生在山西、山东、安徽、湖南、江西、广东、广西、河北、河南、吉林、江苏、浙江、四川等省（区）。山西太原某矿突涌水量 1.3×10^4 m³/h；山东淄博北大井涌水 443 m³/min；河北开滦范各庄矿突涌水量达 2 053 m³/min。广东京广铁路大瑶山隧道（在粤北乐昌至坪石之间）发生一次大涌水，涌水量达 1.5×10^4 m³/d，水压力

0.6 MPa,水中含沙量 15%,中断行车两次共 102 h。距隧道顶 800 多 m 的山顶出现地面陷坑 50 多处。

湖南等地的情况不是突然涌水,而是采矿需要大规模抽排水,如湖南涟邵矿务局1967—1979 年 13 年间,矿区大规模抽排水,抽排水量达到 288 m³/min,结果造成地面 7 279 个塌陷区,使 28 条河流(溪)断流,毁坏房屋几万间。广东仁化县一个铅锌矿,沿断层溶洞发育,强富水,是矿区的主要充水断层,需要大规模抽排水疏干。1966—1982 年降低水位百多米,最大抽排水量 57 494 m³/d,结果产生地面塌陷 1 864 处,陷坑直径一般 44 m,深 1~5 m,最深 30 m,造成地面沉降 0.30 m,农田受害,毁坏铁路、公路、房屋很多。还有洪水由地表灌井造成的矿山水灾。

瓦斯是易燃易爆气体,含有煤气、沼气等。瓦斯是一种地质灾害,比较严重的有山西、贵州、广东、宁夏、青海、云南、新疆、辽宁、江西、黑龙江、安徽等。出现瓦斯爆炸常因勘察不清或没有勘察,也常常因使用了假冒伪劣矿用机电设备引起。

煤层自燃也是矿山地质灾害。煤层自燃是煤层在地下自然燃烧的现象。煤层因地壳构造运动(新构造运动)产生的地热高温异常或出露地表与空气接触产生氧化作用,这种作用会使煤层升温或降低燃点,以致燃烧。在采煤过程中通风不好,人们用电不慎也会引起煤层自燃,煤层中含的 FeS_2 多,FeS_2 发生氧化也能引起煤层自燃。我国的煤层自燃主要发生在宁夏、内蒙古、新疆、云南、吉林、山西等。煤层自燃在郦道元的名著《水经注》中也叫作火山、火焰山。宁夏石嘴山、中卫坡头区,山西大同、河曲,新疆的吐鲁番、乌鲁木齐硫磺沟的煤层自燃古已有之,断断续续燃烧了百多年,甚至几百年。

8.7　其他地质灾害

8.7.1　缺水和水质污染

中国是一个缺水的大国,人口占全世界人口的 22%,而水资源仅占世界可用水资源的7%。中国的水资源、水环境面临三大难题。一是污染排放量远超过水环境容量;二是江河湖泊普遍遭受污染,大量湖泊出现富营养化;三是生态用水缺乏,水环境恶化加剧。

归纳起来,中国的水资源、水环境有五个方面的特点:

(1) 全国大多数城市都不同程度存在水污染问题,尤其是浅、中层地下水污染严重,不能饮用。深层地下水污染较轻或未被污染。

(2) 北方水污染比南方严重,东部比西部污染严重。

(3) 污染源由少增多,由城市向乡村扩散,这与中小型企业、乡镇企业关系很大,小型造纸厂、小型化肥厂污染普遍而严重。

(4) 由于农药、化肥使用量不断增加,使乡村水质、土质污染均较严重。粮食、蔬菜、水果质量下降,味道改变,又进一步造成危害,是链式反应。

(5) 地下水污染影响巨大。地下水的污染严重,必然有土质污染,这样人体所需要的微量元素(以毫克计甚至以微克计)容易严重失调,明显影响人的身体健康,即所谓水土病。一些地方病长期找不到原因,常和水土里的微量元素严重失调有关。有一些地方怪病增多,也常和水土严重污染有关。

我国农业缺水量大。我国是一个农业大国,农业用水占到用水总量的70%～80%,每年受旱灾面积达2亿～3亿亩,可灌溉面积较少,抵御自然灾害的能力就弱。

地表水系一些河流干涸或经常断流。黄河自1972年开始出现断流,20世纪八九十年代,断流里程越来越长,断流天数越来越长,有变成内陆河、季节河的趋向。地下水已严重超采,华北地区和沿海城市最严重。由于地下水超采越来越严重,沿海地区出现海水倒灌,山东莱州湾海水倒灌以400 m/a的速度向内陆推进。渤海湾地区海水入侵,造成居民饮用水困难,土地盐碱化。大连、青岛、烟台、辽宁盘锦、海口市、河北沿海的一些县都有类似的问题,水污染日趋严重。

我国的酸雨也曾很严重。据1999年统计,全国SO_2的排放量达$1\ 857\times10^4$ t,烟尘排放量为$1\ 159\times10^4$ t,工业粉尘排放量为$1\ 175\times10^4$ t。

西部的渭河流域曾是全国污染最严重的区域之一。沿岸污水肆意排放,河流污浊不堪;下游河床泥沙淤积抬高,危及防洪。20世纪80年代向渭河排放的废水、污水量为5.0亿t,到2000年已接近10.0亿t。

渭河下游泥沙淤积,普遍抬高,40多年来淤积量达13.0亿m^3,部分河段河床高出堤外地面2～4 m甚至更高,形成了地上河、悬河。在三门峡库区有一座桥梁,1961年修建时桥面距桥墩4.0 m高,由于泥沙淤积、河床抬高,桥面不得不加高,加高两次,共6.4 m。

8.7.2　水土环境异常

某些地区因多种因素致地球化学背景异常,微量元素失衡形成水土病。高氟引发氟斑牙、氟骨症,多省区存在。克山病、大骨节病与缺硒有关,缺硒致癌,一些癌症村缺硒严重。缺碘致甲状腺肿大,智力低下等,分布广。铅、砷含量高使人中毒,铅高致男性不育等。缺锌引发多种病症、老年病甚至癌症。水俣病是甲基汞中素,我国松花江沿岸曾有这种病。食管癌与亚硝胺有关,矮人村缺钙磷,缺铁贫血,缺锰,患精神病,铜过量伤肝肾。

第 9 章

工程地质测试

9.1　原位测试

土的原位测试一般指在工程地质勘查现场,在不扰动或基本不扰动土层的情况下对土层进行测试,以获得所测土层的物理力学性质指标及划分土层的一种土工勘测技术。这里的土层包括黏性土、粉土、砂性土、碎石土及软弱岩层等。

土的原位测试技术在工程地质勘察中占有重要位置。这是因为它与钻探、取样、室内试验的传统方法比较起来,具有下列明显的优点:

(1) 可在拟建工程场地进行测试,不用取样。

(2) 原位测试涉及的土体积比室内试验样品大得多,因而更能反映土的宏观结构(如裂隙等)对土的性质的影响。

(3) 很多土的原位测试技术方法可连续进行,因而可以得到完整的土层剖面及其物理力学性质指标。

(4) 土的原位测试一般具有快速、经济的优点。

(5) 电子计算机在土的原位测试技术中的应用更加提高了测试精度和进度。

这些均有力地推动了土的原位测试技术的应用和发展,土体原位测试包括平板静力载荷试验、静力触探(包括 CPT 和 CPTU)试验、标准贯入试验、动力触探试验、十字板剪切试验、扁铲侧胀试验和原位应力铲,分别叙述如下。

9.1.1　平板静力载荷试验

1) 概述

平板静力载荷试验(PLT,plate loading test)简称载荷试验。它是模拟建筑物基础工作条件的一种试验方法,起源于 20 世纪 30 年代的苏、美等国。其方法是在板底平整的刚性承压板上逐级施加载荷,通过承压板均布传递给地基,以测定天然埋藏条件下地基土的变形特性,评定地基土的承载力、计算地基土的变形量并预估实体基础的沉降量。试验所反映的是承压板以下约 1.5～2 倍承压板深度内土层的应力-应变-时间关系的综合性状。

平板静力载荷试验原理一般是按布西奈斯克土体应力分布计算公式、配合土的材料常数(弹性模量 E_0,泊松比 μ),建立半无限体表面局部载荷作用下地基土的沉降量计算公式,苏联什塔耶尔曾于 1949 年推导了如下理论公式,即刚性承压板的沉降量为

$$s = 0.79 \frac{(1-\mu^2)}{E_0} dp \tag{9-1}$$

$$s = 0.88 \frac{(1-\mu^2)}{E_0} Bp \tag{9-2}$$

式中　d——圆形承压板宽度,cm;

B——方形承压板宽度,cm;

p——s-p 直线段内任一点的压力,kPa;

μ——土的泊松比;

E_0——土的变形模量,kPa;

s——p 值对应的圆形或方形承压板的沉降量 cm。

由式(9-1)、式(9-2),结合载荷试验 s-p 曲线(图9-1)上直线比例段可反求出土的变形模量。

2) 试验设备与方法

(1) 实验设备。

平板静力载荷试验测试设备大体由以下四个部分组成:承压板、加荷系统、反力系统和观测系统。

① 加荷系统控制载荷大小。

② 反力系统向承压板施加竖向载荷;除重物加荷装置外,其他加荷装置均需反力系统配套。载荷试验的反力可由重物、地锚或地锚与重物联合提供。然后再与梁架组合成稳定的反力系统。当在岩体内(如探坑或探槽)进行载荷试验时,可以利用围岩提供所需要的反力。锚固式反力系统中,地锚个数应确保有足够的抗拔力,以免试验中间被拔起。反力梁亦应有足够的刚度。坚硬岩土体内载荷试验反力系统如图 9-2 所示,承压板将载荷均匀传至地基土。

③ 观测系统测定承压板在各级载荷下的沉降。观测系统量值的标定及试验操作过程参见相关规程。

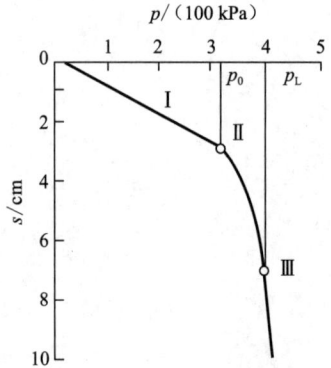

p_0—比例极限;p_L—屈服极限;
Ⅰ—压实阶段;Ⅱ—剪变阶段;Ⅲ—破坏阶段。

图 9-1　载荷试验 s-p 曲线

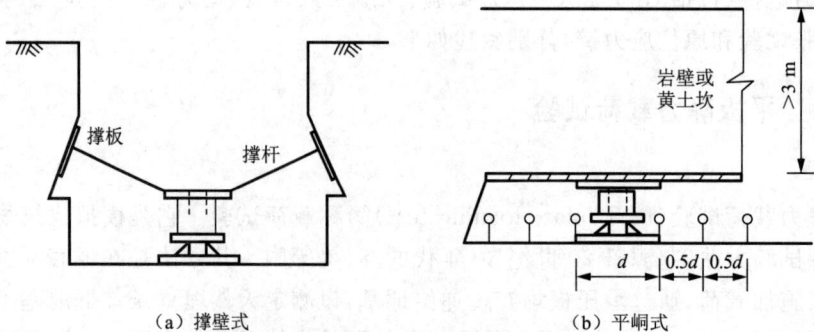

(a) 撑壁式　　　　(b) 平峒式

图 9-2　坚硬岩土体内载荷试验反力系统

（2）实验方法。

将试坑挖到基础的持力层位置，用 1～2 cm 中粗砂找平，放上承压板；施加载荷试验时，总加荷量约为设计载荷的 2 倍；载荷按预估极限载荷的 1/10～1/8 分级施加，每级载荷稳定的标准为连续 2 h 内，每小时的沉降增量不大于 0.1 mm。试验应做到破坏，破坏的标志是：承压板周围土有明显的侧向挤出，或同一级载荷下，24 h 内沉降不稳，呈加速发展的趋势。达到破坏时应停止加荷。

3）平板静力载荷试验适用条件

（1）埋深为零的均质土层上的载荷试验。

这是国内规范规定的最常用的试验情况，即无论试验深度多大，其试坑宽度均应大于承压板宽度或直径的 3 倍，压板下应为均质土层，其厚度应大于压板直径的 2 倍；这类试验既可用以确定均质土的地基基本承载力 σ_0 和变形模量 E_0，又可用于与其他原位测试试验进行对比研究。

（2）基础底面土层的载荷试验。

当实际基础尺寸和埋深均不大时，可直接采用与基础条件相同的承压板，在基础底面的地基土上进行载荷试验，以直接确定地基土（包括非均质土）的承载力。

（3）不同压板宽度和埋深的载荷试验。

这类载荷试验一般是在同一均质土层的相同或不同标高面上，分别以大于 3 倍压板宽度的间距做不同压板宽度或不同压板埋置深度（这时试坑尺寸与压板尺寸相同）的对比试验，主要用以研究不同土类的承载力随基础宽度与埋深的变化规律。

9.1.2　螺旋板载荷试验

1）概述

螺旋板载荷试验是近 20 年来发展起来的一种原位测试技术。它是借用人力或机械力将一螺旋形的承压板旋入地面以下预定的试验深度，通过传力杆对螺旋形承压板施加载荷，并观测承压板的位移，由试验得到应力-应变-时间关系曲线，采用理论方法或经验关系得到地基上一些重要参数的试验方法。

螺旋板载荷试验适用于地下水位以下一定深度处的砂土、软黏土和硬黏土层，它可以在不同深度处的原位应力条件下进行试验，扰动效应小，能较好地反映地基上的性状。

2）实验设备与方法

（1）实验设备。

我国已有的螺旋板载荷试验仪器一般由下列四部分组成（图 9-3）。

① 螺旋板头，由螺旋板、护套等组成。螺旋板常用的有三种规格：直径 160 mm，投影面积 200 mm²，钢板厚 5 mm，螺距 40 mm；直径 252 mm，投影面积 500 mm²，钢板厚 5 mm，螺距 80 mm；直径 113 mm 螺旋板常用于硬黏土层中。

② 量测系统，由电阻式应变传感器、测压仪等组成。

③ 加压系统，由千斤顶、传力杆等组成。传力杆的规格为 ϕ73 mm × 10 mm。若在强度较低的软黏土中进行试验也可采用 ϕ36 mm × 10 mm 的传力杆。

④ 反力装置，由地锚和钢架梁等组成。

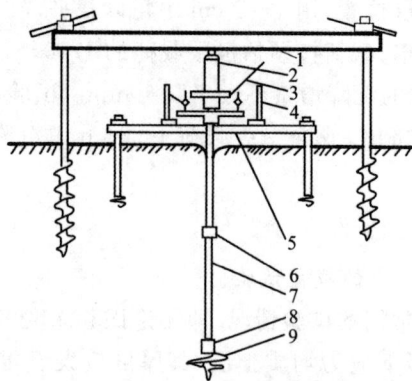

1—反力装置；2—油压千斤顶；3—传感器导线；4—百分表及磁性座；
5—百分表座横梁；6—传力杆接头；7—传力杆；8—测力传感器；9—螺旋形成压板。

图 9-3　螺旋板载荷试验装置示意图

（2）实验方法。

检查并安装反力、加压装置。同一试验孔在垂直方向的试验点间距一般应≥1 m，结合土层变化和均匀性布置。螺旋板载荷试验在钻孔中进行，钻孔陆进时应在离试验深度20～30 cm 处停钻，并清除孔底受压或受扰动土层，记录实验数据。注意螺旋板入土时，按每转一圈下入一个螺距进行操作，以减少对土的扰动。试验结束后，提出探杆并清洗、检查、转移试验仪器。

9.1.3　静力触探试验

1）概述

静力触探试验首先在荷兰研制成功，因此国际上常称静力触探试验为"荷兰锥"试验，简称CPT（cone penetrtion test）。静力触探试验是把一定规格的圆锥形探头借助机械匀速压入土中，并测定探头阻力等的一种测试方法，实际上是一种准静力触探试验。

静力触探试验分为机械式静力触探试验（mechanical static cone penetration test）和电测式静力触探试验（electrical cone penetration test）两种。机械式静力触探试验是用机械装置把带有双层管的圆锥形探头压入土中，在地面上用压力表分别量测套筒侧壁与周围土层间的摩阻力和探头锥尖贯入土层时所受的阻力，该方法目前已很少采用。电测式静力触探试验于 1964 年首先在我国研制成功，它是利用电阻应变测试技术直接从探头中量测贯入阻力（定义为比贯入阻力）。

20 世纪 60 年代后期，荷兰开始研制类似的电测静力触探仪，探头为双桥式，即所谓的Fugro 探头。从 70 年代开始，电测式静力触探的发展使静力触探有了新的活力，发展迅猛，应用普通。其中，最重要的发展是 80 年代初成功研制出了可测孔隙水压力的电测式静力触探（piezo cone penetration test），简称孔压触探（CPTU），它可以同时测量锥头阻力、侧壁摩阻力和孔隙水压力。

到目前为止，静力触探试验适用于软土、黏性土、粉土、砂类土及含少量碎石的土层，可划分土层界面、土类定名、确定地基承载力和单桩极限载荷、判定地基土液化可能性及测定地基土的物理力学参数等。

2）实验设备与方法

（1）实验设备。

静力触探设备试验由加压装置、反力装置、探头及量测记录仪器等四部分组成。

① 加压装置。加压装置的作用是将探头压入土层中,按加压方式可分为手摇式、齿轮机械式、全液压传动式。

② 反力装置。静力触探的反力可利用地锚作反力、用重物作反力、利用车辆自重作反力三种形式解决。

③ 探头。探头的工作原理是将探头压入土中时,由于土层的阻力,使探头受到一定的压力。土层的强度愈高,探头所受到的压力愈大。通过探头内的阻力传感器(以下简称传感器)将土层的阻力转换为电信号,然后由仪表测量出来。

常用的探头分为单桥、双桥、三功能孔压探头,其主要规格见表 9-1。

表 9-1　常用探头规格

探头种类	型　号	锥头			摩擦筒或套筒		标　准
		顶角/(°)	直径/mm	底面积/cm²	长度/mm	表面积/cm²	
单桥	Ⅰ-1	60	35.7	10	57	—	我国独有
	Ⅰ-2		43.7	15	70		
	Ⅰ-3		50.4	20	81		
双桥	Ⅱ-0	60	35.7	10	133.7	150	国际标准
	Ⅱ-1		35.7	10	179	200	
	Ⅱ-2		43.7	15	219	300	
孔压	—	60	35.7	10	133.7	150	国际标准
			43.7	15	179	200	

④ 量测记录仪器。我国的静力触探试验几乎全部采用电阻应变图仪、数字式测力仪、数据采集仪三种仪器。

（2）实验方法。

现场设置好反应装置,检查各仪器是否正常,确定实验前的初读数。将探头压入地表 0.5 m 左右,经过一定时间后将探头提升 10～25 cm,此时仪器表上的读数即初读数。贯入速率控制在 $(1.2+0.3)$ m/min,每次贯入 10 cm 读次微应变,也可根据土层情况增减,但不能超过 20 cm,深度记录误差不超过土的 1‰,当贯入深度超过 30 m 或穿过软土层进入硬土层时,应有测斜数据。偏斜度明显时,应校正土层分层界限。每贯入一定深度(一般为 2 m),要求探头提升 5～10 cm,测读一次初读数,以校核初读数变化情况。实验结束后,应及时起拔探杆,并记录仪器回零情况,探头拔出后应立即清洗上油,妥善保管,防止探头被暴晒或受冻。

9.1.4 标准贯入试验

1）概述

标准贯入试验（SPT，standard penetration test），是动力触探测试方法的一种，其设备规格和测试程序在全世界上已趋于统一，使用范围目前仅适用于一般黏性土、粉土和砂类土，对胶结的、含碎石的土不适用，对于软黏土，由于标贯试验的精度较低，也不宜用；在地下水位以下的砂层中进行试验时，往往由于流砂现象而使 N 值失真，对于特殊土如黄土、膨胀土等尚无使用经验。

应用方面，标准贯入试验可以判断砂土密实程度或黏性土的塑性状态，评定砂类土、粉土的地震液化，确定土层剖面并可取扰动土样进行一般物理性质试验。

2）实验设备和方法

（1）实验设备。

标准贯入试验与动力触探测试的区别主要是触探头不是圆锥形，而是圆筒形（图 9-4）。在测试方法上也不同，标准贯入试验是间断贯入（圆锥动力触探是连续贯入），每次测试只能按要求贯入 0.45 m，只计贯入 0.30 m 的锤击数，称标贯击数 N，N 没有下角标，因为全世界规格统一。

标准贯入试验的穿心锤质量为 63.5 kg，其动力设备要有钻机配合。标准贯入试验的探头部分通称贯入器，是由钻孔取土器转化而来的开口管状空心探头。在贯入过程中，整个贯入器的端部和周围土体将产生挤压和剪切作用。同时由于贯入器是空心的，有部分土挤入，加之又是在冲击力作用之下，其工作情况及边界条件显得非常复杂。

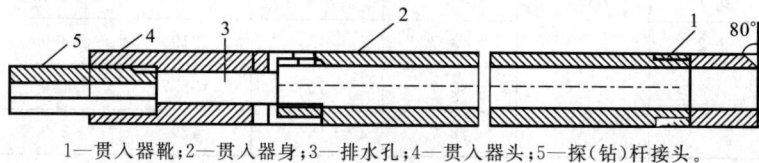

1—贯入器靴；2—贯入器身；3—排水孔；4—贯入器头；5—探（钻）杆接头。

图 9-4　标准贯入器

（2）实验方法。

标准贯入试验应采用自动脱钩的落锤法，并设法减小导向杆与锤间的摩阻力，以保持锤击能量的恒定。标准贯入试验所用钻杆应定期检查，钻杆相对弯曲应小于 1/1 000，接头应牢固，否则受锤击后钻杆会产生侧向晃动，影响测试精度。

① 钻探成孔。为了保证标准贯入试验的钻孔质量，要求采用回转钻进，当钻进至试验标高以上 15 cm 处时，应停止钻进，仔细清除孔内残土到试验标高。为保持孔壁稳定，必要时可用泥浆或套管护壁。在地下水位以下钻进时或遇承压含水砂层时，孔内水位或泥浆面应始终高于地下水位足够高度，否则钻孔底涌土会降低标准贯入试验的 $N_{63.5}$ 值。当下套管时，要防止套管下过头，套管内的土未清除，会使 $N_{63.5}$ 值增大。

② 贯入准备。贯入前，先要检查探杆与贯入器接头，以保证它们之间的连接不松脱，然后将标准贯入器放入钻孔内，保持导向杆、探杆和贯入器的垂直度，以保证穿心锤中心施力，贯入器垂直打入。

③ 贯入。贯入器从 76 cm 高度落下,先将贯入器打入土中 15 cm,然后再将贯入器继续贯入,记录每打入 10 cm 的锤击数,累计打入 30 cm 的锤击数即标贯击数 $N_{63.5}$,在不致引起混淆的情况下,可简记为 N(以下均如此)。当土层较硬时,若累计击数已达 50 击,而贯入度未达 30 cm 时应终止试验,记录实际贯入度以及累计锤击数 N。按式(9-3)计算贯入 30 cm 时的锤击数 N

$$N = 30\frac{N}{\Delta_s} \tag{9-3}$$

式中　Δ_s——对应锤击数 N 的贯入度,cm。

④ 土样描述和试验。拔出贯入器,取出贯入器中的土样进行鉴别描述或土工试验。

3) 标准贯入试验数据校正

目前国内对 N 值的校正可分为三种情况:

① 应用标准贯入试验成果确定地基土承载力时,建筑和铁道部门都要求进行杆长校正(见专门规定);港口规范则要求进行上覆有效压力影响的校正。

② 应用标准贯入试验成果确定砂土物理力学指标,如相对密度 d_r、孔隙比 e、内摩擦角 φ 等,个别部门要求进行上覆有效压力影响及地下水的校正,一般不要求校正。

③ 应用标准贯入试验成果进行砂土和轻亚黏土判别可能液化时,一般都不进行校正。这是因为建立判别式时采用的实验资料 N 值是未经校正的。同时液化判别式本身就包括了有关试验深度的影响因素。

9.1.5　动力触探试验

1) 概述

动力触探试验(DPT,dynamic penetration test)是利用一定的锤击动能将一定规格的探头打入土中,根据每打入土中一定深度的锤击数(或以能量表示)来判定土的性质,并对土进行力学分层,在国内外应用极为广泛,是土体的一种主要原位测试方法。优点是:适应性强(黏性土、砂类土和碎石类土均可)、快速、经济和能连续测试土层;有些动力触探试验(如标准贯入)可同时取样、观察描述等。

动力触探试验根据所用穿心锤的重量将其分为轻型(N_{10})、重型($N_{63.5}$)及特重型(N_{120})(表 9-2)。轻型动力触探可确定一般黏性土地基承载力,重型和特重型动力触探可确定中砂以上的砂土类和碎石类土地基承载力,测定圆砾土、卵石土的变形模量。另外动力触探试验还可用于查明地层在垂直和水平方向的均匀程度和确定桩基持力层。

表 9-2　常用动力触探试验类型及规格

类　型	锤重/kg	落距/cm	探头(圆锥头)规格		探杆外径/mm	触探指标(贯入一定深度的锤击数)	备　注
			锥角/(°)	底面积/cm²			
轻　型	10	50	60	12.6	25	贯入 30 cm 锤击数 N_{10}	工民建勘察规范等,推荐英国 BS 规程
	10	30	45	4.9	12	贯入 10 cm 锤击数 N_{10}	

续表

类 型		锤重/kg	落距/cm	探头(圆锥头)规格		探杆外径/mm	触探指标(贯入一定深度的锤击数)	备 注
				锥角/(°)	底面积/cm²			
中 型		28	80	60	30	33.5	贯入 10 cm 锤击数 N_{28}	工民建勘察规范推荐
重型	1	63.5	76	60	43	42	贯入 10 cm 锤击数 $N_{63.5}$	工程勘察通用规范推荐
	2	120	100	60	43	60	贯入 10 cm 锤击数 N_{120}	水电部土工试验规程推荐
	标准贯入	63.5	76	对开管式贯入器,外径为 51 mm,内径为 35 mm,长 700 mm,刃角为 18°～20°		42	贯入 30 cm 的锤击数 N	国际通用,简称 SPT

2) 实验设备和方法

(1) 实验设备。

动力触探可以分为机械式动力触探和电测式动力触探两种形式。目前广泛应用的是机械式动力触探方法。

机械式动力触探的设备一般由导向杆、提引器、穿心锤、锤座、触探杆和探头六部分组成,如图 9-5 所示。

根据锤重等试验参数,圆锥动力触探试验分为轻型、中型、重型和超重型,具体分类可见表 9-3。

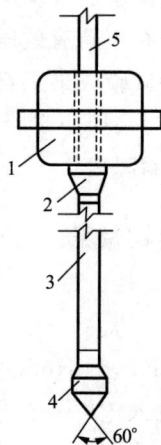

1—穿心锤;2—钢砧与锤垫;3—触探杆;4—圆锥头;5—导向杆。

图 9-5 轻型动力触探仪

表 9-3 中国动力触探试验分类及设备指标

类 型		轻型(N_{10})	中型(N_{28})	重型($N_{63.5}$)	超重型(N_{120})
落锤	锤的质量/kg	10±0.2	28±0.2	63.5±0.5	120±1
	落距/cm	50±2	80±2	76±2	100±2
探头	直径/mm	40	61.8	74	74
	锥角/(°)	60	60	60	60
探杆直径/mm		25	33.5	42	60
贯入指标		贯入 30 cm 锤击数	贯入 10 cm 锤击数	贯入 10 cm 锤击数	贯入 10 cm 锤击数

(2) 实验方法。

先把穿心锤穿入带铁砧与锤垫的触探杆上,将动力触探探头和触探杆垂直地面置于测试地点,然后提升穿心锤至预定高度,使其自由下落锤击锤垫(或铁砧),将触探头垂直打入土层中,记录每贯入 30 cm 或 10 cm 的锤击数。重复上述步骤至探头打入预定深度。试验时,每一触探孔应连续贯入,只在换接探杆时才允许停顿。

9.1.6　十字板剪切试验

1) 概述

十字板剪切试验又称现场十字板剪切试验(FVT,field vane text),是土工原位测试技术中一种发展较早、使用较成熟的方法,如由瑞典人 John Olsson 于 1919 年首先提出,主要用其测定饱和软黏土的不排水抗剪强度及灵敏度等参数,测试深度不大于 30 m。

十字板剪切试验是将具有一定高度与直径之比的十字板插入土层中,通过钻杆对十字板头施加扭矩使其等速旋转,根据土的抵抗扭矩求算地基土抗剪强度 C_u。十字板剪切试验可以很好地模拟基土排水条件和天然受力状态,对试验土层扰动性小、测试精度高。但严格地讲,十字板剪切试验只适用于内摩擦角为零的饱和软黏土。

十字板剪切试验所测得的抗剪强度值相当于天然土层试验深度处,在上覆压力作用下的固结不排水抗剪强度,在理论上它相当于室内三轴不排水剪总强度或无侧限抗压强度的一半。

对插入土中的矩形十字板头施加扭转力矩时,土体中将形成一个圆柱形剪切面,假设该圆柱上下面各点、侧面各点 C_u 值相等,则旋转过程中,土体产生的抵抗力矩 M 由圆柱体侧表面的抵抗力矩 M_1 和圆柱上下面的抗力矩 M_2 两部分组成。其中

$$\begin{cases} M_1 = C_u \pi D H \dfrac{D}{2} \\ M_2 = 2C_u \dfrac{1}{4} \pi D^2 \dfrac{2}{3} \dfrac{D}{2} = \dfrac{1}{6} C_u \pi D^3 \\ M = M_1 + M_2 = C_u \dfrac{\pi}{2} D^2 \left(H + \dfrac{D}{3} \right) \end{cases} \tag{9-4}$$

式中　M——土体破坏时的抗力矩,kN·m;

M_1——圆柱体侧面产生的抵抗力矩,kN·m;

M_2——圆柱体上下两端面所产生的抵抗力矩,kN·m;

C_u——饱和黏土不排水抗剪强度,kPa;

D——十字板圆柱的直径,m;

H——圆柱体高度,对于软黏土相当于十字板的高度,m。

十字板剪切试验点位置宜根据土层的静力触探分层情况,结合工程特点和要求进行布置。测定场地土的灵敏度时,宜根据土层情况和工程需要选择有代表性的孔段进行。每层土的试验次(孔)数宜为 3~5 次(孔)。

2) 实验设备和方法

(1) 实验设备。

十字板剪切试验仪主要由十字板头、传力系统、施力装置和测力装置等组成,目前国内主要有开口铜环式和电调式两种十字板剪切仪,它们的主要区别在于量力设备。

十字板剪切试验仪的基本构造如图 9-6 所示。

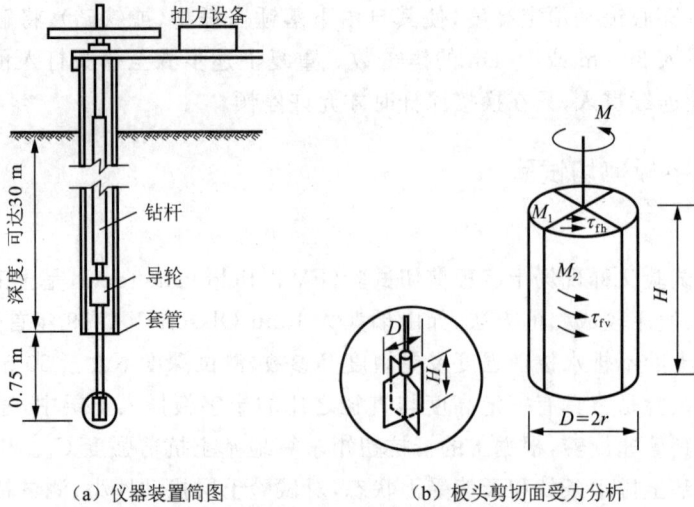

(a) 仪器装置简图　　　　　　(b) 板头剪切面受力分析

图 9-6　十字板剪切试验仪的基本构造

(2) 实验方法。

试验通常在钻孔内进行，先将钻孔钻进至深于要求测试的深度 75 cm 以上。清理孔底后，将十字板头压入土中至测试的深度。然后，通过安放在地面上的施加扭力装置旋转钻杆并带动十字板头扭转，这时可在土体内形成一个直径为 D、高度为 H 的圆柱形剪切面（图 9-6b）。剪切面上的剪应力随扭矩的增加而增大，当达到最大扭矩时，土体沿该圆柱面破坏，圆柱面上的剪应力达到土的抗剪强度 τ_{f0}。

9.2　物探法

随着科学技术的发展，岩土的动力参数应用越来越广泛，如建（构）筑物抗震设计、地基土的分类、抗震地基和动力基础的设计等，都要求提供岩土的动力参数；另一方面仅靠室内试验数据不能取得现场岩土的真实动力参数，就无法摆脱经验的局限。波速测试是以弹性理论为依据，将岩土体视为弹性介质，利用弹性波在岩土中传播的特征（速度、振幅、频率）对岩土进行综合评价。

过去，波速原位测试方法大多采用体波（压缩波或剪切波）作为试验信号，而把表面波作为干扰信号处理，由此发展了单孔法（检层法）、跨孔法等多种形式。其中，跨孔法被认为是测定岩土波速最可靠的方法，这类方法原理较为简单，一般假定波沿直线传播，只要测出波的传播距离和历时即可计算出波速。然而，由于测试时必须在地层中钻一个或多个孔，所以其测试费用比较昂贵。

近年来发展起来的面波法（瑞利波法）为波速测试提供了一个高效快捷的手段。它无需在地层中钻孔，振源检波器均布置在地表面上，是一种经济、可靠且适用范围广泛的原位测试方法。20 世纪 80 年代以来，随着面波法实测技术资料解释理论的发展，这一项新技术已被广泛用于工程勘察、煤炭冶金、地基承载力的确定、地基加固效果的评价、工程质量检测、考古及地下洞穴的探测等方面。

9.2.1 体波法

1) 单孔法(检层法)

单孔检层法波速测试采用地面激振、孔中接收的方式进行,在距孔口 1～2 m 处用重锤锤击上压重物的木板激发地震波。水平方向敲击激发剪切波;垂直方向敲击激发纵波。三分量检波器放入孔中,气囊充气使检波器贴壁,按 1～2 m 的间距自下而上接收地震信号。图 9-7 为单孔法波速测试方法原理示意图。

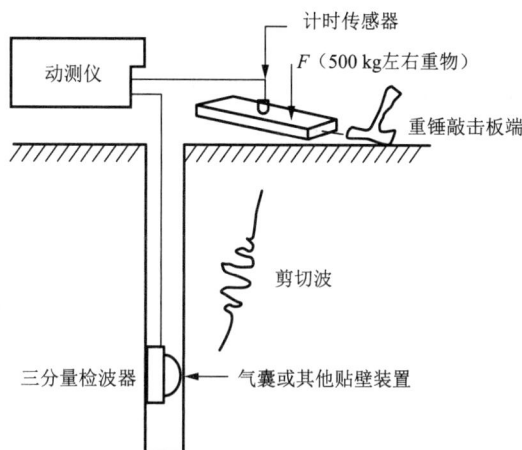

图 9-7 单孔法波速测试方法原理示意

测试过程中,激振源发送振动波的同时,触发器发送一个信号给记录仪(如地震仪),启动记录仪记下振动波。采用水平传感器记录的波形确定剪切波时间;采用竖向传感器记录的波形确定压缩波时间。一般情况下击板能够产生较纯的剪切波,但有时也会产生少量压缩波。当木板离测孔太近时,往往在浅层处收到的剪切波(由于和前面的压缩波挨得太近)难以辨别初至时间。

每一层的剪切波速 v_s 或压缩波速 v_p 按下式计算

$$v_s(\text{或}\ v_p) = \frac{\Delta H}{\Delta T} \tag{9-5}$$

式中 ΔH——波速层厚度,m;

ΔT——剪切波或压缩波传到波速层顶面和底面的时间差,s。

剪切波或压缩波从振源到达测点的直达时间为 T_s,即按斜距离 $\sqrt{L^2+(H-H_0)^2}$ 传播的时间(图 9-8)应折算成相应的从测孔口到测点的时间 T(即垂直距离 H 传播的时间)。

$$T = \frac{H-H_0}{\sqrt{L^2+(H-H_0)^2}} T_s \tag{9-6}$$

式中 L——从木板中心到测孔中心的水平距离,m;

H——测点深度,m;

H_0——振源与测孔口的高差,m,当振源低于测孔口时

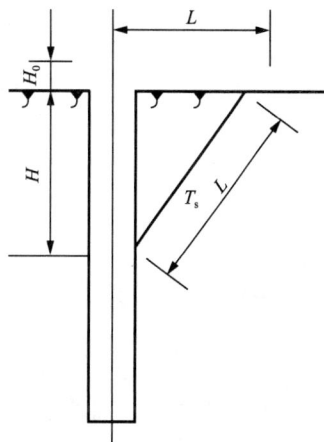

图 9-8 T_s 的修正关系

为负值；

T_s——剪切波或压缩波从振源直达测点的时间。

2）跨孔法

波速测试时,在一端的钻孔中激发,在另外一个钻孔中接收,振源和接收检波器保持同一标高,并按相同的步距下降或上升。纵波测试一般采用电火作为振源；压缩波测试一般采用剪切锤作为振源,自下而上测试(图 9-9)。根据每个测点激发孔与接收孔间距及纵波、横波旅行时差计算纵波和横波速度。

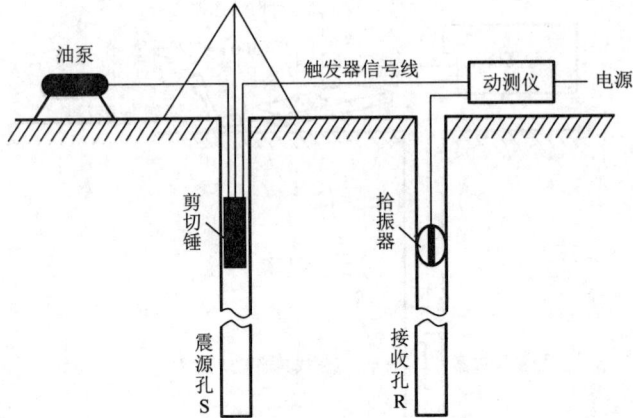

图 9-9　跨孔法波速测试方法原理示意

每个测试深度的剪切波速度和压缩波速度分别按下式计算

剪切波速度

$$v_s = \frac{\Delta_s}{T_{s_2} - T_{s_1}} = \frac{s_2 - s_1}{T_{s_2} - T_{s_1}} \tag{9-7}$$

压缩波速度

$$v_p = \frac{\Delta_s}{T_{p_2} - T_{p_1}} = \frac{s_2 - s_1}{T_{p_2} - T_{p_1}} \tag{9-8}$$

式中　T_{s_1}, T_{s_2}——剪切波到达第一个接收孔和第二个接收孔测点的时间,s；

　　　T_{p_1}, T_{p_2}——压缩波到达第一个接收孔和第二个接收孔测点的时间,s；

　　　s_1, s_2——振源到达第一个接收孔和第二个接收孔测点的距离,m。

在整理资料时,当所测试的地层上、下有高速层时,应注意不要将折射波的初至时间当作直达波的初至时间,以免得出错误的结果。此时可按下式判别是否有折射波的影响。

由振源到第一个接收孔的波速

$$v_{s_1} = \frac{s_1}{T_{s_1}}, v_{p_1} = \frac{s_1}{T_{p_1}}$$

由振源到第二个接收孔的波速

$$v_{s_2} = \frac{s_2}{T_{s_2}}, v_{p_2} = \frac{s_2}{T_{p_2}}$$

两个接收孔之间的波速

$$v_{s_{12}}=\frac{s_2-s_1}{T_{s_2}-T_{s_1}},v_{p_{12}}=\frac{s_2-s_1}{T_{p_2}-T_{p_1}}$$

再考虑触发器延迟以及套管等的影响因素后,如上述三种情况的波速基本一致,可初步判定为无折射影响。

9.2.2　面波法

在地面上安装激振器(电磁式或机械式)激发稳态振源,产生面波(瑞利波)。在振源一侧安放两个竖向传感器,间距为 ΔL。当改变激振频率时,可以测得不同深度处土层的瑞利波波速。激振器与传感器的布置如图 9-10 所示。

瑞利波波速按下式计算

$$v_R=\frac{\Delta L}{\Delta T}=\frac{\Delta L}{(\varphi/\omega_R)}=\frac{\omega_R\Delta L}{\varphi}=\frac{2\pi f_R\Delta L}{\varphi} \tag{9-9}$$

式中　φ——两个传感器接收到的振动波之间的相位差,rad;

$\quad\Delta L$——两个传感器之间的距离,m,当 $\varphi=2\pi$ 时,ΔL 即一个瑞利波,波长 L_R,此时瑞利波波速 $v_R=f_R\Delta L$;

$\quad f_R$——激振源频率,Hz。

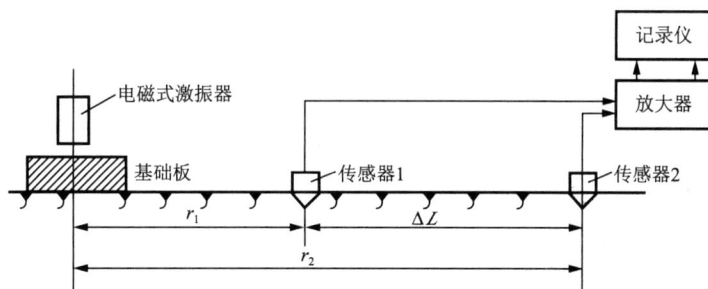

图 9-10　面波法实验布置图

按波动理论,瑞利波波速 v_R 与剪切波速度 v_s 有如下的近似关系

$$v_R=\frac{0.87+1.12\mu}{1+\mu}v_s \tag{9-10}$$

式中　μ——介质的泊松比。

一般土层的泊松比 $\mu=0.45\sim0.49$,故又有 $v_R\approx0.95v_s$。

面波测试除上述稳态振动外,还可采用瞬态脉冲激振方法。将测点布置在地面上,沿波的传播方向,按一定距离 Δx 设置 $n+1$ 个竖向传感器。当锤头敲击地面时产生一个宽频带的脉冲信号,传感器接收到瑞利波在 $n\Delta x$ 的长度范围内传播过程。设瑞利波的频率为 f_R,相邻传感器记录的瑞利波时差为 Δt,相位差为 $\Delta\varphi$,则相邻 Δx 长度内瑞利波传播速度为

$$v_R=\frac{\Delta x}{\Delta t}=2\pi f_R\Delta x/\Delta\varphi \tag{9-11}$$

与稳态不同的是瞬态法需要采集系统有足够宽的频率响应,对于这样的宽频脉冲信号,利用数字信号的平均算法可消除噪声,增加信噪比,分离出有用的小信号、压缩波和剪切波前沿,从而求出瑞利波波速。再经过一系列技术处理,将不同频率的瑞利波分离出来,算出

地表以下不同深度处的瑞利波速度,据此可评估地基土层,检验地基处理效果。

9.2.3 波速法在工程勘察中的应用

1) 波速法测定土层物理力学参数

(1) 确定饱和土层的初见深度。

利用波速法确定饱和土层的初见深度,就是根据 P 波的波速特性来进行的。由于土中少量含气时会使 P 波波速急剧减少,因此,对于实测 P 波速度与深度关系曲线,利用 $S_r = 100\%$ 和少量含气时波速值的显著差异,即可方便地确定完全饱和土层的初见深度。

(2) 推求饱和土层的孔隙率和容重。

饱和土孔隙率 n 与波速 v_p,v_s 关系为

$$n = \frac{G_s - \sqrt{G_s^2 - \frac{4(G_s-1)v_w^2}{v_p^2 - a_n v_s^2}}}{2(G_s - 1)} \tag{9-12}$$

式中 G_s——土颗粒相对密度,可用扰动土样由室内测试测定,其值介于 2.65~2.75 之间;

v_w——水中纵波波速,土层温度 10~25 ℃时,v_w 约为 1 450~1 480 m/s;

a_n——与有效泊松比 μ' 有关的参数,$a_n = 2(1-\mu')/(1-2\mu')$。

由式(9-12)求出 n 后,饱和土的重度 γ 就可由下式计算得到

$$\gamma = \rho g = [(1-n)G_s + n]\rho_w g \tag{9-13}$$

式中 ρ_w——水的密度,kg/m³;

ρ——岩土的密度,kg/m³;

g——重力加速度,m/s²,$g = 9.81$ m/s²。

2) 波速法在抗震工程中的应用

(1) 按剪切波速法划分场地类型。

《建筑抗震设计规范》(XGB 50011—2023)规定:取地面以下 15 m 且不大于场地覆盖层厚度范围内各土层剪切波速(按厚度加权的平均波速 v_{sm})将场地土划分为坚硬场地土、中硬场地土、中软场地土和软弱场地土。其划分标准见表 9-4。

表 9-4　利用剪切波速对场地土进行划分

场地土类型	土层剪切波速/(m·s⁻¹)
坚硬场地土	$v_{sm} > 500$
中硬场地土	$250 < v_{sm} \leqslant 500$
中软场地土	$140 < v_{sm} \leqslant 250$
软弱场地土	$v_{sm} \geqslant 500$

(2) 判别饱和土的液化。

先求出场地土液化时的临界剪切波速 v_{scr},而后与实测剪切波速 v_s 比较,判定场地土液化的可能性。若 $v_{scr} \geqslant v_s$,则可能液化;若 $v_{scr} < v_s$,则不会液化。

临界剪切波速与地震烈度、地震产生的剪应变、土层的埋深和刚度之间的关系为

$$v_s = \sqrt{\frac{(a_{max}/g)gzC_d}{\gamma(G_d/G_{dmax})}} \tag{9-14}$$

式中 a_{max}——地震最大加速度；

       g——重力加速度，$g = 9.81 \ m/s^2$；

       z——土层的深度，m；

       γ——土的切应变；

       G_d, G_{dmax}——土的动切变模量、最大动切变模量，MPa；

       C_d——深度修正系数，$C_d = 1 - 0.133z$（z 以 m 为单位）。

在利用式(9-14)计算场地土的临界剪切波速时，首先要已知土的临界切应变 γ_{cr} 以及它所对应的模量比（G_d/G_{dmax}）。土的临界切应变值与土的类型和埋深有关。常见的不同类型、不同埋深土的临界切应变见表 9-5。

表 9-5   不同类型、不同埋深土的 γ_{cr} 参考值

土 类	埋 深	$\gamma_{cr}/10^{-4}$
饱和砂	—	1.0~2.0
饱和粉细砂	浅 部	1.5~1.8
	深 部	2.0~2.5
饱和低塑性粉土	浅 部	2.6~3.0
	深 部	3.2~3.7

对于一般的饱和砂土，其临界切应变所对应的模量比约为 0.75，将该值代入式(9-15)得临界剪切波速的计算公式为

$$v_{scr} = 1.15\sqrt{\frac{a_{max}zC_d}{\gamma_{cr}}} \tag{9-15}$$

（3）计算场地的固有周期。

利用剪切波速值求场地的固有周期一般有加权平均剪切波速法和子周期求和法两种方法。

① 加权平均剪切波速法。加权平均剪切波速法的基本公式为

$$T = \frac{4H}{v_{sm}} \tag{9-16}$$

$$H = \sum_{i=1}^{n} h_i, \quad v_{sm} = \frac{1}{H}\sum_{i=1}^{n} v_{si}h_i$$

式中 T——场地的固有周期，s；

       h_i——第 i 层土厚度，m；

       v_{sm}——各土层波速加权平均值，m/s；

       v_{si}——第 i 层土的剪切波速度值，m/s。

② 子周期求和法。子周期求和法的基本公式为

$$T_i = \sum_{i=1}^{n} \frac{4h_i}{v_{si}} \tag{9-17}$$

式中　T_i——场地土的子周期和,s。

3) 波速法在工程检测中的应用

（1）检验地基加固效果。

当用波速法来检验地基的加固效果时,可分别测出加固前地基土的剪切波速 v_{s0} 和加固之后地基土的波速 v_{s1},若 $v_{s0}/v_{s1} \geqslant 1.5$,即认为加固效果满足要求。

（2）估算土的超固结比。

对于中等灵敏度的超固结黏土,其 v_s 与超固结比 OCR 有以下关系

$$v_s = (18.43 - 6.2e)(OCR)^{k_1} \sigma_0^{-0.25} \tag{9-18}$$

式中　e——土的孔隙比;

σ_0——有效上覆应力,kPa;

k_1——与土的塑性指数 I_P 有关的参数,其与 I_P 关系见表 9-6。

如果知道了地基土的 v_s,e 和 σ_0,我们自然可以由式(9-18)推求出土的超固结比。

表 9-6　不同 I_P 土的 k_1 值

I_P	0	20	40	60	80	$\geqslant 100$
k_1	0	0.09	0.15	0.20	0.24	0.25

9.3　地应力监测

9.3.1　地应力测量的基本原理和方法

地应力是存在于地层中的未受工程扰动的天然应力,也称岩体初始应力、绝对应力或原岩应力。它是引起采矿、水利水电、土木建筑、铁道、公路、军事和其他各种地下或露天岩体开挖工程变形和破坏的根本作用力,是确定工程岩体力学属性,进行围岩稳定性分析,实现岩体工程开挖设计和决策科学化的前提条件。

依据测量基本原理的不同,可将测量方法分为直接测量法和间接测量法两大类。

直接测量法是由测量仪器直接测量和记录各种应力量,如补偿应力、恢复应力、平衡应力,并由这些应力量和原始应力的相互关系,通过计算获得原岩应力值。在计算过程中并不涉及不同物理量的换算,不需要知道岩体的物理力学性质和应力-应变关系。扁千斤顶法、水压致裂法、刚性包体应力计法和声发射法均属直接测量法。

在间接测量法中,不是直接测量应力量,而是借助某些传感元件或某些介质,测量和记录岩体中某些与应力分量有关的间接物理量的变化,如岩体中的变形或应变,岩体的密度、渗透性、吸水性、电阻、电容的变化,弹性波传播速度的变化等,然后由测得的间接物理量的变化,通过已知的公式计算岩体中的应力值。

9.3.2　直接测量法

1) 水压致裂法

从弹性力学理论可知,当一个位于无限体中的钻孔受到无穷远处二维应力场(σ_1,σ_2)的

作用时,离开钻孔端部一定距离的部位处于平面应变状态。在这些部位,钻孔周边的应力为

$$\sigma_\theta=\sigma_1+\sigma_2-2(\sigma_1-\sigma_2)\cos 2\theta \qquad (9\text{-}19)$$

$$\sigma_r=0$$

式中　σ_θ,σ_r——钻孔周边的切向应力和径向应力;

　　　θ——周边一点与轴的夹角。

由式(9-19)可知,当 $\theta=0°$ 时,σ_θ 取得极小值,此时有

$$\sigma_\theta=3\sigma_2-\sigma_1 \qquad (9\text{-}20)$$

如果采用图 9-11 所示的水压致裂系统将钻孔某段封隔起来,并向该段钻孔注入高压水,当水压超过 $\sigma_\theta=3\sigma_2-\sigma_1$ 和岩体抗拉强度 T 之和后,在 $\theta=0°$ 处,也即 σ_1 所在方位将发生孔壁开裂。设钻孔壁发生初始开裂时的水压为 p_i,则有

$$p_i=3\sigma_2-\sigma_1+T \qquad (9\text{-}21)$$

如果继续向封隔段注入高压水,使裂隙进一步扩展,当裂隙深度达到 3 倍钻孔直径时,此处已接近原岩应力状态;停止加压,保持压力恒定,将该恒定压力记为 p_s。由图 9-11 可见,p_s 应和原岩应力相平衡,即 $p_s=\sigma_2$。结合式(9-20),只要测出岩体抗拉强度 T,即可由 p_i 和 p_s 求出 σ_1 和 σ_2,这样 σ_1 和 σ_2 的大小和方向就全部确定了。

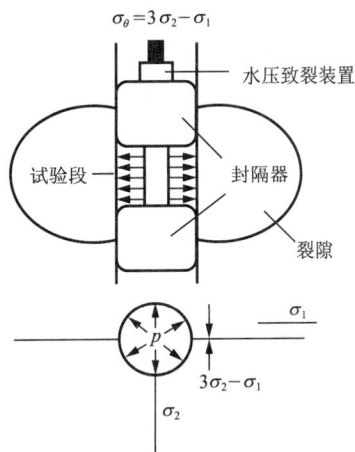

图 9-11　水压致裂应力测量原理

2) 声发射法

(1) 测试原理。

1935 年,德国人凯瑟(J. Kaiser)发现多晶金属的应力从其历史最高水平释放后,重新加载,当应力未达到先前最大应力值时,很少有声发射产生,而当应力达到和超过历史最高应力后,则大量产生声发射,这一现象叫作凯瑟效应。凯瑟效应为测量岩体应力提供了一个途径,即如果从原岩中取回定向的岩体试件,通过对加工的不同方向的岩体试件进行加载声发射试验,测定凯瑟点,即可找出每个试件以前所收的最大应力,并进而求出取样点的原始(历史)三维应力状态。

(2) 计算地应力。

由声发射监测所获得的声发射计数-应力曲线如图 9-12 所示,由图可确定每次试验的凯瑟点,并进而确定该试件轴线方向先前受到的最大应力值。根据凯瑟效应的定义,用声发射法测得的是取样点的先存最大应力,而非现今地应力。但是也有一些人对此持相反意见,并提出了"视凯瑟效应"的概念。认为饱和残余应变的应力与现今应力场一致,比历史最高应力值低,因此称为视凯瑟点。在视凯瑟点之后,还可提高应力。

3) 刚性包体应力计法

刚性包体应力计的主要组成部分是一个由钢、铜合金或其他硬质金属材料制成的空心圆柱,在其中心部位有一个压力传感元件。测量时首先在测点打一钻孔,然后将该圆柱挤压进钻孔中,以使圆柱和钻孔壁保持紧密接触,就像焊接在孔壁上一样。设在岩体中的 x 方向

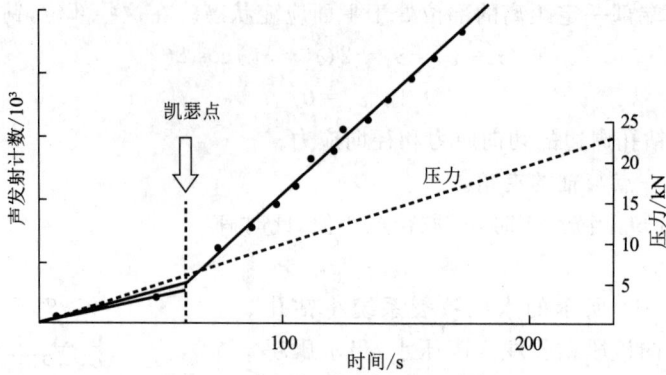

图 9-12 声发射计数-应力试验曲线图

有一个应力变化 σ_x，那么在刚性包体中的 x 方向会产生应力 σ'_x，并且

$$\frac{\sigma'_x}{\sigma_x} = (1-\mu^2)\left[\frac{1}{1+\mu+\dfrac{E}{E'}(\mu'+1)(1-2\mu')} + \frac{2}{\dfrac{E}{E'}(\mu'+1)+(\mu+1)(3-4\mu)}\right] \quad (9\text{-}22)$$

式中　　E, E'——岩体和刚性包体的弹性模量；

μ, μ'——岩体和刚性包体的泊松比。

由式(9-22)可以看出，当 E/E' 大于 5 时，σ'_x/σ_x 的比值将趋向于一个常数 1.5。这就是说，当刚性包体的弹性模量是岩体的弹性模量 5 倍之后，在岩体中任何方位的应力变化会在包体中相同方位引起 1.5 倍的应力。因此，只要测量出刚性包体中的应力变化就可知道岩体中的应力变化。这一分析为刚性包体应力计算奠定了理论基础。上述分析说明，为了保证刚性包体应力计能有效工作，包体材料的弹性模量要尽可能大，至少要超过岩体弹性模量的 5 倍以上。

9.3.3　间接测量法

1) 全应力解除法(套孔应力解除法)

全应力解除法即使测点岩体完全脱离，实现套孔岩芯的完全应力解除，因而也称套孔应力解除法，如图 9-13 所示。

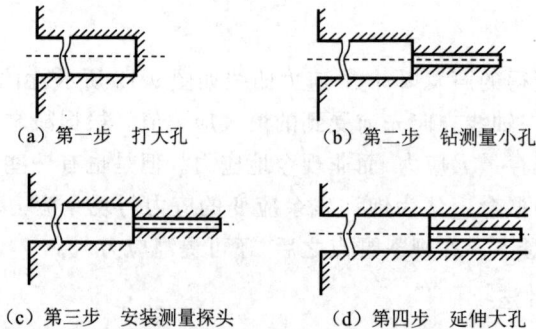

（a）第一步　打大孔　　　　　　（b）第二步　钻测量小孔

（c）第三步　安装测量探头　　　（d）第四步　延伸大孔

图 9-13　套孔应力解除法测量步骤示意图

第一步，从岩体表面，一般是从地下巷道等开挖体的表面向岩体内部打大孔，直至需要

测量岩体应力的部位。

第二步，从大孔底打同心小孔，供安装探头用，小孔直径由所选用的探头直径决定，一般为 36~38 mm。

第三步，用一套专用装置将测量探头，如孔径变形计、孔壁应变计等安装到小孔的中间部位。

第四步，用第一步打大孔用的薄壁探头继续延伸大孔，从而使小孔周围岩芯实现应力解除，由于应力解除引起的小孔变形或应变由包括测试探头在内的测量系统测定，并通过记录仪器记录下来。

2）局部应力解除法

与套孔应力解除法的全应力解除不同，局部应力解除只能实现测点的部分应力解除。现介绍三种局部应力测试方法。

（1）切槽解除法。

薄克（H. Rock）等人提出了一种切槽解除法，具体步骤如下：

第一步，向岩体内部打直径 96 mm 的钻孔，直至需要测定应力的部分。

第二步，将一个包含金刚石锯片和切向（周相）应变传感器的装置预先固定在钻孔中需测应力的部分。

第三步，利用风动压力将切向应变传感器预压固定在孔壁上靠近切槽的部位，然后驱动锯片在孔壁开出纵向槽，该槽和钻孔中心线位于同一平面内。

第四步，为了确定测点垂直于钻孔轴线平面，至少要在三个不同方位进行这样的切槽测试试验。

第五步，要确定测点的三维应力状态，必须打交互于测点的三个不平行的钻孔，进行上述割槽解除试验。

（2）平行钻孔法。

一个带有一个、两个或两个以上圆孔的无限大平板在受到无穷远处的二维应力场作用时，圆孔周围的应力-应变状态可由弹性力学的解析解或数值方法求得，这为平行钻孔法确定了理论基础。该法主要用于测量岩体表面的应力状态。测量时，首先在测点从岩体表面向其内部打一小孔，并将钻孔变形计或应变计固定于小孔中的一定深度。然后在小孔附近再打一个或几个大孔，大、小孔之间的距离不超过大孔的直径，大孔的深度应保证应力-应变状态在小孔中测点周围沿钻孔轴线方向是均匀的。

（3）中心钻孔法。

杜瓦尔（W. I. Duall）等人提出一种中心钻孔应力解除法，其测量步骤为：

第一步，在需测应力的岩体表面磨平一块约 30 cm × 30 cm 的面积，在其中心部位打一直径 3 mm、深 6 mm 的中心孔。

第二步，以中心孔为圆心，使用卡规在岩体表面画出一个直径为 200~250 mm 的圆圈，需保证此圆圈和中心孔是同心的。将此圆圈分成六等份，并打上刻痕。

第三步，将六个测量柱固定在六个刻点，并调整两个径向相对的测量柱之间的距离，使三组径向距离基本相等，用微米表精确测量和记录这三组径向距离。

第四步，用带有中心定位器的直径为 150 mm 的空心薄壁钻头钻出中心孔或中心圆槽，深度为 25 cm，连续记录三组径向相对的测量柱之间的距离变化，直到数值稳定为止。

第五步,根据测得的三组径向位移值 U_1,U_2,U_3,从而求得岩体表面两个主应力 σ_1,σ_2 的大小和方位。

3)松弛应变测试法

(1)微分应变曲线分析法。

微分应变曲线分析法由斯特里克兰(F. G. Strickland)等人在 20 世纪 80 年代首次提出,其基于的假设是:一个从地下取出的岩芯,由于解除了应力,将会随着岩石的膨胀而出现微裂隙,裂隙的分布和原岩应力的方向有关,裂隙的数量和强度与原岩应力大小成正比,其测量步骤如下:

第一步,从现场取回定向岩芯,记录该岩芯的位置和深度。

第二步,将岩芯加工成边长为 4 cm 的正方体试样,加工过程中不允许出现新的裂隙,并注意记录试样在原地的方位。

第三步,将 12 支应变片粘贴在有一个共同交角的三个面上,每面 4 支应变片可组成三个三族应变花,以提高计算的地应力精度。

第四步,将试样和一个熔凝氧化硅模型一起放入一个压力容器中,并加静水压力至 $100 \sim 140$ MPa,加压大小取决于原来岩芯所在的深度。

第五步,对每一应力-应变曲线进行微分分析,由于每一曲线均包含两个(或两个以上)线性段,两个线性段的斜率有明显差别,在两个线性段之间有一个过渡段,由此可获得在单位压力下的裂隙闭合应变率。

第六步,由 12 个方向的裂隙闭合应变率可求得三个主裂隙应变的方向,他们对应着三个主应力的方向。

(2)非弹性应变恢复法。

非弹性应变恢复法的原理早在 1969 年由沃伊特(B. Voight)提出,该方法在某种程度上是应力解除法的延伸。沃伊特等人认为由应力解除引起的岩芯变形由两部分组成,一是弹性部分,它是在应力解除的瞬间完成的;二是非弹性部分,它要经历一个相当长的时间才能完成。其具体步骤如下:

第一步,从钻孔岩芯中采集试样,采样工作在岩芯到达地表的很短的时间内即完成。需标明试样在地下的原始方位,并将试样用密封材料包好,以防水分蒸发。

第二步,将试样置于恒温恒湿的环境中。对每一试样用三个弹簧加压夹紧的变形计测量直径方向的位移,三个变形计相互间隔 $45°$,分辨率为 $1 \mu m$。

第三步,对完成了全部非弹性恢复应变的试样进行温度标定试验,以确定试样在相应方向由温度引起的膨胀率,一般全部非弹性恢复应变在 40 h 左右完成。

第四步,由经过温度修正的非弹性恢复应变值计算原岩主应力值。

4)孔壁崩落测法

早在 1964 年,利曼(R. Leeman)在南非某处 2 000 m 深的金矿钻井中发现,在坚固的石英岩和砾岩中普遍存在孔壁破碎的现象,并具有优势方向崩落的趋势,他指出这种崩落是压实力作用的结果,并且横截面上崩落椭圆的长轴垂直于最大水平应力的方向,后来,在此基础上,有人研究了钻孔脱落的力学机制,提出这种现象是由于孔壁附近应力集中而产生剪切破裂,其崩落方向与区域最小水平主应力方向平行。孔壁崩落形状如图 9-14 所示。

5）地球物理探测法

（1）声波观测法。

从 20 世纪 60 年代初开始,声波法即用于测量岩体中的应力状态。这种方法是基于这样的现象,即声波特别是纵波的传播速度和振幅随岩体的应力状态而发生定量的变化。测量步骤:

第一步,选择岩性、结构较为简单的地段,取某一点作为声波发射点。

第二步,以发射点为中心,在其周围不同方向布置接收点,组成监测网。

第三步,使用微爆破、机械振动或其他专用仪器向岩体中发出声波,并在各接收点使用仪器接收声波。

第四步,测量发射点至各接收点的声波传播速度,绘制对应的速度椭圆图,如图 9-15 所示。

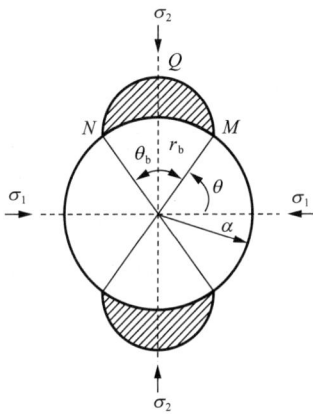

图 9-14　孔壁崩落形状

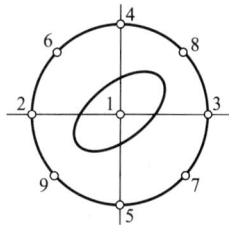

1—发射点;2,3,4,5,6,7,8,9—接收点。

图 9-15　声波传播速度椭圆

第五步,使用合理的方法对声波传播速度和地应力大小之间的关系进行标定试验,根据标定结果由测得的速度椭圆确定岩体的应力状态。

（2）超声波谱法。

阿格森(J. R. Aggson)于 1978 年首次提出超声波谱法。该方法依据的物理现象是:当岩石受到超声剪切波的作用时将成为双折射性的,其折射率是应力的函数,测量步骤为:

第一步,向岩体内打一钻孔。

第二步,使用专用仪器向钻孔内发射偏振剪切波在钻孔中传播信号。

第三步,当偏振波在钻孔中传播一段距离后,将出现快波和慢波之间的相消干涉,这种相消干涉由接收的传播信号的最小值来认定;相消干涉即传播信号最小值出现的频率,主要由岩体中平行于剪切波偏振方向的应力分量决定。

第四步,为了确定一点的二维或三维应力状态,必须在同一地点的多个互不平行的钻孔中进行上述的测量试验。

本节所介绍的内容表明,套孔应力解除法是一种比较经济而实用的方法,它能比较准确地测定出岩体中的三维原始应力状态。局部应力解除法、松弛应变测量法只能用于粗略地评估岩体中的应力状态或岩体中的应力变化情况,而不能准确测定原岩应力值。地球物理探测法可用于探测大范围内的地壳应力状态,但是,由于对测定的数据和应力之间的关系缺乏定量的了解,同时由于岩体结构的复杂性,各点的岩石条件和性质各不相同,因此这种方法不可能为实际的岩土工程提供可靠的地应力数据。

9.4 非饱和土量测

9.4.1 概 述

早在 1941 年,Biot 就提出了适用于含有密闭气泡的非饱和土的普遍固结理论,其中采用了有效应力($\sigma-u_w$)和孔隙水压 u_w 两个参数。Bishop(1950)提出了被后来广泛应用的有效应力表达式,即

$$\sigma' = (\sigma-u_a) + \chi(u_a-u_w) \tag{9-23}$$

式中 u_a——孔隙气压力,kPa;

χ——与土的饱和度有关的参数。

Eredlund 和 Morgenstern(1977)用多相连续力学原理分析了非饱和土的应力状态,提出了非饱和土的两个独立的状态变量,即 $\sigma-u_a$ 和 u_a-u_w。而应力状态变量的研究一般涉及总应力、基质吸力和渗透吸力的量测。

非饱和土理论的研究中还涉及渗透系数的量测、抗剪强度参数的量测及体积变化的量测三大方面。迄今为止,国内外已有众多的量测方法并研制了许多测量仪器,对非饱和土理论的研究和应用起到了很好的促进作用。

9.4.2 总吸力和基质吸力的测量技术

土中吸力反映了土中水的自由能状态。根据相对湿度确定的土中吸力通常称为总吸力,它由基质吸力和渗透吸力两部分组成,即

$$\psi = (u_a-u_w) + \pi \tag{9-24}$$

式中 ψ——总吸力;

u_a——孔隙气压力,kPa;

u_w——孔隙水压力,kPa;

u_a-u_w——基质吸力,表征土中水自由能的毛细部分;

π——渗透吸力,kPa,表征土中水自由能的溶质部分,由于土中孔隙水含有溶解盐而造成相对湿度下降。

基质吸力指通过量测与土中水处于平衡的部分蒸气压而确定的等值吸力,而渗透吸力则是通过量测与溶液处于平衡的部分蒸气压而确定的等值吸力。相应的,总吸力是通过量测与土中水处于平衡的部分蒸气压而确定的等值吸力。

对于一般的黏性土和砂性土来说,基质吸力通常占主要部分,且易随外界因素而变化。渗透吸力较小,且随含水量变化也较小,只有对于土中含水量和含盐量均较高的高塑性黏土,渗透吸力才显得较为重要。因此,从与工程问题的关系上来说,只要重点研究基质吸力即可。在涉及非饱和土的大多数岩土工程问题中,可用基质吸力变化代替总吸力变化;反之,也可用总吸力变化代替基质吸力变化。基质吸力的变化范围很大(0~166 kPa),而要用

可靠的手段较准确地测量大范围的吸力值目前仍很困难。关于非饱和土的吸力量测至今仍主要停留在研究阶段,更好地解决这一问题尚需更多努力。

1) 直接测量技术

(1) 湿度计法。

用热电偶湿度计可量测土中的相对湿度从而获得总吸力。岩土工程常用的湿度计——Peltier 湿度计(又叫 Spanner 湿度计)的工作原理是:利用 Seeback 效应和 Peltier 效应,并通过湿度、温差、电压输出三者之间的联系,由电压输出值反映空气湿度。测量前,应先对湿度计进行率定,作出电压-吸力曲线。测量时,将湿度计悬挂在装有土样的封闭装置内,记录下电压输出的最大值,从率定曲线上查出对应的总吸力值。注意:必须待密闭室内土、空气和湿度计达到等温平衡后才能进行率定或测量;环境温度变化必须严格控制在 ± 0.001 ℃。

(2) 张力计法。

当孔隙气压力等于大气压力($u_a=0$)时,负孔隙水压力在数值上与基质吸力相等。张力计可直接量测出土中的孔隙水压力(无论正、负)。它主要由高进气值陶瓷头和压力量测系统组成,两者间用塑料硬管相连。使用时,将充水饱和的陶瓷头插入待测土中,与土良好接触(这样,陶瓷头中的水就将土中的孔隙水同量测系统中的水连接起来,同时空气被高进气值陶瓷头挡住无法进入量测系统中)。达到平衡时,张力计中的水将同土中的孔隙水具有相同的压力,直接由张力计的量测系统读出。

无论野外还是室内在量测 0~85 kPa 范围的基质吸力时,可优先考虑使用张力计;还可利用张力计对其他某些吸力量测设备在 0~85 kPa 范围进行率定。

(3) 压力板仪。

压力板仪相当于采用轴平移技术后的一种改进张力计,其测试过程是将非饱和土土样放入压力室,饱和的高进气值陶瓷针头一端插入土中,另一端由充满蒸馏水的连接管连到压力室外的零型压力量测系统上。针头插入非饱和土,量测系统中的水便进入张拉状态,应迅速封闭压力室,增加压力室内的气压,遏制量测系统中的水受到进一步张拉,直到作为零指示器的水银塞保持不动,达到平衡。此时室内的空气压力与测得的孔隙水压力的差值即土的基质吸力。

轴平移技术是室内量测高基质吸力的基本技术,简单地说,就是将负孔隙水压力的基准从标准大气压向上平移到压力室的最终压力,以使量测系统中的水压力不会出现很高的负值。其基础条件是,在基质吸力量测过程中保持没有水的流动。

压力板仪测试存在的主要问题有:① 采用轴平移技术进行长期试验时,很难保证水压力量测系统中始终没有气泡。由于土样和高进气值陶瓷板的透水系数都较低,平衡时间往往会较长。在此期间孔隙空气可能会通过高进气值陶瓷板中的水而扩散,并以气泡状态出现在陶瓷板下,使所测的基质吸力偏低。② 陶瓷板的进气值与板的最大孔径成反比,而渗透系数却随板孔径的变大而变大。陶瓷板的进气值和渗透系数之间有此强彼弱的矛盾。

轴平移技术适用于室内试验,且最适于具有连续气相的土。压力板仪可作为其他吸力量测设备的率定装置,还可用于实验室测定土-水特征曲线及抗剪强度参数等。

2) 间接测量技术

(1) 间接测量原理。

将多孔材料作为传感器放置于土中一定时间后,多孔材料中的基质吸力将等于周围土中的基质吸力,达到平衡。由于多孔材料中的含水量是多孔材料中基质吸力的单值函数,所以可通过量测多孔材料的平衡含水量获得土中的基质吸力。

(2) 热传导传感器法。

多孔陶瓷导热特性是其含水量的单值函数。量测出多孔陶瓷的热扩散即可间接获取基质吸力。热传导传感器主要由微型加热器和多孔陶瓷头组成。微型加热器(和温敏元件)安装在陶瓷头中心处,加热时发出的热量一部分由热扩散扩散到陶瓷头中,未扩散部分则使探头中部温度上升,上升温度由温敏元件通过电压输出反映。陶瓷头中含水量越高,热扩散就越多,陶瓷头中部的温升就越小。测量前先作出传感器的率定曲线,即电压-吸力曲线。

对于热传导传感器陶瓷头的要求:

① 作为探头材料的陶瓷,其孔径大小及分布应符合一定的要求,以保证有较大的吸力量测范围;陶瓷的机械强度应较高,以免制作及使用过程中损坏;为防止裂缝产生,陶瓷强度应较均匀。

② 陶瓷探头内的电子元件必须密封好,否则会碰到水而导致测量失败。

③ 探头中心的加热量(包括加热功率及时间)必须足够大,以使探头周围温度变化的影响基本可以忽略;同时为避免热扩散超出探头而使周围土体发生变化,加热量又必须足够小(且探头半径足够大),以使热扩散在到达探头边缘时已近似为零。可见,加热量一定要选择合适。

(3) 滤纸法。

滤纸法既可用于测定总吸力又可用于测定基质吸力,它是建立在滤纸能够同具有一定吸力的土达到平衡的假定基础上的。滤纸的含水量同吸力值有一定的函数关系。当滤纸与土直接接触时,滤纸的平衡含水量相当于土的基质吸力。而当滤纸与土不接触时,滤纸的平衡含水量相当于土的总吸力。因此,滤纸法可用于测定基质吸力和总吸力。但由于要保证土样与滤纸之间有良好的接触并不容易,所以滤纸法通常用于测定土的总吸力。滤纸法可用于测量很大范围内的吸力值,它既可以在室内进行测量,也可以用于现场测定。已有资料表明,由滤纸法测定的总吸力值同湿度计法测定的结构相当接近。但同时滤纸法测试技术要求很高,如测定滤纸含水量时要求天平精度应达到 0.000 1 g,每张干滤纸质量约为0.52 g,含水量为 30% 时,每张滤纸中的水分质量为 0.16 g 左右。

滤纸法通常用于室内;如用于野外,则应将在现场平衡好的滤纸装入密封袋,拿回实验室测量含水量。由于滤纸便宜、方法简单,故可大量使用。例如,将收集到的大量野外现场数据按时间、深度等的变化作图,结果虽较为粗糙,但仍可反映出野外现场吸力的变化趋势,再与降雨密度、野外原状土湿度等做比较,便可用于解释现场土的条件。滤纸法的精度虽还不太稳定,但仍可作为一种参考或辅助的工具,并且值得进一步研究。

3) 智能化多点土吸力测量仪

随着计算机的发展和普及,土吸力的测量也在向智能化方向发展。清华大学与加拿大合作研制了一套完全由程序控制工作的智能化多点土吸力量测装置(测量点数实际上可扩展到上千),除量测土吸力外,还可实现多通道、多参数的测量。如配上多种传感器,则可进行诸如含水量、水位、压力、温度、应变等的测量和数据处理;如与远处测量中心联网,则正在野外测量的设备可与之方便地进行数据通信;该装置可设置真实日历和时钟,可按时或连续自动记录,一次可存储 30 000 多个数据。

对一般水工、土工方面量测数据量不大的情况或边远地区,该套装置可作为一个无人临时观测站,大大减少人工。该套装置较适于野外原型观测,用于室内率定传感器等也很方便。由于该套装置可记录电源电压、温度、压力的变化,并可进行适当的修正,故对提高传感器标准精度很有帮助。

4) 渗透吸力的量测

当土的含盐量因环境污染而改变时,渗透吸力的变化对土的性状产生的影响可能会变得显著,此时必须将渗透吸力看作应力状态的一部分(无论饱和土与非饱和土)。渗透吸力的量测可以由挤液法获得:孔隙水的导电特性与孔隙水中溶解盐的浓度有关,而渗透吸力又同溶解盐的浓度有关,所以通过量测孔隙水的导电特性可间接估计土中的渗透吸力。土中的孔隙水可用厚壁圆筒活塞式挤液器取出,测出电阻率然后应用率定曲线即可获得土中渗透吸力。

9.4.3　非饱和土渗透系数的量测

1) 水渗透系数的量测

土渗透系数的量测可分为直接量测方法和间接量测方法。其中,直接量测方法又可以分为稳态试验方法和非稳态试验方法。

(1) 稳态方法。

试验时,保证非饱和土样的水力梯度不变,同时土的基质吸力和含水量也为常数。当土中水流达到稳定状态时,即可测得相应于该基质吸力和含水量的渗透系数。重复进行,即可得出不同基质吸力和含水量下的渗透系数。

渗透试验由低基质吸力开始量测渗透系数,然后逐渐增大基质吸力进行试验。基质吸力$(u_a - u_w)$的增加是通过改变孔隙气压力 u_a 来实现的。

渗透系数 K_w 可按下式计算

$$K_w = \frac{Q}{At}\left(\frac{d}{h_1 - h_2}\right) \tag{9-25}$$

式中　Q——在时间 t 内流经土样单位截面积的水量,m^3;

　　　d——张力计 T_1 和 T_2 之间的距离,m;

　　　$h_1 - h_2$——相应的水头差,m。

为了能用一个试样测定不同基质吸力下的含水量,常用 γ 射线衰减技术进行测定。另外,为了能测定出在较高吸力值下的渗透系数,应尽可能选用高进气值的陶瓷板。

(2) 瞬态剖面法。

瞬态剖面法是一种非稳定方法,其中有代表性的有 Hamilton 等人(1981 年)建议的瞬态剖面法。其基本原理是,在土试样的一端控制水流量,而另一端通向大气,从而形成水平方向的渗流。Hamilton 等人选用非稳定水流过程量测孔隙水压力水头分布,并根据土-水特征曲线求得含水量。试验过程中的水力梯度和流速均随时间而变化。

通过土-水特征曲线可建立含水量变化与负孔隙水压力之间的关系。用体积含水量计算流速,由流速和水力梯度之比给出渗透系数。在非稳定过程中,沿试件不同部位,在不同时间可测得一系列渗透系数值。它们分别对应于某一特定的基质吸力和含水量,这一点与稳态法不同。

（3）间接量测方法。

如前所述,非饱和土渗透系数的直接量测法的实际操作过程和计算是十分复杂的。因而,目前常采用间接法量测。间接方法一般基于基质吸力与饱和度关系曲线或土-水特性曲线。

利用土-水特性曲线推求土的渗透系数涉及如何量测土-水特性曲线(体积含水量 θ_w 与基质吸力(u_a-u_w)关系曲线的问题)。由美国 Soilmoisture 公司生产的 Tempe 压力盒及体积压力板仪是两种国外常用的测试设备,其基本原理与压力板仪相同。以 Tempe 仪为例说明其测试过程。试将试样置于 Tempe 仪护筒内的高进气值陶瓷板上,高进气值陶瓷板的底板上设置一排水管,供试样排水之用。通过顶板上的进气管施加气压力来设定一定的基质吸力,试样通过高进气值陶瓷板排水。达到平衡后,土中的基质吸力即所施加的气压力,并测定试样的含水量变化。

设定一系列更高的气压值(即更高的基质吸力)重复进行,即可得出试样干燥过程的土-水特性曲线。Tempe 仪可测定的基质吸力达到 100 kPa。在完成干燥过程后,通过减小 Tempe 仪气压力的方法来设定一系列小的基质吸力,即可类似地给出其湿润过程的土-水特性曲线。

2) 透气性系数的测定

透气性系数 k_a 的测定也可分为直接法和间接法两种。其中,透气性系数测定的间接法同样是基于基质吸力与饱和度关系曲线。

透气性系数的直接量测可用三轴渗透仪进行。Matyas(1967 年)研制的三轴渗透仪可方便地测定渗透性系数。其基本原理是,把土样置于两干净的透水石之间,土样承受一围压 σ_3。一常气压作用于试样底部,由试样顶部流出的空气用具有气-油界面的刻度量管收集。应用 Dancy 定律即可求出透水性系数。

9.4.4　抗剪强度参数的测量

非饱和土抗剪强度参数测试时,一般将常规三轴仪或直剪仪加以必要的改进。改进的仪器必须能够满足分别量测或控制孔隙气压力的要求。由于非饱和土剪切试验过程中常具有较高的基质吸力,因而轴平移技术成为室内试验的一项基本技术。Bishop 和 Blight(1963 年)首先在非饱和土抗剪强度的量测中采用了平移技术。他们对 Talybont 黏土进行的无侧限三轴试验结果表明,测量到的抗剪强度不受轴平移的影响。

（1）非饱和土孔隙水压力的控制和量测。

一般采用镶固于三轴压力室底座的高进气值陶瓷板控制进气值。高进气值陶瓷板应根据试验期间可能出现的最大基质吸力而选定,该基质吸力应小于陶瓷板的进气值。对于给定的高进气值应尽量选用渗透系数大而薄的陶瓷板,以保证不排水试验中孔隙水压力尽量均等化。然而,较薄的陶瓷板也使空气扩散到陶瓷板下面容水空腔中的距离缩短,进而导致空腔中集结较多的扩散空气。另外,薄的陶瓷板也易于破碎,而影响试验结果的可靠性。底座上的管道连接孔隙水压量测系统(零位指示器或压力传感器)来量测孔隙水压力的大小。

（2）孔隙水压力的控制和量测。

在进行排水剪切或不排水剪切的过程中应控制或量测孔隙水压力的大小。孔隙水压力的控制可通过一多孔元件来实现。多孔元件必须是不亲水的,并且是低进气值的,以防止水进入孔隙气压力系统。曾经使用玻璃丝布、粗孔漏水板、带有小孔的薄铜板和薄有机玻璃板作为多孔元件。多孔元件置于土样顶部,与试样帽相连,并且用细的硬塑料管与孔隙气压力控制或量测系统相连。孔隙气压力的量测也可通过直接安装于试验帽上的小型压力传感器来实现。

（3）水体积变化的量测。

水体积变化的量测一般采用连接于试样底座陶瓷板下的双管式体积变化指示器实现。但由于非饱和土体积变化较小,故应采用高精度的细孔量管,如精度要求达到 0.01 mL。陈正汉等用一内径为 4 mm 的尼龙管量测排水体积,尼龙管附在一固定的钢尺上。钢尺刻度可估读到 0.5 mm,相应的水体积变化为 0.006 cm^3。

（4）空气体积变化的量测。

由于空气的压缩性较高,且对温度变化极为敏感,所以空气体积变化的直接量测是较为困难的。Matyas(1967 年)等人采用两支量管量测空气在大气压力下的体积变化。由试样顶部排除的空气,通过粗孔透水板进入带有刻度的量管,将量管中的空气-水交界面位于试样的中央高程处,另一相连的带有刻度量管中的空气-水交界面的高程变化即试样中空气体积的变化。

（5）试样总体积变化的量测。

由总体积变化的量测可间接计算空气体积的变化。压力室液体的变化往往受漏水、扩散及压力和温度变化等诸多因素的影响,故其测定精度受到限制。利用水银作为压力液体可大大改善量测精度,但由于水银污染性强,一般较少采用。Wheeler 等(1992 年)改用双层压力室进行量测取得了理想的效果。陈正汉等(1999 年)也采用了双层外置的压力室,而其体积变化的量测装置是通过一支装在有机玻璃筒中的注射器来实现的。气压进入玻璃筒动注射器。注射器的位移可用百分表来量测。

9.4.5　体积变化的量测

非饱和土体积变化的量测是非饱和土性状研究中的一项主要内容,如黄土的失陷变形和膨胀土的胀缩变形等。关于体积变化的量测一般均可借助于常规的土力学试验设备。为了构筑非饱和土的加荷本构面及卸荷本构面,一般要进行非饱和土的固结试验(或卸荷试验)、压力板干燥试验(或压力板浸湿试验)及收缩试验(或自由膨胀试验)。其中 Soilmoisture 公司生产的压力板仪及 Tempe 压力仪和体积压力板仪是国外常用的测定非饱和土-水特性曲线的基本试验仪器。收缩试验用来测定不同基质吸力下孔隙比与含水量之间的关系,可按常规的缩限试验进行。Head(1984 年)将试样浸没于一个装满水银的杯子内来准确测定了试样的总体积。关于自由膨胀试验,HO(1988 年)曾用一专用的 Anteus 固结仪进行试验。它可在试验中对总压力、孔隙气压力和孔隙水压力进行控制,并可量测总体积变化和水体积变化。

参考文献

[1] 程裕淇.中国大百科全书.地质学[M].北京:中国大百科全书出版社,1993.

[2] 伍法权,沙鹏.中国工程地质学科成就与新时期任务—2018年全国工程地质年会学术总结[J].工程地质学报,2019,27(1):184-194.

[3] 郑金明,刘高,王国仓,等.现代工程地质学的发展演化[J].科技促进发展,2011,(S1):20-26.

[4] 包燕燕.工程地质学的成就与发展探析[J].民营科技,2007,(9):163.

[5] 赵树德.工程地质与岩土工程[M].西安:西北工业大学出版社,1998.

[6] 姚宝珠.软岩分类及软岩巷道支护方法[J].煤矿安全,2003,34(12):28-30.

[7] 龚晓南.工程材料本构方程[M].北京:中国建筑工业出版社,1995.

[8] 唐大雄.工程岩土学[M].北京:地质出版社,1987.

[9] 卢演俦.新构造与环境[M].北京:地震出版社,2001.

[10] 罗国煜.城市环境岩土工程[M].南京:南京大学出版社,2000.

[11] 周维垣.高等岩石力学[M].北京:水利电力出版社,1990.

[12] 许明,张永兴.岩石力学[M].4版.北京:中国建筑工业出版社,2020.

[13] 苏生瑞.断裂构造对地应力场的影响及其工程应用[M].北京:科学出版社,2002.

[14] ΑВ裴伟.地壳应力状态[M].中国地震局,译.北京:地震出版社,1978.

[15] 刘国昌.工程地质与岩土工程[M].西安:西北工业大学出版社,1998.

[16] 谷德振.岩体工程地质力学基础[M].北京:科学出版社,1979.

[17] 蔡美峰.岩石力学与工程[M].北京:北京大学出版社,2001.

[18] 李智毅.工程地质学概论[M].武汉:中国地质大学出版社,2004.

[19] 林育良.软岩工程力学若干理论问题的探讨[J].岩石力学与工程学报,1999,18(6):690-693.

[20] 郭志.软岩力学特性研究[J].工程地质学报,1996,4(3):79-84.

[21] 冯增昭,王英华,刘焕杰,等.中国沉积学[M].北京:石油工业出版社,1994.

[22] 徐开礼,朱志澄.构造地质学[M].2版.北京:地质出版社,1989.

[23] 丁国瑜.活断层分段:原则、方法及应用[M].北京:地震出版社,1993.

[24] 田景春,谭先锋,孟万斌,等.箕状断陷湖盆陡坡带层序地层格架内成岩演化研究[M].北京:地质出版社,2009.

[25] 李起彤.活断层及其工程评价[M].北京:地震出版社,1991.

[26] 陶振宇,唐方福,张黎明,等.节理与断层岩石力学[M].武汉:中国地质大学出版社,1992.

[27] 丘元禧.地质力学与板块构造学——比较、联系与前瞻[M].北京:地质出版社,2006.

[28] 地质矿产部教材编辑部.地质历史与板块构造[M].白顺良,翦万,等译.北京:地质出版社,1984.

[29] 马文璞.区域构造解析方法理论和中国板块构造[M].北京:地质出版社,1992.

[30] 中国地质科学院地质力学研究所,中国地震局地震地质大队.地应力测量的原理与应用[M].北京:地质出版社,1981.

[31] 郭增建,秦保燕.地震成因和地震预报[M].北京:地震出版社,1991.

[32] 何樵登.地震波理论[M].长春:吉林大学出版社,2005.

[33] 李世愚,陈运泰.地震震源的研究[J].地震学报,2003,(5):453-464.

[34] 杜建国,仵柯田,孙凤霞.地震成因综述[J].地学前缘,2018,25(4):255-267.

[35] 尹军杰,刘学伟,李文慧.地震波散射理论及应用研究综述[J].地球物理学进展,2005,(1):123-134.

[36] 闻学泽.活动断裂地震潜势的定量评估[M].北京:地震出版社,1995.

[37] 魏光兴,刁守中,周翠英.郯庐带地震活动性研究[M].北京:地震出版社,1993.

[38] 谢毓寿.地震烈度[M].北京:地震出版社,1988.

[39] 刘东生.黄土与环境[M].北京:科学出版社,1985.

[40] 孙建中.黄土地质学[M].香港:香港考古学会,2005.

[41] 孙建中,王兰民,门玉明,等.黄土岩土工程学[M].西安:西安地图出版社,2013.

[42] 孙建中,吴玮江,田春声,等.黄土环境学[M].西安:西安地图出版社,2011.

[43] 缪林昌.软土力学特性与工程实践[M].北京:科学出版社,2012.

[44] 中国水利学会岩土工程专业委员会.软土地基学术谈论会论文选集[C].北京:水利出版社,1980.

[45] 崔托维奇 H A.冻土力学[M].张长庆,等译.北京:科学出版社,1985.

[46] 周幼吾,郭东信.中古冻土[M].北京:科学出版社,2000.

[47] 高大钊,袁聚云.土质学与土力学[M].北京:人民交通出版社,2006.

[48] 刘特洪.工程建设中的膨胀土问题[M].北京:中国建筑工业出版社,1997.

[49] 常士骠.工程地质手册[M].5 版.北京:中国建筑工业出版社,2018.

[50] 段永侯,罗元华,柳源,等.中国地质灾害[M].北京:中国建筑工业出版社,1993.

[51] 裴宗厂.地质灾害[M].北京:中国科学技术出版社,2013.

[52] 李媛,孟晖,董颖,等.中国地质灾害类型及其特征——基于全国县市地质灾害调查成果分析[J].中国地质灾害与防治学报,2004,(2):29-34.

[53] 国土资源部地质环境司.中国地质灾害与防治[M].北京:地质出版社,2003.

[54] 中国地震局震害防御司.地震灾害预测与评估手册[M].北京:地震出版社,1993.

[55] 高文学.中国自然灾害史(总论)[M].北京:地震出版社,1996.

[56] 刘希林.泥石流危险性评价[M].北京:科学出版社,1995.

[57] 马宗晋,李鄂荣.中国地质地震灾害[M].长沙:湖南人民出版社,1998.

[58]　李江风.沙漠气候[M].北京:气象出版社,2002.

[59]　马宗晋,隋鹏程.中国矿山灾害[M].长沙:湖南人民出版社,1998.

[60]　水利部,电力部.水利水电工程岩石试验规程[M].北京:水利电力出版社,2020.

[61]　陈成宗.工程岩体声波探测技术[M].北京:中国铁道出版社,1990.

[62]　刘允芳.岩体地应力与工程建设[M].武汉:湖北科学技术出版社,2000.